时标上神经网络模型的概周期问题研究

/

Study on Almost Periodic Problem for Neural Network Model on Time Scales

申时萍　李永昆　著

重庆大学出版社

内容提要

本书共9章，内容为近年来作者在Clifford代数上的模糊运算与时标上Clifford代数的紧几乎自守函数理论及应用方面的最新研究成果，主要包括概周期时标上的紧几乎自守函数的定义和基本性质，在Clifford代数上的模糊运算的定义和相关性质，以及时标上Clifford值神经网络系统的概周期解、伪概周期解、加权伪概周期解、几乎自守解和紧几乎自守解的存在性问题等方面的应用.

图书在版编目(CIP)数据

时标上神经网络模型的概周期问题研究 / 申时萍，李永昆著. -- 重庆 ：重庆大学出版社，2023.6

ISBN 978-7-5689-3877-8

Ⅰ.①时… Ⅱ.①申… ②李… Ⅲ.①神经网络—网络模型—研究 Ⅳ.①TP183

中国国家版本馆CIP数据核字(2023)第085326号

时标上神经网络模型的概周期问题研究

SHIBIAO SHANG SHENJING WANGLUO MOXING DE GAIZHOUQI WENTI YANJIU

申时萍　李永昆　著

策划编辑：范　琪

责任编辑：杨育彪　　版式设计：范　琪

责任校对：谢　芳　　责任印制：张　策

*

重庆大学出版社出版发行

出版人：饶帮华

社址：重庆市沙坪坝区大学城西路21号

邮编：401331

电话：(023) 88617190　88617185(中小学)

传真：(023) 88617186　88617166

网址：http://www.cqup.com.cn

邮箱：fxk@cqup.com.cn (营销中心)

全国新华书店经销

重庆升光电力印务有限公司印刷

*

开本：720mm×1020mm　1/16　印张：13.25　字数：190千

2023年6月第1版　2023年6月第1次印刷

ISBN 978-7-5689-3877-8　定价：88.00元

前　言

神经网络的发展经历了四个时期：启蒙期、低潮期、复兴期、新连接机制时期. 20 世纪 80 年代以来，神经网络研究取得了突破性进展. 它是一门交叉学科，涉及生物学、物理学和数学等多门学科，这些学科相互结合、相互渗透并且相互推进. 神经网络是当前科学理论研究的主要“热点”之一，其发展对目前和未来科学技术的发展有重要的影响. 近年来，神经网络已用于联想记忆、模式识别与图像处理（语音、指纹、故障检测和图像压缩等）、自动控制、信号处理、辅助决策和人工智能等领域. 在神经网络设计、实现和应用中，神经网络的动力学特性起着非常重要的作用，因此研究神经网络的概周期解、伪概周期解、加权伪概周期解、几乎自守解和紧几乎自守解等的存在性和稳定性具有重要的实际意义.

William 在 1845—1879 年提出了 Clifford 代数理论. Clifford 代数又称几何代数，综合了内积和外积两种运算，是复数代数、四元数代数和外代数的推广，是一门应用于几何和物理中的数学学科. Clifford 代数结合了微积分，成为更强大的数学工具. Clifford 代数由于其独特复杂结构对几何问题的解决优势，已经广泛应用到神经计算、计算机和机器人视觉、图像和信号处理、控制问题等领域. Pearson 和 Bisset 在 1992 年提出 Clifford 值神经网络，而且神经网络的状态变量和连接权重均为 Clifford 代数. Clifford 值神经网络广泛应用于神经计算、机器人视觉、信号处理和控制问题等多个领域且发挥了巨大的作用. 基于 Clifford 值的神经网络是一种多维神经网络，与实值神经网络、复值神经网络和四元数值神经网络相比，在动力学性态方面研究更为困难. 所以关于 Clifford 值神经网络解的动力学性态方面的研究更有意义.

众所周知，连续时间系统和离散时间系统在理论和实践上具有同等重要性. 为了统一连续时间和离散时间的研究，德国数学家 Stefan Hilger 于 1988 年在他的博士论文中提出了时标理论. 时标理论统一连续分析和离散分析而引入的新的分析理论，起到了推广的作用. 接着，Bohner 和 Peterson 于 2001 年在他们的专著中给出了时标上的微积分理论，丰富和完善了时标理论. 时标理论在刻画人口模型、经济模型等实际问题时体现出了重要的应用价值，为研究时标上的动力系统提供了理论基础. 时标动力学方程已在真实现象及过程的数学模型中得到了广泛的应用，例如时标上的种群动力学、流行病模型、金融消费过程的数学模型等. 以物种种群的动态模型为例，在季节上是离散的，在冬季当它们的卵处于孵化或休眠状态时，生物种群消失了，然而在接下来的新的季节里，孵化会产生不重复的物种. 曾经有美国学者利用时标动态方程，成功建立起西尼罗河病毒传播模型. 特别地，不同季节昆虫的活动期和休眠期以及繁殖过程中昆虫数量和种群密度的变化过程就是连续-离散混合的过程. 这一过程是连续-离散混合的动力学过程. 而无论是微分方程还是差分方程都不能完全准确地描述连续-离散混合的动力学过程. 另外，目前关于连续时间 Clifford 值神经网络动力学性态的研究刚刚起步，但离散时间 Clifford 值神经网络动力学性态研究还没有结果. 由于时标理论可以统一连续时间问题和离散时间问题的研究，因此研究时标上的 Clifford 值神经网络的解将成为一个新的挑战.

在自然界中纯粹的周期运动是不存在的，更普遍存在的是概周期现象，在白昼黑夜的变化、四季的更替和食物的供应等中都有着重要的概周期现象. 于是，Harald Bohr 在 1924—1926 年建立了概周期函数的理论，后来经过很多研究者的努力，该理论有了进一步的发展，概周期动力方程的理论也有了较大的突破. 例如，在 1974 年，Fink 在他的专著 *Almost Periodic Differential Equations* 中对概周期进行了概述性的总结.

尽管如此，目前国内还没有这方面的中文专著出版，我们深感遗憾. 为填补这一不足，我们尝试撰写了本书，希望本书的出版能给从事相关领域研究及应用的科研工作者提供帮助，为进行进一步研究提供指南. 同时希望本书的出版还能吸引更多的学者，壮大该领域的研究队伍，进一步丰富该领域的理论和研究方法.

本书较详细地介绍了时标上紧几乎自守函数理论和 Clifford 代数上的模糊运算理论的有关概念. 首先，本书提出了 Clifford 代数上的模糊运算的定义和相关性质(引理 5.2 至引理 5.4)，以及时标上紧几乎自守相关性质(引理 9.3 至引理 9.9)，并通过对国内外大量文献资料进行精心筛选与组织，比较系统地介绍了近年来国内外学者关于时标上概周期函数类和 Clifford 值神经网络的概周期函数类理论研究的优秀成果. 其次，本书较详细地介绍了时标上的概周期函数、伪概周期函数、加权伪概周期函数和几乎自守函数理论在 Clifford 值神经网络方面的一些应用. 最后，在概周期时标的理论基础上，本书给出了紧几乎自守函数的定义，系统地研究了它的性质以及将该函数应用到具体的神经网络中的动力学行为. 本书的研究为今后的研究奠定了一定的理论基础.

本书由申时萍负责撰写，李永昆对全书进行了修改和加工. 由于作者学识水平有限，书中疏漏与错误在所难免，敬请读者不吝指教.

著　者

2023 年 1 月

目 录

第1章 绪 论

1.1 研究背景及意义

人工神经网络(Artificial Neural Network,ANN)简称神经网络,是模拟人脑思维方式的数学模型,用来模拟人类大脑神经网络的结构和行为. 神经网络是在现代生物学研究人脑组织成果的基础上提出的. 神经网络反映了人脑功能的基本特征,如并行信息处理、学习、联想、模式分类、记忆等. 20 世纪 80 年代以来,神经网络研究取得了突破性进展. 神经网络的发展经历了四个时期. ①启蒙期:James 于 1890 年发表专著《心理学》,讨论了脑的结构和功能; 经过 53 年的时间,心理学家 McCulloch 和数学家 Pitts[1] 于 1943 年中提出了描述脑神经细胞动作的数学模型,即 M-P 模型(第一个神经网络模型),但研究表明神经网络缺乏有效的突触连接强度调整算法; 接着,1949 年,心理学家 Hebb[2] 实现了对脑细胞之间相互影响的数学描述,从心理学的角度提出了至今仍对神经网络理论有着重要影响的 Hebb 学习法则; Rosenblatt[3] 于 1958 年提出了一类由简单的阈值神经元构成的感知器模型,该模型初步具备了学习、分布存储和并行计算的能力,首次实现了神经网络从理论研究到工程实践的跨度; Widrow 和 Hoff[4] 于 1962 年提出了自适应线性神经网络,即 Adaline 网络,并提出了网络学习新知识的方法,并用电路进行了硬件设计. ②低潮期: 受当时神经网络理论研究水平的限制及冯·诺依曼式计算机发展的冲击,神经网络的研究陷入低谷. 美国、日本等国家有少数学者继续对神经网络模型和学习算法进行研究，提出了许多有意义的理论和方法. 例如，Kohonen[5]于1972年提出了自组织映射的SOM模型. ③复兴期：物理学家Hopfield[6]于1982年提出了Hopfield神经网络模型，该模型通过引入能量函数，实现了问题优化求解，1984年他用此模型成功地解决了旅行商路径优化问题(TSP)；McCelland和Rumelhart等提出了一种著名的多层神经网络模型，即BP网络,该网络是迄今为止应用最普遍的神经网络，并在1986年出版了*Parallel Distributed Processing*[7]. ④新连接机制时期：神经网络从理论走向应用领域，出现了神经网络芯片和神经计算机. 目前神经网络模型的种类相当丰富：已有近40余种神经网络，典型的神经网络有多层前向传播网络(BP网络)、Hopfield网络、CMAC小脑模型、ART网络、BAM双向联想记忆网络、递归神经网络、模糊细胞神经网络和Madaline网络等. 细胞神经网络由Chua和Yang[8]于1988年提出，与一般神经网络一样，它是一个大规模非线性模拟系统，其特点是神经元之间局部连接,电路便于实现VLSI(超大规模集成电路)，输出信号函数是分段线性函数，具有双值输出、运行速度快等优点，应用于联想记忆、模式识别与图像处理(语音、指纹、故障检测和图像压缩等)、自动控制、信号处理、辅助决策和人工智能(见文献[9]—[14])等领域. 这些应用都与神经网络的动力学有关，因此,神经网络的动力学研究受到了大量学者的关注(见文献[15]—[18]).

Clifford代数是由Clifford[19]提出的. Clifford代数又称几何代数，综合了内积和外积两种运算，是复数代数、四元数代数和外代数的推广，它是一门应用于几何和物理的数学学科. 例如，在文献[20]中，Hestenes将Clifford代数应用到了狭义相对论中；在文献[21]中，Clifford代数结合了微积分，成为更强大的数学工具；由于Clifford代数的存在，文献[22]重新书写了经典力学. 还有一些研究学者将Clifford代数应用于广义相对论、量子场论、量子力学、微分几何、射影几何和共形几何等学科中. Pearson和Bisset在文献[23]中首次提出了Clifford值神经网络，而且神经网络的状态变量和连接权重均为

Clifford 代数. Clifford 值神经网络作为实值神经网络、复值神经网络和四元数值神经网络的延伸和扩展，是 20 世纪末期发展起来的，并广泛应用于神经计算、机器人视觉、信号处理和控制问题等多个领域且发挥了巨大的作用(见文献[24]—[26]). 目前，由于 Clifford 值神经网络这一新的研究领域的成果还很少，因此对 Clifford 值神经网络的动力学行为的研究就成了一个热门的研究课题. Clifford 值神经网络是一种多维神经网络，与实值神经网络、复值神经网络和四元数值神经网络相比，在动力学性态方面研究更为困难. 因此研究 Clifford 值神经网络动力学性态具有重要的意义. 例如：在文献[27]中，Zhu 和 Sun 用 Brouwer 不动点定理研究了 Clifford 值递归神经网络平衡点的存在性，基于 Clifford 值变参法和不等式技巧，给出了研究对象全局指数稳定的充分条件；在文献[28]中，Liu 和 Xu 等人研究了具有时滞 Clifford 值递归神经网络平衡点的存在性和唯一性，基于线性矩阵不等式(LMI)得到了这类系统全局渐近和指数稳定的充分条件；在文献[29]中，Li 和 Xiang 考虑了一类具有时变时滞的 Clifford 值惯性 Cohen-Grossberg 神经网络，基于重合度理论和 Wirtinger 不等式，得到了这类神经网络的反周期解的存在性结论，然后通过构造一个合适的 Lyapunov 函数给出了反周期解的全局指数稳定性结论；在文献[30]中，Li 和 Xiang 建立了具有离散时滞的 Clifford 值细胞神经网络，首先在对 Clifford 值细胞神经网络进行实分解的情况下，利用 Banach 不动点定理得到了该神经网络的概周期解的存在性和唯一性，然后通过设计一个新的反馈控制器和构造一个合适的 Lyapunov 函数获得了该神经网络的全局渐近同步结论；在文献[31]中，Li 和 Xiang 等人建立了一类具有离散和无限分布时滞的 Clifford 值递归神经网络，通过使用压缩映射原理研究了几乎自守解的存在性和唯一性，接着通过设计一个新的反馈控制器和构建适当的 Lyapunov 函数获得了该神经网络的全局渐近几乎自守同步结论；在文献[32]中，Shen 和 Li 通过将 Clifford 值系统分解为实值系统，研究了该系统的 S^p-概周期解的稳定性. 目前已有部分学者通过不分解的方法来直接考虑 Clifford 值神经网络的动力学性态(见文献

[33]—[37]). 因此，研究传输时滞、中立型时滞和连接项时滞的 Clifford 值神经网络的动力学行为是具有重要意义的.

众所周知，数学模型按照离散的方法和连续的方法，可以分为离散模型和连续模型. 在自然科学以及工程、经济、医学、体育、生物、社会等学科的许多系统中，有时很难找到该系统有关变量之间的直接关系——函数表达式，但容易找到这些变量和它们的微小增量或变化率之间的关系式，这时往往采用微分关系式来描述该系统——建立微分方程模型. 另外，差分方程就是针对要解决的目标，引入系统或过程中的离散变量，根据实际背景的规律、性质、平衡关系，建立离散变量所满足的平衡关系等式，从而建立差分方程，差分方程模型有着广泛的应用. 实际上，连续变量可以用离散变量来近似和逼近，微分方程模型就可以近似于某个差分方程模型，差分方程模型有着非常广泛的实际背景. 在经济金融保险、生物种群的数量结构规律分析、疾病和病虫害的控制与防治、遗传规律的研究等许多方面都有着非常重要的作用. 虽然微分方程与差分方程可以描述很多事物的发展过程，但是真实世界中，许多现象和过程的演化不是单纯的离散过程，也不是单纯的连续过程，而是一种混合过程. 因此，就需要考虑是否存在一类方程既能刻画连续变化过程(微分方程)也能描述离散变化过程(离散方程)，同时还能描述连续-离散混合的过程. 连续时间系统和离散时间系统在理论和实践上具有同等的重要性. 为了统一连续时间和离散时间的研究，1988 年，德国数学家 Hilger 在他的博士论文[38]中首次提出了时标理论. 作为两个最广泛的例子，当时标 $\mathbb{T}=\mathbb{R}$ 时，对应的动力系统就是微分系统；当时标 $\mathbb{T}=\mathbb{Z}$ 时，对应的动力系统就转化为差分系统. 这样，就实现了连续分析和离散分析的统一，可以避免同一问题要分别研究微分系统和差分系统的麻烦.

时标理论作为一个新的研究领域，近年来备受各国学者的关注. 在随后学者的研究中，Bohner 与 Perterson 对时标理论进行了全面的研究和总结，并在 2001 年出版了《时标动力学方程》[39]. 最近几年，时标理论的研究得到了广泛关注并涌现出优秀成果(见文献[40]—[42]). 时标动力学方程不仅包含微分方程和差分方程,同时对离散变化和连续变化的混合过程也能很好地进行刻画,体现出了更实际的意义.时标理论在刻画人口模型[43]、经济模型[44,45]等实际问题时体现出了重要的应用价值.除此之外,时标在工程学、控制学等领域也有广泛的应用.近年来,时标动力学方程理论在解的振动性(见文献[46]—[48])、存在性(见文献[49,50])、周期解或概周期函数类解的动力学行为(见文献[51]—[57])以及边值问题(见文献[58]—[60])等领域发展迅速.我们知道目前关于连续时间 Clifford 值神经网络动力学性态研究刚刚起步,但关于离散时间 Clifford 值神经网络动力学性态的研究还尚未报道.由于时标理论可以统一连续时间问题和离散时间问题的研究,因此研究时标上的 Clifford 值神经网络具有重要意义.

周期现象普遍存在,日出日落、月缺月圆、寒来暑往、植物生长……自然界中有许多“按一定规律周而复始”的现象,这种按一定规律不断重复出现的现象称为周期现象.再比如人自出生之日起,人的情绪、体力、智力等心理、生理状况也呈周期变化(称为生物节律).另外,物理学中也大量存在周期性运动变化,例如天体、粒子的自旋和公转,简谐振动位移变化的周期性,交变电流变化的周期性等.但是在自然界中,概周期现象其实比周期现象更普遍,因为在自然界中纯粹的周期运动是不存在的,更普遍存在的是概周期现象,在白昼黑夜的变化、四季的更替和食物的供应等中都有着重要的概周期现象.概周期函数理论是由丹麦数学家哈那德·波尔(Harald Bohr)[61]在 1924—1926 年研究傅里叶级数时建立起来的,自这一理论被提出,就引起了数学工作者的广泛关注.一方面,由于概周期现象较周期现象更为常见,比如天体运动、生态系统以及市场供需规律等,考察概周期现象比周期现象更切合实际;另一方面,全体周期函数在任何范数下都不能构成 Banach 空间,而概周期函数按上确界范数却能构成 Banach 空间,这意味着概周期函数有更广泛的应用前景.此外,概周期函数还与调和分析、种群密度等有着密切的关系.继 Bohr 之后,Bochner、Neumann、Fink 等人提出了概周期函数的等价定义(见文献[62]—[65]),从各个角度用不同的方法刻画和描述了概周期函数的性质，得到了概周期函数调和分析的理论和 Bochner 在 1933 年所建立的 Banach 空间的向量值概周期函数的理论，使得这一理论得到了进一步的完善. 概周期函数理论后的发展密切联系着常微分方程、稳定性理论和动力系统，其应用范围不仅局限于常微分方程和古典动力系统，也涉及泛函微分方程、Banach 空间微分方程以及一类广泛的偏微分方程. 常微分方程概周期系统和泛函微分方程概周期系统都是介于周期系统和一般的非自治系统之间的极其重要的系统，有着广泛的应用背景和研究价值，与物理、化学、生态系统、工程系统、社会经济活动等一些重要问题息息相关. 无论是从理论研究的角度看，还是从实际应用的角度看，概周期系统都有着广阔的发展前景. 此后，概周期函数的理论在各个方向上得到了广泛的推广，例如，1962 年，Bochner 提出了几乎自守函数的概念（见文献[66]），这是一个更大的函数类，由于几乎自守函数更广泛，具有更好的性质，因此这一类函数的提出，引起了许多学者的兴趣，很快便形成了一个新的研究领域；1965 年，Veech 首次提出了紧几乎自守函数的概念（见文献[67]）；1992 年，Zhang 提出了伪概周期函数的概念（见文献[68]）；2006 年，Diagana 提出了加权伪概周期函数的概念（见文献[69]）. 由此可见，研究动力方程的概周期性、伪概周期性、加权伪概周期性、几乎自守性和紧几乎自守性非常有意义，是对 Clifford 值神经网络模型进行行为分析非常重要的一部分. 然而通过查阅文献可知，在时标上研究具有实际意义的 Clifford 值神经网络的动力学性态的成果还没有. 因此，在时标上研究 Clifford 值神经网络的概周期函数类解的存在性、稳定性及同步性是有必要的，特别是时标上具有时变时滞的 Clifford 值神经网络的概周期函数类解的存在性、稳定性及同步性.

1.2 主要创新点

本书的主要创新点在以下五个方面：

一是提出了时标上紧几乎自守函数的概念，并且研究了时标上紧几乎自守函数的一些基本性质，包括时标上紧几乎自守函数的等价刻画、紧几乎自守函数的复合定理和紧几乎自守函数空间的完备性. 为时标上的紧几乎自守函数研究奠定了理论基础.

二是合理定义了 Clifford 代数上的模糊运算[模糊与(∧)、模糊或(∨)]，在此基础上给出并证明其相关性质，为研究时标上 Clifford 值或时标上四元数值模糊细胞神经网络的动力学性态的问题提供了理论基础. 目前发现只有考虑 D 算子类型的中立型模糊细胞神经网络的文献，还没人研究有关非 D 算子类型的中立型模糊细胞神经网络.

三是通过使用不分解的方法，直接研究了时标上几类 Clifford 值神经网络概周期解、加权伪概周期解和几乎自守解的存在性和稳定性，以及伪概周期解和几乎自守解同步性问题. 相比于之前的研究方法，该研究方法不再需要将 Clifford 值神经网络分解为 $2^{\tilde{m}}n$ 个实值神经网络，而是直接研究 Clifford 值神经网络.

四是在时标上研究 Clifford 值神经网络，统一了连续时间和离散时间 Clifford 值神经网络的研究. 但是目前离散时间 Clifford 值神经网络动力学性态研究还尚未报道，因此我们的研究具有重要的意义.

五是为了得到本书的主要结果，我们证明了若干个辅助性引理. 这些辅助性引理丰富了时标理论本身，且为时标上的 Clifford 值神经网络的概周期函数类解的存在性研究提供了理论依据.

1.3 主要研究内容

本书主要研究了时标上 Clifford 值神经网络的动力学行为，包含具时变时滞的 Clifford 值高阶 Hopfield 神经网络的概周期解；具离散时滞和分布时滞的 Clifford 值细胞神经网络和具时变时滞的 Clifford 值模糊细胞神经网络的伪概周期解同步性问题；具连接项时滞的中立型 Clifford 值细胞神经网络加权伪概周期解的存在性与稳定性；具连接项时滞的中立型 Clifford 值模糊细胞神经网络几乎自守解的存在性和稳定性；具连接项时滞的中立型 Clifford 值分流抑制细胞神经网络的几乎自守解同步性问题和时标上的紧几乎自守函数及应用. 各章具体内容安排如下.

第 1 章是绪论，主要介绍了 Clifford 值神经网络的发展历程和研究现状及时标理论的意义. 最后给出了本书的主要创新点和研究内容.

第 2 章是 Clifford 代数及时标的相关知识.

第 3 章是时标上一类具有时变时滞的 Clifford 值高阶 Hopfield 神经网络. 基于时标上不等式分析技巧，Banach 不动点定理和时标上的微积分理论，给出了这类神经网络的概周期解的存在性和全局指数稳定性的充分条件. 与此同时，给出了一个数值例子来说明结果的可行性. 类似本章的方法可以用来进一步研究时标上其他类型的 Clifford 值神经网络的反周期解和周期解的存在性及稳定性问题.

第 4 章是时标上具离散时滞和分布时滞的 Clifford 值细胞神经网络的伪概周期解同步性问题. 基于 Banach 不动点定理、时标上不等式分析技巧和时标上微积分理论，通过不分解的方法直接得到了该神经网络伪概周期解的存在性；接着通过反证法，得到了该神经网络误差系统的伪概周期同步，并通过数值例子说明了结果的有效性. 类似本章的方法可以用来进一步研究时标上其他类型的 Clifford 值神经网络的周期、概周期和几乎自守同步问题.

第 5 章是时标上具时变时滞的 Clifford 值模糊细胞神经网络的伪概周期解同步性问题. 基于 Banach 不动点定理、时标上不等式分析技巧和时标上微积分理论，通过不分解的方法直接得到了该神经网络伪概周期解的存在性；接着通过反证法，得到了该神经网络误差系统的伪概周期同步，并通过数值例子说明了结果的有效性. 类似本章的方法可以用来进一步研究时标上其他类型的 Clifford 值神经网络的概周期、伪概周期和几乎自守同步问题.

第 6 章是时标上一类具连接项时滞的 Clifford 值中立型细胞神经网络的加权伪概周期解. 基于时标上不等式分析技巧、Banach 不动点定理和时标上的微积分理论，建立了这类神经网络的加权伪概周期解的存在性和全局指数稳定性的充分条件. 然后，给出了一个数值例子来说明结果的可行性. 类似本章的方法可以用来进一步研究时标上其他类型的 Clifford 值神经网络的概周期解、伪概周期解和几乎自守解的存在性及稳定性问题.

第 7 章是时标上一类具连接项时滞的中立型 Clifford 值模糊细胞神经网络. 基于时标上不等式分析技巧、Banach 不动点定理和时标上的微积分理论，给出了这类神经网络的几乎自守解的存在性和全局指数稳定性的充分条件，并通过数值例子说明了结果的有效性. 类似本章的方法可以用来进一步研究时标上其他类型的 Clifford 值神经网络的反周期解、周期解和概周期解的存在性及稳定性问题.

第 8 章是时标上一类具连接项时滞的中立型 Clifford 值分流抑制细胞神经网络的几乎自守解. 基于时标上不等式分析技巧、Banach 不动点定理和时标上的微积分理论，得到了这类神经网络的几乎自守解的存在性和同步性结果. 为了说明所呈现结果的有效性，给出了数值例子和计算机模拟. 类似本章的方法可以用来进一步研究时标上其他类型的 Clifford 值神经网络的周期和概周期同步问题.

第 9 章提出了时标上紧几乎自守函数的概念，并且研究了时标上紧几乎自守函数的一些基本性质. 作为时标上紧几乎自守函数理论结果的应用，研究了时标上一类具有时变时滞的 Clifford 值神经网络紧几乎自守解的存在性和全局指数稳定性. 与此同时，给出了一个数值例子来说明结果的可行性. 类似本章的方法可以用来进一步研究时标上其他类型的 Clifford 值神经网络的周期解和概周期解的存在性及稳定性问题.

第 2 章　Clifford 代数及时标相关知识

2.1　Clifford 代数相关知识

Clifford 代数是一个可结合而不可交换的代数结构. 这个概念最初是由数学家 Clifford 在 1878 年定义的.

定义 2.1　在$\mathbb{R}^{\widetilde{m}}$ 上的实 Clifford 代数定义如下：

$$\mathcal{A}=\left\{\sum_{A\subseteq\{1,2,\cdots,\widetilde{m}\}} a^A e_A, a^A\in\mathbb{R}\right\},$$

其中 $e_A=e_{g_1}e_{g_2}\cdots e_{g_\nu}=e_{g_1g_2\cdots g_\nu}$, $A=\{g_1,g_2,\cdots,g_\nu\}$, $1\leqslant g_1<g_2<\cdots<g_\nu\leqslant\widetilde{m}$. 特别地，当 $A=\varnothing$时，$e_\varnothing$可以被写成 e_0，则 x^0 就是 e_0 元素的系数. 因此，$e_\varnothing=e_0=1$ 和 $e_{\{g\}}=e_g$，称满足如下表达式的 $g=1,2,\cdots,\widetilde{m}$ 为 Clifford 代数的生成元：

$$\begin{cases} e_p^2=1, p=1,2,\cdots,s, \\ e_p^2=-1,\ p=s+1,s+2,\cdots,\widetilde{m}, s<\widetilde{m}, \\ e_ie_j+e_je_i=0,\ 1\leqslant i,j\leqslant\widetilde{m}, i\neq j. \end{cases}$$

令 $\Lambda=\{\varnothing,1,2,\cdots,A,\cdots,1,2,\cdots\widetilde{m}\}$，则易得 $\mathcal{A}=\left\{\sum_A a^A e_A, a^A\in\mathbb{R}\right\}$，其中 $\sum_A$ 缩写为$\sum_{A\in\Lambda}$ 且 $\dim\mathcal{A}=2^{\widetilde{m}}$. 我们记 n 维实 Clifford 值向量空间为$\mathcal{A}^n$.

定义 2.2　任意元素 a 的共轭定义 $\bar{a}=\sum_A a_A\bar{e}_A$，中 $\bar{e}_A=\bar{e}_{g_1}\bar{e}_{g_2}\cdots\bar{e}_{g_\nu}=(-1)^{|A|(|A|+1)}e_A$，$|A|$称为 A 的指标.

定义 2.3 任意元素 a 的主对合定义为 $a' = \sum_A a_A e'_A$，其中 $e'_A = (-1)^{|A|} e_A$，$|A| = n_A$ 为 A 的指标，即当 $A = \varnothing$ 时，$|A| = 0$；当 $A = \{g_1, g_2, \cdots, g_\nu\} \neq \varnothing$ 时，$|A| = \nu$. 特别地，有 $e'_0 = e_0$，$e'_i = -e_i (i = 1, 2, \cdots, \tilde{m})$，并且有 $(ab)' = a'b'$. 我们很容易算出，对于任意的 $A \neq 0$，有

$$e_i e_A = \begin{cases} e'_A e_i, i \notin A, \\ -e'_A e_i, i \in A. \end{cases}$$

定义 2.4 若函数 $z: \mathbb{T} \to \mathcal{A}\left(t \to \sum_A z^A e_A\right)$，其中 $z^A: \mathbb{T} \to \mathbb{R}$，则称 $z'(t) = \sum_{A \in \Lambda} (z^A)'(t) e_A$ 为 Clifford 数 z 的导数.

关于 Clifford 代数的更多知识，可参见文献[19,70].

2.2 时标相关知识

2.2.1 Delta 导数

定义 2.5 时标$\mathbb{T}$是实数集$\mathbb{R}$的一个非空闭子集，它遗传了 $\mathbb{R}$ 上的拓扑和序结构.

定义 2.6 前跃算子 $\sigma: \mathbb{T} \to \mathbb{T}$ 定义为：

$$\sigma(t) = \inf\{s \in \mathbb{T}, s > t\}, t \in \mathbb{T}.$$

后跃算子 $\rho: \mathbb{T} \to \mathbb{T}$ 定义为：

$$\rho(t) = \sup\{s \in \mathbb{T}, s < t\}, t \in \mathbb{T},$$

规定 $\inf \varnothing = \sup \mathbb{T}$，$\sup \varnothing = \inf \mathbb{T}$.

定义 2.7 粗细度函数 $\mu: \mathbb{T} \to [0, \infty)$定义为：

$$\mu(t) = \sigma(t) - t, t \in \mathbb{T}.$$

称满足 $t > \inf \mathbb{T}$ 且 $\rho(t) = t$ 的点 $t \in \mathbb{T}$ 是左稠的；称满足 $\rho(t) < t$ 的点 $t \in \mathbb{T}$ 为左离散的；称满足 $t < \sup \mathbb{T}$且 $\sigma(t) = t$ 的点 $t \in \mathbb{T}$是右稠的；称满足 $\rho(t) > t$ 的

点 $t\in\mathbb{T}$ 为右离散的.

定义 2.8　若 $\mathbb{T}$ 有一个左离散的最大值 m，则$\mathbb{T}^k=\mathbb{T}\backslash\{m\}$，否则$\mathbb{T}^k=\mathbb{T}$；若 $\mathbb{T}$ 有一个右离散的最小值 m，则$\mathbb{T}_k=\mathbb{T}\backslash\{m\}$，否则$\mathbb{T}_k=\mathbb{T}$.

定义 2.9　若对函数 $f:\mathbb{T}\to\mathbb{R}$，$t\in\mathbb{T}^k$，$f^\Delta(t)$满足以下条件：对任意 $\varepsilon>0$，存在 t 的邻域 U，使得

$$|[f(\sigma(t))-f(s)]-f^\Delta(t)[\sigma(t)-s]|\leqslant\varepsilon|\sigma(t)-s|$$

对所有 $s\in U$ 成立，则称 $f^\Delta(t)$为 $f(t)$的 Delta 导数.

定义 2.10　设函数 $z=\sum\limits_A z^A e_A:\mathbb{T}\to\mathcal{A}$，其中 $z^A:\mathbb{T}\to\mathbb{R}$，若对任意的 $A\in\Lambda$，$(z^A)^\Delta(t)$ 存在，则称 $z^\Delta(t)=\sum\limits_{A\in\Lambda}(z^A)^\Delta(t)e_A$ 为 Clifford 数 z 的 Delta 导数.

定义 2.11　设函数 $z=\sum\limits_A z^A e_A:\mathbb{T}\to\mathcal{A}$，其中 $z^A:\mathbb{T}\to\mathbb{R}$，若对任意的 $A\in\Lambda$，z^A 是右稠连续的，则称 $\int_a^b z^\Delta(s)\Delta s=\sum\limits_{A\in\Lambda}\left(\int_a^b z^A(s)\Delta s\right)e_A$ 为 Clifford 数 z 从 a 到 b 的 Delta 积分.

引理 2.1　若 $f:\mathbb{T}\to\mathbb{R}$,且 $t\in\mathbb{T}^k$. 则

①若 f 连续，则 f 右稠连续. 若 f 在 t 处可微，则 f 在 t 处连续；

②若 f 在 t 处连续且 t 是右离散的，则 f 在 t 处可微，且

$$f^\Delta(t)=\frac{f(\sigma(t))-f(t)}{\mu(t)};$$

③若 t 是右稠密的，则 f 在 t 处可微当且仅当极限 $\lim\limits_{s\to t}\dfrac{f(t)-f(s)}{t-s}$ 存在. 即

$$f^\Delta(t)=\lim_{s\to t}\frac{f(t)-f(s)}{t-s};$$

④若 f 在 t 处可微，则 $f(\sigma(t))=f(t)+\mu(t)f^\Delta(t)$.

引理 2.2　若 $f,g:\mathbb{T}\to\mathbb{R}$在 $t\in\mathbb{T}^k$ 处可微，则有下列结论成立：

①对任意常数 α,β，$(\alpha f+\beta g):\mathbb{T}\to\mathbb{R}$，在 t 处可微且$(\alpha f+\beta g)^\Delta(t)=\alpha f^\Delta(t)+$

$\beta g^{\Delta}(t)$；

②积 $fg:\mathbb{T}\to\mathbb{R}$在 t 处可微且

$$(fg)^{\Delta}(t)=f^{\Delta}(t)g(t)+f^{\sigma}(t)g^{\Delta}(t)=f(t)g^{\Delta}(t)+f^{\Delta}(t)g^{\sigma}(t);$$

③若 $g(t)g^{\sigma}(t)\neq 0$，则$\dfrac{f}{g}:\mathbb{T}\to\mathbb{R}$在 t 处可微且

$$\left(\frac{f}{g}\right)^{\Delta}=\frac{f^{\Delta}(t)g(t)-f(t)g^{\Delta}(t)}{g(t)g^{\sigma}(t)};$$

④若 f 和 f^{Δ}连续，则 $\left(\int_a^t f(t,s)\Delta s\right)^{\Delta}=f(\sigma(t),t)+\int_a^t f^{\Delta}(t,s)\Delta s$.

定义 2.12 若函数 $f:\mathbb{T}\to\mathbb{R}$ 在 $\mathbb{T}$ 中的右稠点的右极限存在且左稠点的左极限存在，则称其为正则的.

定义 2.13 若函数 $f:\mathbb{T}\to\mathbb{R}$ 在 $\mathbb{T}$ 中的右稠点处连续且在左稠点的左极限存在，则称其为右稠连续的. 记 $C_{rd}(\mathbb{T},\mathbb{R}):=\{f\mid f:\mathbb{T}\to\mathbb{R}$右稠连续$\}$，简记为 $C_{rd}(\mathbb{T})$或 C_{rd}.

定义 2.14 设 f 为右稠连续的，若 $F^{\Delta}(t)=f(t)$，则 (1) 若对任意 $a,t\in\mathbb{T}$，有$\int_a^t f(s)\Delta s=F(t)-F(a)$成立，则称$\int_a^t f(s)\Delta s$为$f$ 的Δ 积分；(2) 若对任意 $a\in\mathbb{T},t\notin\mathbb{T},\rho(t)\geqslant a$，有$\int_a^t f(s)\Delta s=F(\rho(t))-F(a)$ 成立，则称$\int_a^t f(s)\Delta s$ 为f 的Δ 积分；(3) 若对任意$a\in\mathbb{T},t\notin\mathbb{T},\sigma(t)\leqslant a$，有$\int_a^t f(s)\Delta s=F(\sigma(t))-F(a)$ 成立，则称$\int_a^t f(s)\Delta s$ 为 f 的 Δ 积分.

引理 2.3 若 $f\in C_{rd}$ 且 $t\in\mathbb{T}^k$，则

$$\int_t^{\sigma(t)} f(\tau)\Delta\tau=\mu(t)f(t).$$

引理 2.4 若 $a,b,c\in\mathbb{T},\alpha\in\mathbb{R}$和 $f,g\in C_{rd}(\mathbb{T})$，则有下列结论成立：

① $\int_a^b (f(t)+g(t))\Delta t=\int_a^b f(t)\Delta t+\int_a^b g(t)\Delta t$；

② $\int_a^b (\alpha f)(t)\Delta t=\alpha\int_a^b f(t)\Delta t$；

③$\int_a^b f(t)\Delta t = -\int_b^a f(t)\Delta t$；

④$\int_a^b f(t)\Delta t = \int_a^c f(t)\Delta t + \int_c^b f(t)\Delta t$；

⑤$\int_a^b f(\sigma(t))g^{\Delta}(t)\Delta t = (fg)(b) - (fg)(a) - \int_a^b f^{\Delta}(t)g(t)\Delta t$；

⑥$\int_a^b f(t)g^{\Delta}(t)\Delta t = (fg)(b) - (fg)(a) - \int_a^b f^{\Delta}(t)g(\sigma(t))\Delta t$；

⑦$\int_a^a f(t)\Delta t = 0$；

⑧若在$[a,b]$上$|f(t)| \leqslant g(t)$，则 $\left|\int_a^b f(t)\Delta t\right| \leqslant \int_a^b g(t)\Delta t$ ；

⑨若对任意的 $t \in [a,b)$有 $f(t) \geqslant 0$，则 $\int_a^b f(t)\Delta t \geqslant 0$.

定义 2.15　若函数 $r:\mathbb{T} \to \mathbb{R}$ 满足 $1+\mu(t)r(t) \neq 0$ 对所有 $t \in \mathbb{T}^k$ 成立，则称 r 为回归的. 所有回归且右稠连续的函数 $r:\mathbb{T} \to \mathbb{R}$ 的集合记为$\mathcal{R} = \mathcal{R}(\mathbb{T}) = \mathcal{R}(\mathbb{T},\mathbb{R})$，定义正回归集合为

$$\mathcal{R}^+ = \mathcal{R}^+(\mathbb{T},\mathbb{R}) = \{r \in \mathcal{R} : 1+\mu(t)r(t) > 0, \forall t \in \mathbb{T}\}.$$

定义 2.16　设 $p,q \in \mathcal{R}$，若对任意 $t \in \mathbb{T}^k$，则

①$(p \oplus q)(t) = p(t) + q(t) + \mu(t)p(t)q(t)$，则称“$\oplus$”为圈加运算；

②$(\ominus p)(t) = -\dfrac{p(t)}{1+\mu(t)p(t)}$，则称“$\ominus$”为圈减运算；

③$(p \ominus q)(t) = (p \oplus (\ominus q))(t) = \dfrac{p-q}{1+\mu q}$.

引理 2.5　设 $f,g \in \mathcal{R}$,则

①$f \ominus f = 0$；

②$\ominus(\ominus) f = f$；

③$f \ominus g \in \mathcal{R}$；

④$\ominus(f \ominus g) = g \ominus f$；

⑤$\ominus(f \oplus g) = (\ominus f) \oplus (\ominus g)$；

⑥ $f\oplus\dfrac{g}{1+\mu f}=f+g$.

定义 2.17 若 r 是回归函数，如果 e_r 满足如下表达式

$$e_r(t,s)=\exp\left(\int_s^t \xi_{\mu(\tau)}(r(\tau))\Delta\tau\right),\ \forall s,t\in\mathbb{T},$$

其中

$$\xi_h(z)=\begin{cases}\dfrac{\mathrm{Log}(1+hz)}{h}, & h\neq 0,\\ z, & h\neq 0\end{cases}$$

为柱变换，则称 e_r 为广义指数函数.

引理 2.6 设 $f\in\mathcal{R}$ 和 $t_0\in\mathbb{T}$，则 $e_f^{\Delta}(t,t_0)=f(t)e_f(t,t_0)$.

引理 2.7 若 $p,q:\mathbb{T}\to\mathbb{R}$ 是回归函数，则

①$e_0(t,s)\equiv 1$，$e_p(t,t)\equiv 1$；

②$e_p(\sigma(t),s)=(1+\mu(t)p(t))e_p(t,s)$；

③$e_p(t,s)=\dfrac{1}{e_p(s,t)}=e_{\ominus p}(s,t)$；

④$e_p(t,s)e_p(s,r)=e_p(t,r)$；

⑤$e_p(t,s)e_q(t,s)=e_{p\oplus q}(t,s)$；

⑥$e_p(t,s)/e_q(t,s)=e_{p\ominus q}(t,s)$.

证明 ①由柱变换定义,可得

$$e_0(t,s)=\exp\left(\int_s^t \xi_{\mu(\tau)}(0)\Delta\tau\right)=1,e_p(t,t)=\exp\left(\int_t^t \xi_{\mu(\tau)}(p(\tau))\Delta\tau\right)=1.$$

②根据引理 2.4，有

$$e_p(\sigma(t),s)-e_p(t,s)=\mu(t)e_p^{\Delta}(t,s)=\mu(t)p(t)e_p(t,s).$$

③由柱变换定义,可得

$$\begin{aligned}e_p(t,s)&=\exp\left\{\int_s^t \xi_{\mu(\tau)}(p(\tau))\Delta\tau\right\}=\exp\left\{-\int_t^s \xi_{\mu(\tau)}(p(\tau))\Delta\tau\right\}\\&=\frac{1}{\exp\left\{\int_t^s \xi_{\mu(\tau)}(p(\tau))\Delta\tau\right\}}=\frac{1}{e_p(s,t)}.\end{aligned}$$

另一方面，

$$\left(\frac{1}{e_p(t,s)}\right)^{\Delta}=-\frac{e_p^{\Delta}(t,s)}{e_p(\sigma(t),s)e_p(t,s)}=-\frac{p(t)e_p(t,s)}{(1+\mu(t)p(t))e_p(t,s)e_p(t,s)}$$

$$=-\frac{p(t)}{(1+\mu(t)p(t))e_p(t,s)}=(\ominus p)(t)\frac{1}{e_p(t,s)}$$

因此，

$$\frac{1}{e_p(t,s)}=e_{\ominus p}(t,s).$$

④由柱变换定义，可得

$$e_p(t,s)e_p(s,r)=\exp\left\{\int_s^t \xi_{\mu(\tau)}(p(\tau))\Delta\tau\right\}\exp\left\{\int_r^s \xi_{\mu(\tau)}(p(\tau))\Delta\tau\right\}$$

$$=\exp\left\{\int_s^t \xi_{\mu(\tau)}(p(\tau))+\int_r^s \xi_{\mu(\tau)}(p(\tau))\right\}\Delta\tau$$

$$=\exp\left\{\int_r^t \xi_{\mu(\tau)}(p(\tau))\Delta\tau\right\}=e_p(t,r).$$

⑤

$$e_p(t,s)e_q(t,s)=\exp\left\{\int_s^t \xi_{\mu(\tau)}(p(\tau))\Delta\tau\right\}\exp\left\{\int_s^t \xi_{\mu(\tau)}(q(\tau))\Delta\tau\right\}$$

$$=\exp\left\{\int_s^t (\xi_{\mu(\tau)}(p(\tau))+\xi_{\mu(\tau)}(q(\tau)))\Delta\tau\right\}$$

$$=\exp\left\{\int_s^t \frac{1}{\mu(\tau)}(\mathrm{Log}(1+\mu(\tau)p(\tau))+\mathrm{Log}(1+\mu(\tau)q(\tau)))\Delta\tau\right\}$$

$$=\exp\left\{\int_s^t \frac{1}{\mu(\tau)}(\mathrm{Log}(1+\mu(\tau)(p(\tau)+q(t)+\mu(\tau)p(t)q(\tau))\Delta\tau\right\}$$

$$=\exp\left\{\int_s^t \xi_{\mu(\tau)}((p\oplus q)(\tau))\Delta\tau\right\}=e_{p\oplus q}(t,s).$$

⑥

$$\frac{e_p(t,s)}{e_q(t,s)}=e_p(t,s)e_{\ominus q}(t,s)=e_{p\oplus(\ominus q)}(t,s)=e_{p\ominus q}(t,s).$$

引理 2.8　若 $p(t)\geqslant 0$，则 $e_p(t,s)>1$，其中 $\forall t\geqslant s$.

引理 2.9　若 $p\in\mathcal{R}^+$，则有

①$e_p(t,s)>0$, $\forall\ t, s\in\mathbb{T}$;

②$\forall\ t, s\in\mathbb{T}$, 若 $p(t)\leqslant q(t)$, 则 $e_p(t,s)\leqslant e_q(t,s)$, $\forall t\geqslant s$.

引理 2.10 令 $p\in\mathcal{R}^+$, 若任意 $a,b,c\in\mathbb{T}$, 则有

$$[e_p(c,\cdot)]^\Delta=-p(t)[e_p(c,\cdot)]^\sigma,\int_a^b p(t)e_p(c,\sigma(t))\Delta t=e_p(c,a)-e_p(c,b).$$

引理 2.11 令 $t_0\in\mathbb{T}$, 若在 $\mathbb{T}^k$ 上 $a\in\mathcal{R}^+$, 则 $e_a(t,t_0)>0$ 对所有 $t\in\mathbb{T}$ 都成立.

引理 2.12 令 $t_0\in\mathbb{T}$, 若在 $\mathbb{T}^k$ 上 $a\in\mathcal{R}^+$, 则 $e_a(t,t_0)>0$ 对所有 $t\in\mathbb{T}$ 都成立.

引理 2.13(常数变异公式) 设 $p\in\mathcal{R}$, $f\in C_{rd}$, 对任意的 $t_0\in\mathbb{T}$, $x_0\in\mathbb{R}$. 初值问题

$$x^\Delta=p(t)x+f(t),\quad x(t_0)=x_0,$$

的唯一解可表示为

$$x(t)=e_p(t,t_0)x_0+\int_{t_0}^t e_p(t,\sigma(\tau))f(\tau)\Delta\tau.$$

引理 2.14 设 $f(t)$是一个右稠密连续函数, 而 $c(t)$是一个正的右稠密连续函数且满足$-c(t)\in\mathcal{R}^+$. 令

$$g(t)=\int_{t_0}^t e_{-c}(t,\sigma(s))f(s)\Delta s,$$

其中 $t_0\in\mathbb{T}$, 则

$$g^\Delta(t)=f(t)-\int_{t_0}^t c(t)e_{-c}(t,\sigma(s))f(s)\Delta s.$$

2.2.2 Nabla 导数

定义 2.18 设$\mathbb{T}$为时标, 定义后跃粗细度函数 $\nu:\mathbb{T}_k\to[0,\infty)$如下:

$$\nu(t):=t-\rho(t), f^\rho(t):=f(\rho(t)).$$

若$\mathbb{T}$有一个右离散的最小值 m, 则$\mathbb{T}_k=\mathbb{T}-\{m\}$, 否则$\mathbb{T}_k=\mathbb{T}$.

定义 2.19 设函数 $f:\mathbb{T}\to\mathbb{R}$且 $t\in\mathbb{T}_k$. 定义 $f^\nabla(t)$(若存在)为满足以下条

件的数：对任意 $\varepsilon>0$，存在 t 的邻域 U（即对 $\delta>0, U=(t-\delta, t+\delta)\cap\mathbb{T}$），使得

$$|f(\rho(t))-f(s)-f^{\nabla}(t)(\rho(t)-s)|\leqslant\varepsilon|\rho(t)-s|$$

对所有 $s\in U$ 成立，称 $f^{\nabla}(t)$ 为 f 在 t 处的 Nabla 导数.

引理 2.15 若 $f:\mathbb{T}\to\mathbb{R}$ 且 $t\in\mathbb{T}_k$. 则有：

①若 f 在 t 点 Nabla 可微，则 f 在 t 点连续.

②若 f 在 t 点连续且 t 是左离散的，则 f 在 t 点 Nabla 可微，且

$$f^{\nabla}(t)=\frac{f(t)-f(\rho(t))}{\nu(t)}.$$

③若 t 是左稠密的，则 f 在 t 点 Nabla 可微当且仅当极限 $\lim\limits_{s\to t}\frac{f(t)-f(s)}{t-s}$ 存在. 即

$$f^{\nabla}(t)=\lim_{s\to t}\frac{f(t)-f(s)}{t-s}.$$

④若 f 在 t 点 Nabla 可微，则 $f(\rho(t))=f(t)-\nu(t)f^{\nabla}(t)$.

引理 2.16 若 $f,g:\mathbb{T}\to\mathbb{R}$ 在 $t\in\mathbb{T}_k$ 处 Nabla 可微. 则：

①和 $f+g:\mathbb{T}\to\mathbb{R}$ 在 t 点 Nabla 可微且

$$(f+g)^{\nabla}(t)=f^{\nabla}(t)+g^{\nabla}(t).$$

②对任意常数 α，$\alpha f:\mathbb{T}\to\mathbb{R}$ 在 t 点 Nabla 可微且

$$(\alpha f)^{\nabla}(t)=\alpha f^{\nabla}(t).$$

③积 $f,g:\mathbb{T}\to\mathbb{R}$ 在 t 点 Nabla 可微且

$$(fg)^{\nabla}(t)=f^{\nabla}(t)g(t)+f(\rho(t))g^{\nabla}(t)=f(t)g^{\nabla}(t)+f^{\nabla}(t)g(\rho(t)).$$

④若 $f(t)f(\rho(t))\neq 0$，则 $\frac{1}{f}$ 在 t 点 Nabla 可微且

$$\left(\frac{1}{f}\right)^{\nabla}(t)=-\frac{f^{\nabla}(t)}{f(t)f(\rho(t))}.$$

⑤若 $g(t)g(\rho(t))\neq 0$，则 $\frac{f}{g}$ 在 t 点 Nabla 可微且

$$\left(\frac{f}{g}\right)^{\nabla}(t)=\frac{f^{\nabla}(t)g(t)-f(t)g^{\nabla}(t)}{g(t)g(\rho(t))}$$

定义 2.20 若函数 $f:\mathbb{T}\to\mathbb{R}$在$\mathbb{T}$中的左稠点处连续且在右稠点的右极限存在，则称其为左稠连续的. 所有左稠连续的函数 $f:\mathbb{T}\to\mathbb{R}$的集合记为

$$C_{ld}=C_{ld}(\mathbb{T})=C_{ld}(\mathbb{T},\mathbb{R}).$$

定义 2.21 设函数 $f:\mathbb{T}\to\mathbb{R}$，如果存在一个函数 $F:\mathbb{T}\to\mathbb{R}$，使得对所有的 $t\in\mathbb{T}_k$，都有 $F^{\nabla}(t)=f(t)$，那么就称 $F(t)$是 $f(t)$的一个原函数. 定义 $f(t)$ 从 a 到 b 的 Cauchy 积分或定积分为

$$\int_a^b f(t)\,\nabla t=F(b)-F(a).$$

引理 2.17 若 $f\in C_{ld}$ 且 $t\in\mathbb{T}_k$，则

$$\int_{\rho(t)}^{t} f(\tau)\,\nabla\tau=\nu(t)f(t).$$

引理 2.18 若 $a,b,c\in\mathbb{T}$，$\alpha\in\mathbb{R}$且 $f,g\in C_{ld}$，则：

①$\int_a^b[f(t)+g(t)]\,\nabla t=\int_a^b f(t)\,\nabla t+\int_a^b g(t)\,\nabla t$；

②$\int_a^b(\alpha f)(t)\,\nabla t=\alpha\int_a^b f(t)\,\nabla t$；

③$\int_a^b f(t)\,\nabla t=-\int_b^a f(t)\,\nabla t$；

④$\int_a^b f(t)\,\nabla t=\int_a^c f(t)\,\nabla t+\int_c^b f(t)\,\nabla t$；

⑤$\int_a^b f(\rho(t))g^{\nabla}(t)\,\nabla t=(fg)(b)-(fg)(a)-\int_a^b f^{\nabla}(t)g(t)\,\nabla t$；

⑥$\int_a^b f(t)g^{\nabla}(t)\,\nabla t=(fg)(b)-(fg)(a)-\int_a^b f^{\nabla}(t)g(\rho(t))\,\nabla t$；

⑦$\int_a^a f(t)\,\nabla t=0$.

定义 2.22 函数 $p:\mathbb{T}\to\mathbb{R}$称为 ν－回归的，若 $1-\nu(t)p(t)\neq 0$ 对所有 $t\in\mathbb{T}_k$ 成立. 所有 ν－回归且左稠连续的函数 $p:\mathbb{T}\to\mathbb{R}$的集合记为

$$\mathcal{R}_\nu=\mathcal{R}_\nu(\mathbb{T})=\mathcal{R}_\nu(\mathbb{T},\mathbb{R}).$$

定义 2.23　我们定义$\mathcal{R}_\nu^+$为正回归，

$$\mathcal{R}_\nu^+=\mathcal{R}_\nu^+(\mathbb{T},\mathbb{R})=\{p\in\mathcal{R}_\nu:1-\nu(t)p(t)>0,\forall t\in\mathbb{T}\}.$$

定义 2.24　设 $p,q\in\mathcal{R}_\nu$，对所有 $t\in\mathbb{T}_k$，我们定义“圈加”和“圈减”运算为

$$p\oplus_\nu q:=p+q-\nu pq,\ \ominus_\nu p:=-\frac{p}{1-\nu p},\ (p\ominus_\nu q)(t)=(p\oplus_\nu(\ominus_\nu q))(t)=\frac{p-q}{1-vq}.$$

引理 2.19　设 $f,g\in\mathcal{R}_\nu$，则

①$f\ominus_\nu f=0$；

②$\ominus_\nu(\ominus_\nu)f=f$；

③$f\ominus_\nu g\in\mathcal{R}_\nu$；

④$\ominus_\nu(f\ominus_\nu g)=g\ominus_\nu f$；

⑤$\ominus_\nu(f\oplus_\nu g)=(\ominus_\nu)f\oplus_\nu(\ominus_\nu g)$；

⑥$f\oplus_\nu\dfrac{g}{1-\nu f}=f+g$.

定义 2.25　若 $p\in\mathcal{R}_\nu$，则我们定义 Nabla 指数函数为

$$\hat{e}_p(t,s)=\exp\left\{\int_s^t\hat{\xi}_{\nu(\tau)}(p(\tau))\,\nabla\tau\right\},t,s\in\mathbb{T},$$

其中 ν－柱变换为

$$\hat{\xi}_h(z)=\begin{cases}-\dfrac{\log(1-hz)}{h}, & h\neq 0,\\ z, & h=0.\end{cases}$$

引理 2.20　若 $p,q\in\mathcal{R}_\nu$，且 $s,t,r\in\mathbb{T}$，则

①$\hat{e}_0(t,s)=1,\hat{e}_p(t,t)=1$；

②$\hat{e}_p(\rho(t),s)=(1-\nu(t)p(t))\hat{e}_p(t,s)$；

③$\hat{e}_p(t,s)=\dfrac{1}{\hat{e}_p(s,t)}=\hat{e}_{\ominus_\nu p}(s,t)$；

④$\hat{e}_p(t,s)\hat{e}_p(s,r)=\hat{e}_p(t,r)$；

⑤$\hat{e}_p(t,s)\hat{e}_q(t,s)=\hat{e}_{p\oplus_\nu q}(t,s)$；

⑥$\dfrac{\hat{e}_p(t,s)}{\hat{e}_q(t,s)}=\hat{e}_{p\ominus_\nu q}(t,s)$；

⑦$(\hat{e}_p(t,s))^{\Delta}=p(t)\hat{e}_p(t,s)$.

引理 2.21　假设 $p\in\mathcal{R}_\nu$ 且 $t_0\in\mathbb{T}$，若 $1-\nu(t)p(t)>0$ 对 $t\in\mathbb{T}_k$ 成立，则 $\hat{e}_p(t,t_0)>0$ 对所有 $t\in\mathbb{T}$都成立.

引理 2.22　设 $f(t)$是一个左稠密连续函数，而 $c(t)$是一个正的左稠密连续函数且满足 $c(t)\in\mathcal{R}_\nu^+$. 令

$$g(t)=\int_{t_0}^{t}\hat{e}_{-c}(t,\rho(s))f(s)\,\nabla s,$$

其中 $t_0\in\mathbb{T}$，则

$$g^{\nabla}(t)=f(t)-c(t)\int_{t_0}^{t}\hat{e}_{-c}(t,\rho(s))f(s)\,\nabla s.$$

关于时标的更多知识，可参见文献[39,40].

2.3　不动点定理及记号

引理 2.23　(Banach 压缩映射原理)若$\mathbb{B}$是 Banach 空间$\mathbb{X}$的非空闭子集，$\Phi:\mathbb{B}\to\mathbb{B}$是压缩算子，即对任意的 $x,y\in\mathbb{B}$有

$$\|\Phi x-\Phi y\|\leqslant\eta\|x-y\|,\eta\in[0,1).$$

则存在唯一的 $x^*\in\mathbb{B}$，使得 $\Phi x^*=x^*$，即:Φ 在$\mathbb{B}$内存在唯一的不动点 x^*.

关于不动点定理的更多知识，可参见文献[85].

本书，记

$$[a,b]_{\mathbb{T}}:=\{t\,|\,t\in[a,b]\cap\mathbb{T}\};$$

$$C(\mathbb{T},\mathcal{A}^n):=\{f\,|\,f:\mathbb{T}\to\mathcal{A}^n\text{ 是连续函数}\};$$

$$BC(\mathbb{T},\mathcal{A}^n):=\{f\,|\,f:\mathbb{T}\to\mathcal{A}^n\text{ 是有界连续函数}\};$$

$$C_{\Delta}^1(\mathbb{T},\mathbb{R}^+):=\{f\,|\,f:\mathbb{T}\to\mathbb{R}^+\text{是连续的一阶 }\Delta-\text{导函数}\};$$

$$C_{\nabla}^1(\mathbb{T},\mathbb{R}^+):=\{f\,|\,f:\mathbb{T}\to\mathbb{R}^+\text{是连续的一阶}\nabla-\text{导函数}\};$$

$C^1_\Delta(\mathbb{T},\mathcal{A}^n):=\{f\,|\,f:\mathbb{T}\to\mathcal{A}^n$ 是连续的一阶 Δ－导函数$\}$；

$C^1_\nabla(\mathbb{T},\mathcal{A}^n):=\{f\,|\,f:\mathbb{T}\to\mathcal{A}^n$ 是连续的一阶 ∇－导函数$\}$；

$UC(\mathbb{T},\mathbb{R}):=\{f\,|\,f:\mathbb{T}\to\mathbb{R}$ 是一致连续函数$\}$.

第 3 章　时标上 Clifford 值高阶 Hopfield 神经网络的概周期解的存在性和全局指数稳定性

3.1　引　言

众所周知，神经网络的动力学在神经网络的设计、实现和应用中起着非常重要的作用，而高阶 Hopfield 神经网络比低阶神经网络具有更强的逼近性、更快的收敛速度、更大的存储容量和更高的容错性(见文献[71],[72])，并且在心理学、物理学、自适应模式识别和图像处理等领域中有着广泛的应用(见文献[73]—[75]). 在过去近 30 年里人们对高阶 Hopfield 神经网络的研究取得了长足进步，获得了一些重要的结果. 关于该神经网络的动力学性态的许多重要结论，如反周期解、周期解、正概周期解及伪概周期解的存在性和稳定性已在文献[76]—[83]中被研究. 例如，在文献[79]中，Xiao 和 Meng 研究了高阶 Hopfield 神经网络正概周期解的存在性和指数稳定性问题；Li 和 Yang 等人在文献[81]中得到了时标上具有连接项时滞的中立型高阶 Hopfield 神经网络的伪概周期解的存在性和稳定性；Li 和 Qin 等人在文献[83]中研究了具有时变时滞的四元数值高阶 Hopfield 神经网络反周期解.

此外，Bohr 在文献[61]中首次引入了概周期函数概念，它比周期性和反周期性更为普遍，并且在更好地理解周期性方面起着非常重要的作用. 同时，它在物理学、谐波分析和动力系统等领域中都有着重要的应用(见文献[84]，[85]). 在文献[86]，[87]中，Li 和 Wang 提出了时标上的概周期函数的概念. 目前，时标上高阶 Hopfield 神经网络的概周期性振荡已经被广泛研究. 然而，关于研究时标上 Clifford 值高阶 Hopfield 神经网络的概周期性的成果还没有.

本章的结构安排如下：在第 3.2 节中，介绍研究对象和预备知识，为后面的部分做一些准备. 在第 3.3 节中，利用 Banach 的不动点定理和时标上微积分理论，给出系统(3.2.6)的概周期解的存在性和全局指数稳定性的充分条件. 在第 3.4 节中，举一个例子来证明我们的结果的可行性. 最后，在第 3.5 节中给出本章小结.

3.2　模型描述和预备知识

对任意 $x=\sum_{A}x^{A}\in\mathcal{A}$ 定义其范数为 $\|x\|_{\mathcal{A}}=\max_{A\in\Lambda}\{|x^{A}|\}$；对任意 $x=(x_1,x_2,\cdots,x_n)^T\in\mathcal{A}^n$ 定义其范数为 $\|x\|_{\mathcal{A}^n}=\max_{p\in I}\{\|x_p\|_{\mathcal{A}}\}$，其中 $I:=\{1,2,\cdots,n\}$.

定义 3.1[88]　若对时标$\mathbb{T}$，有下式成立

$$\Pi:=\{\tau\in\mathbb{R}:t\pm\tau\in\mathbb{T},\forall t\in\mathbb{T}\}\neq\{0\}$$

则称时标$\mathbb{T}$为概周期时标.

在下文中，我们令$\mathbb{T}$为概周期时标.

注 3.1　若$\mathbb{T}$是一个概周期时标，则对于 $t\in\mathbb{T},\tau\in\Pi$ 有 $\sigma(t+\tau)=\sigma(t)+\tau$.

定义 3.2[87]　令$\mathbb{T}$为概周期时标，$f\in C(\mathbb{T},\mathcal{A}^n)$. 若对任意 $\varepsilon>0$，f 的 ε 移位数集

$$E\{\varepsilon,f\}=\{\tau\in\Pi:\|f(t+\tau)-f(t)\|_{\mathcal{A}^n}<\varepsilon,\forall t\in\mathbb{T}\}$$

是相对稠密的. 即对任意给定 $\varepsilon>0$，存在常数 $l(\varepsilon)>0$ 使得每个长度为 $l(\varepsilon)$的

区间内总有 $\tau(\varepsilon)\in E\{\varepsilon,f\}\subset\Pi$ 满足

$$\| f(t+\tau)-f(t)\|_{\mathcal{A}''}<\varepsilon,\forall t\in\mathbb{T},$$

其中 τ 称为 f 的 ε 移位数，$l(\varepsilon)$ 称为 $E\{\varepsilon,f\}$ 的包含长度. 则称 f 是 $\mathbb{T}$ 上的概周期函数.

记由所有此类函数所组成的集合为 $AP(\mathbb{T},\mathcal{A}'')$.

引理 3.1[87] 若 $\alpha\in\mathbb{R}$，$f,g\in AP(\mathbb{T},\mathcal{A}'')$，则 $\alpha f,f+g,fg\in AP(\mathbb{T},\mathcal{A}'')$.

引理 3.2[87] 若 $x\in AP(\mathbb{T},\mathcal{A})$ 且 $\tau\in AP(\mathbb{T},\Pi)$，则 $x[\cdot-\tau(\cdot)]\in AP(\mathbb{T},\mathcal{A})$.

引理 3.3[87] 若函数 $f\in C(\mathcal{A},\mathcal{A}'')$ 满足李普希茨条件，$\phi\in AP(\mathbb{T},\mathcal{A})$，则 $f(\phi(\cdot))\in AP(\mathbb{T},\mathcal{A}'')$.

引理 3.4[84] 设 $f_i\in AP(\mathbb{T},X_i)$，其中 X_i 是一个 Banach 空间，$i\in I$. 则对任给的 $\varepsilon>0$，所有的函数 $f_1,f_2,\cdots,f_n$ 存在一个公共的 ε－概周期集.

引理 3.5 若 $a\in AP(\mathbb{T},\mathbb{R}^+)$ 满足 $-a\in\mathcal{R}^+$ 和 $a^-=\inf\limits_{t\in\mathbb{T}}a(t)>0$，$f\in AP(\mathbb{T},\mathcal{A})$，则

$$T:t\to\int_{-\infty}^{t}e_{-a}[t,\sigma(s)]f(s)\Delta s,t\in\mathbb{T}$$

属于 $AP(\mathbb{T},\mathcal{A})$.

证明 因为 $a\in AP(\mathbb{T},\mathbb{R}^+)$，$f\in AP(\mathbb{T},\mathcal{A})$，所以根据引理 3.4，对于任意的 $\varepsilon>0$，存在一个 $\tau\in\Pi$ 使得

$$|a(t+\tau)-a(t)|<\varepsilon,\| f(t+\tau)-f(t)\|_{\mathcal{A}}<\varepsilon,t\in\mathbb{T}.$$

因此

$$\begin{aligned}
&\| T(t+\tau)-T(t)\|_{\mathcal{A}}\\
=&\left\|\int_{-\infty}^{t+\tau}e_{-a}(t+\tau,\sigma(s))f(s)\Delta s-\int_{-\infty}^{t}e_{-a}(t,\sigma(s))f(s)\Delta s\right\|_{\mathcal{A}}\\
=&\left\|\int_{-\infty}^{t}e_{-a}(t+\tau,\sigma(s+\tau))f(s+\tau)\Delta s-\int_{-\infty}^{t}e_{-a}(t,\sigma(s))f(s)\Delta s\right\|_{\mathcal{A}}\\
\leqslant&\left\|\int_{-\infty}^{t}e_{-a}(t+\tau,\sigma(s+\tau))f(s+\tau)\Delta s-\int_{-\infty}^{t}e_{-a}(t+\tau,\sigma(s+\tau))f(s)\Delta s\right\|_{\mathcal{A}}+
\end{aligned}$$

$$\|\int_{-\infty}^{t} e_{-a}(t+\tau,\sigma(s+\tau))f(s)\Delta s-\int_{-\infty}^{t} e_{-a}(t,\sigma(s))f(s)\Delta s\|_{\mathcal{A}}$$

$$\leqslant\int_{-\infty}^{t} | e_{-a}(t+\tau,\sigma(s+\tau)) |\ \| f(s+\tau)-f(s)\|_{\mathcal{A}}\Delta s+$$

$$\int_{-\infty}^{t} | e_{-a}(t+\tau,\sigma(s+\tau))-e_{-a}(t,\sigma(s)) |\ \| f(s)\|_{\mathcal{A}}\Delta s$$

$$<\frac{\varepsilon}{a^{-}}+\sup_{t\in\mathbb{T}}\{\| f(t)\|_{\mathcal{A}}\}\int_{-\infty}^{t} | e_{-a}(t+\tau,\sigma(s+\tau))-e_{-a}(t,\sigma(s)) | \Delta s \quad (3.2.1)$$

由 $e_{-a}(t,s)^{\Delta}=-a(t)e_{-a}(t,s)$，有

$$e_{-a}(t+\tau,\sigma(s+\tau))^{\Delta}$$
$$=-a(t+\tau)e_{-a}(t+\tau,\sigma(s+\tau))$$
$$=-a(t)e_{-a}(t+\tau,\sigma(s+\tau))+(a(t)-a(t+\tau))e_{-a}(t+\tau,\sigma(s+\tau))$$

即

$$e_{-a}(t+\tau,\sigma(s+\tau))^{\Delta}+a(t)e_{-a}(t+\tau,\sigma(s+\tau))$$
$$=(a(t)-a(t+\tau))e_{-a}(t+\tau,\sigma(s+\tau)) \quad (3.2.2)$$

根据引理 2.9，用 $e_{-a}(\sigma(s),\sigma(t))$ 同时乘以等式(3.2.2)两边并在$[\sigma(s),t]_{\mathbb{T}}$上积分，可得

$$\int_{\sigma(s)}^{t} e_{-a}(\theta+\tau,\sigma(s+\tau))^{\Delta}e_{-a}(\sigma(s),\sigma(\theta))\Delta\theta+$$

$$\int_{\sigma(s)}^{t} a(\theta)e_{-a}(\theta+\tau,\sigma(s+\tau))e_{-a}(\sigma(s),\sigma(\theta))\Delta\theta$$

$$=\int_{\sigma(s)}^{t}(e_{-a}(\theta+\tau,\sigma(s+\tau))e_{-a}(\sigma(s),\theta)^{\Delta}\Delta\theta$$

$$=\int_{\sigma(s)}^{t} e_{-a}(\sigma(s),\sigma(\theta))(a(\theta)-a(\theta+\tau))e_{-a}(\theta+\tau,\sigma(s+\tau))\Delta\theta$$

因此，由 $\sigma(s+\tau)=\sigma(s)+\tau$，有

$$e_{-a}(t+\tau,\sigma(s+\tau))e_{-a}(\sigma(s),t)-1$$

$$=\int_{\sigma(s)}^{t} e_{-a}(\sigma(s),\sigma(\theta))(a(\theta)-a(\theta+\tau))e_{-a}(\theta+\tau,\sigma(s+\tau))\Delta\theta \quad (3.2.3)$$

然后，用 $e_{-a}(t,\sigma(s))$同时乘以等式(3.2.3)两边，可得

$$e_{-a}(t+\tau,\sigma(s+\tau))-e_{-a}(t,\sigma(s))$$

$$=\int_{\sigma(s)}^{t} e_{-a}(t,\sigma(s))e_{-a}(\sigma(s),\sigma(\theta))(a(\theta)-a(\theta+\tau))e_{-a}(\theta+\tau,\sigma(s+\tau))\Delta\theta$$

$$=\int_{\sigma(s)}^{t} e_{-a}(t,\sigma(\theta))(a(\theta)-a(\theta+\tau))e_{-a}(\theta+\tau,\sigma(s+\tau))\Delta\theta \qquad (3.2.4)$$

因此，可得

$$e_{-a}(t+\tau,\sigma(s+\tau))-e_{-a}(t,\sigma(s))$$

$$=\int_{\sigma(s)}^{t} e_{-a}(t,\sigma(\theta))(a(\theta)-a(\theta+\tau))e_{-a}(\theta+\tau,\sigma(s+\tau))\Delta\theta \qquad (3.2.5)$$

由不等式(3.2.1)和等式(3.2.5)，易得

$$\| T(t+\tau)-T(t)\|_{\mathcal{A}}$$

$$<\frac{\varepsilon}{a^-}+\sup_{t\in\mathbb{T}}\{\| f(t)\|_{\mathcal{A}}\}\int_{-\infty}^{t}\left|\int_{t}^{\sigma(s)} e_{-a}(t,\sigma(\theta))(a(\theta+\tau)-a_i(\theta))\Delta\theta\right|\Delta s$$

$$<\frac{\varepsilon}{(a^-)^2}\left(a^-+\sup_{t\in\mathbb{T}}\{\| f(t)\|_{\mathcal{A}}\}\right)$$

证毕.

本章，主要考虑了以下时标上具有时变时滞的 Clifford 值高阶 Hopfield 神经网络：

$$x_i^{\Delta}(t)= -a_i(t)x_i(t)+\sum_{j=1}^{n}b_{ij}(t)f_j(x_j(t-\tau_{ij}(t))+$$
$$\sum_{j=1}^{n}\sum_{l=1}^{n}c_{ijl}(t)g_j(x_j(t-\delta_{ijl}(t))g_l(x_l(t-v_{ijl}(t)))+I_i(t) \qquad (3.2.6)$$

其中$\mathbb{T}$为概周期时标，$i\in I$；n 表示神经网络中神经元的条数；$x_i(t)\in\mathcal{A}$表示第 i 条神经元在 t 时刻的状态变量；$a_i(t)>0$ 表示在 t 时刻，当断开神经网络和外部输入时，第 i 条神经元可能会出现重置而导致静止孤立状态的比例；$b_{ij}(t)\in\mathcal{A}$与 $c_{ijl}(t)\in\mathcal{A}$分别表示神经网络的一阶与二阶连接权重函数；$\tau_{ij}(t)$，$\delta_{ijl}(t)$和 $v_{ijl}(t)$为 $t\in\mathbb{T}$满足 $t-\tau_{ij}(t)$，$t-\delta_{ijl}(t)$和 $t-v_{ijl}(t)\in\mathbb{T}$的传输时滞；$I_i(t)\in\mathcal{A}$表示第 i 条神经元在 t 时刻的外部输入；$f_j,g_j:\mathcal{A}\rightarrow\mathcal{A}$表示信号传输的激活函数.

本章中，引入以下记号：

$a_i^- = \inf\limits_{t\in\mathbb{T}} a_i(t), b_{ij}^+ = \sup\limits_{t\in\mathbb{T}} \| b_{ij}(t) \|_{\mathcal{A}}, \tau_{ij}^+ = \sup\limits_{t\in\mathbb{T}} \tau_{ij}(t), \delta_{ijl}^+ = \sup\limits_{t\in\mathbb{T}} \delta_{ijl}(t),$

$\nu_{ijl}^+ = \sup\limits_{t\in\mathbb{T}} \nu_{ijl}(t), c_{ijl}^+ = \sup\limits_{t\in\mathbb{T}} \| c_{ijl}(t) \|_{\mathcal{A}}, \vartheta = \max\limits_{i,j,l\in I} \{\tau_{ij}^+, \delta_{ijl}^+, v_{ijl}^+\}.$

系统(3.2.6)具有以下形式的初始条件：

$$x_i(s) = \varphi_i(s) \in \mathcal{A}, s \in [-\vartheta, 0]_{\mathbb{T}},$$

其中 $\varphi_i \in C([-\vartheta,0]_{\mathbb{T}}, \mathcal{A}), i \in I$.

在本章中，假设以下条件成立：

(S_1) 对于 $i,j,l\in I$，$a_i \in AP(\mathbb{T},\mathbb{R}^+)$满足$-a_i \in \mathcal{R}^+$，$I_i, b_{ij}, c_{ijl} \in AP(\mathbb{T},\mathcal{A})$且 $\tau_{ij}, \delta_{ijl}, \nu_{ijl} \in C(\mathbb{T},\mathbb{R}^+) \cap AP(\mathbb{T},\Pi)$.

(S_2) 存在正常数 L_j^f, L_j^g 且对所有的 $u,\nu\in\mathcal{A}$，函数 $f_j, g_j \in C(\mathcal{A},\mathcal{A})$满足 $\| f_j(u) - f_j(v) \|_{\mathcal{A}} \leqslant L_j^f \| u - v \|_{\mathcal{A}}$，$\| g_j(u) - g_j(v) \|_{\mathcal{A}} \leqslant L_j^g \| u - v \|_{\mathcal{A}}$ 且 $f_j(0) = g_j(0) = 0$，其中 $j \in I$.

(S_3) 存在一个正常数 r，使得

$$\max_{i\in I}\left\{\frac{P_i r + I_i^+}{a_i^-}\right\} \leqslant r, \max_{i\in I}\left\{\frac{Q_i}{a_i^-}\right\} =: \kappa < 1,$$

其中

$$P_i = \sum_{j=1}^{n} b_{ij}^+ L_j^f + \sum_{j=1}^{n}\sum_{l=1}^{n} c_{ijl}^+ L_l^g L_j^g r,$$

$$Q_i = \sum_{j=1}^{n} b_{ij}^+ L_j^f + 2\sum_{j=1}^{n}\sum_{l=1}^{n} c_{ijl}^+ L_j^g L_l^g r.$$

3.3　概周期解的存在性与全局指数稳定性

设空间$\mathbb{E} = \{f \mid f \in AP(\mathbb{T},\mathcal{A}^n)\}$，在 $\| f \|_{\mathbb{E}} = \sup\limits_{t\in\mathbb{T}} \| f(t) \|_{\mathcal{A}^n}$ 范数之下，它为 Banach 空间.

定理 3.1　假设条件(S_1)—(S_3)成立. 则系统(3.2.6)在区域$\mathbb{E}_0 = \{\varphi = (\varphi_1, \varphi_2, \cdots, \varphi_n)^{\mathrm{T}} \in \mathbb{E} \mid \| \varphi \|_{\mathbb{E}} \leqslant r\}$中存在唯一的概周期解.

证明 首先，易证若 $x=(x_1,x_2,\cdots,x_n)^{\mathrm{T}}\in\mathbb{E}$是下列积分方程的一个解

$$x_i(t)=\int_{-\infty}^{t} e_{-a_i}(t,\sigma(s))(\sum_{j=1}^{n}b_{ij}(s)f_j(x_j(s-\tau_{ij}(s)))+$$

$$\sum_{j=1}^{n}\sum_{l=1}^{n}c_{ijl}(s)g_j(x_j(s-\delta_{ijl}(s)))g_l(x_l(s-v_{ijl}(s)))+I_i(s))\Delta s, i\in I,$$

则 x 也是系统(3.2.6)的一个解.

其次，我们定义算子 $\Xi:\mathbb{E}\to BC(\mathbb{T},\mathcal{A}^n)$如下：

$$\Xi\varphi=(\Xi_1\varphi,\Xi_2\varphi,\cdots,\Xi_n\varphi)^{\mathrm{T}},$$

其中 $\varphi\in\mathbb{E}$，

$$(\Xi_i\varphi)(t)=\int_{-\infty}^{t} e_{-a_i}(t,\sigma(s))\Gamma_i^{\varphi}(s)\Delta s, i\in I,$$

$$\Gamma_i^{\varphi}(s)=\sum_{j=1}^{n}b_{ij}(s)f_j(\varphi_j(s-\tau_{ij}(s)))+$$

$$\sum_{j=1}^{n}\sum_{l=1}^{n}c_{ijl}(s)g_j(\varphi_j(s-\delta_{ijl}(s)))g_l(\varphi_l(s-v_{ijl}(s)))+I_i(s).$$

我们将证明算子 Ξ 是从$\mathbb{E}$到$\mathbb{E}$的一个自映射. 事实上，根据引理 3.1—3.3，易得 $\Gamma_i^{\varphi}\in AP(\mathbb{T},\mathcal{A})$. 再根据引理 3.5，可得 $\Xi_i\varphi\in AP(\mathbb{T},\mathcal{A})$. 故算子 Ξ 是从$\mathbb{E}$到$\mathbb{E}$的一个自映射.

进一步，我们将验证 Ξ 是从$\mathbb{E}_0$到$\mathbb{E}_0$的一个自映射. 为此只需证明：对任意给定的 $\varphi\in\mathbb{E}_0$，有

$$\begin{aligned}
&\sup_{t\in\mathbb{T}}\|\Xi\varphi\|_{\mathcal{A}^n}\\
&=\max_{i\in I}\Big\{\sup_{t\in\mathbb{T}}\Big\|\int_{-\infty}^{t} e_{-a_i}(t,\sigma(s))\Big(\sum_{j=1}^{n}b_{ij}(s)f_j(\varphi_j(s-\tau_{ij}(s)))+\\
&\quad\sum_{j=1}^{n}\sum_{l=1}^{n}c_{ijl}(s)g_j(\varphi_j(s-\delta_{ijl}(s)))g_l(\varphi_l(s-v_{ijl}(s)))+I_i(s)\Big)\Delta s\Big\|_{\mathcal{A}}\Big\}\\
&\leqslant\max_{i\in I}\Big\{\sup_{t\in\mathbb{T}}\Big[\int_{-\infty}^{t} e_{-a_i}(t,\sigma(s))\Big(\sum_{j=1}^{n}b_{ij}^{+}L_j^{f}\|\varphi_j(s-\tau_{ij}(s))\|_{\mathcal{A}}+\\
&\quad\sum_{j=1}^{n}\sum_{l=1}^{n}c_{ijl}^{+}L_j^{g}\|\varphi_j(s-\delta_{ijl}(s))\|_{\mathcal{A}}L_l^{g}\|\varphi_j(s-v_{ijl}(s))\|_{\mathcal{A}}+I_i^{+}\Big)\Delta s\Big]\Big\}
\end{aligned}$$

$$\leqslant \max_{i\in I}\left\{\frac{1}{a_i^-}\left(\sum_{j=1}^{n}b_{ij}^+L_j^f \| \varphi \|_E + \sum_{j=1}^{n}\sum_{l=1}^{n}c_{ijl}^+L_j^gL_l^g \| \varphi \|_E \| \varphi \|_E + I_i^+\right)\right\}$$

$$\leqslant \max_{i\in I}\left\{\frac{P_ir + I_i^+}{a_i^-}\right\}.$$

因此，由条件(S_3)，有$\| \Xi\varphi \|_{\mathbb{E}}\leqslant r$，即，$\Xi(\mathbb{E}_0)\subset\mathbb{E}_0$.

最后，我们将证明 $\Xi:\mathbb{E}_0\to\mathbb{E}_0$ 是压缩映射. 事实上，对任意的

$$\varphi=(\varphi_1,\varphi_2,\cdots,\varphi_n)^{\mathrm{T}},\psi=(\psi_1,\psi_2,\cdots,\psi_n)^{\mathrm{T}}\in\mathbb{E}_0,$$

我们有

$$\begin{aligned}
&\sup_{t\in\mathbb{T}} \| \Xi\varphi - \Xi\psi \|_{\mathcal{A}^n}\\
&= \max_{i\in I}\left\{\sup_{t\in\mathbb{T}} \left\| \int_{-\infty}^{t} e_{-a_i}(t,\sigma(s))\left(\sum_{j=1}^{n}b_{ij}(s)(f_j(\varphi_j(s-\tau_{ij}(s)))-\right.\right.\right.\\
&\quad f_j(\psi_j(s-\tau_{ij}(s)))) + \sum_{j=1}^{n}\sum_{l=1}^{n}c_{ijl}(s)(g_j(\varphi_j(s-\delta_{ijl}(s)))g_l(\varphi_l(s-v_{ijl}(s)))-\\
&\quad \left.\left.\left. g_j(\psi_j(s-\delta_{ijl}(s)))g_l(\psi_l(s-v_{ijl}(s))))\right)\Delta s \right\|_{\mathcal{A}}\right\}\\
&\leqslant \max_{i\in I}\left\{\frac{1}{a_i^-}\left(\sum_{j=1}^{n}b_{ij}^+L_j^f + \sum_{j=1}^{n}\sum_{l=1}^{n}c_{ijl}^+(L_l^gL_j^gr + L_j^gL_l^gr)\right)\right\} \| \varphi - \psi \|_{\mathbb{E}}\\
&= \max_{i\in I}\left\{\frac{Q_i}{a_i^-}\right\} \| \varphi - \psi \|_{\mathbb{E}}.
\end{aligned}$$

由条件(S_3)，可得

$$\| \Xi\varphi-\Xi\psi \|_{\mathbb{E}}\leqslant\kappa \| \varphi-\psi \|_{\mathbb{E}}.$$

从而得出 Ξ 是一个压缩映射. 因此，由 Banach 不动点定理知：Ξ 在$\mathbb{E}_0$ 中有唯一不动点，即系统(3.2.6)在$\mathbb{E}_0$ 中有唯一概周期解. 证毕.

定义 3.3　设系统(3.2.6)满足初值条件 $\varphi(s)=(\varphi_1(s),\varphi_2(s),\cdots,\varphi_n(s))^{\mathrm{T}}$ 的解 $x(t)=(x_1(t),x_2(t),\cdots,x_n(t))^{\mathrm{T}}$，并且 $y(t)=(y_1(t),y_2(t),\cdots,y_n(t))^{\mathrm{T}}$ 为系统(3.2.6)满足初值条件 $\psi(s)=(\psi_1(s),\psi_2(s),\cdots,\psi_n(s))^{\mathrm{T}}$ 的任意解. 若存在正常数 ζ 满足$\ominus\zeta\in\mathcal{R}^+$和 $B_0>1$ 使得

$$\| x(t)-y(t) \|_1\leqslant B_0e_{\ominus\zeta}(t,t_0) \| \xi \|_0,t\in(0,+\infty)_{\mathbb{T}},$$

其中 $\|x(t)-y(t)\|_1=\|x(t)-y(t)\|_{\mathcal{A}^n}$，$\|\xi\|_0=\max\limits_{i\in I}\left\{\sup\limits_{s\in[-\vartheta,0]_{\mathbb{T}}}\|\varphi_i(s)-\psi_i(s)\|_{\mathcal{A}}\right\}$，$t_0\in[-\vartheta,0]_{\mathbb{T}}$. 则系统(3.2.6)解 x 称为全局指数稳定的.

定理 3.2 假设(S_1)—(S_3)成立，则系统(3.2.6)在区域$\mathbb{E}_0$ 中的概周期解 $x(t)$是全局指数稳定的.

证明 设系统(3.2.6)有一个满足初值条件 $\varphi(s)$的概周期解 $x(t)$. 假设 $y(t)$为系统(3.2.6)满足初始条件 $\psi(s)$的任意解，令 $Z(t)=x(t)-y(t)$，则由系统(3.2.6)可推得对任意 $i\in I$，可得

$$\begin{aligned}Z_i^{\Delta}(t)=&-a_i(t)(x_i(t)-y_i(t))+\\&\Big(\sum_{j=1}^{n}b_{ij}(t)(f_j(x_j(t-\tau_{ij}(t)))-f_j(y_j(t-\tau_{ij}(t))))+\\&\sum_{j=1}^{n}\sum_{l=1}^{n}c_{ijl}(t)(g_j(x_j(t-\delta_{ijl}(t)))g_l(x_l(t-v_{ijl}(t)))-\\&g_j(y_j(t-\delta_{ijl}(t)))g_l(y_l(t-v_{ijl}(t))))\Big).\end{aligned}\tag{3.3.1}$$

用 $e_{-a_i}(t_0,\sigma(t))$同时乘以等式(3.3.1)的两边，并在$[t_0,t]_{\mathbb{T}}$上积分，其中 $t_0\in[-\vartheta,0]_{\mathbb{T}}$，可得

$$\begin{aligned}Z_i(t)=&Z_i(t_0)e_{-a_i}(t,t_0)+\int_{t_0}^{t}e_{-a_i}(t,\sigma(s))\Big(\sum_{j=1}^{n}b_{ij}(s)(f_j(x_j(s-\tau_{ij}(s)))-\\&f_j(y_j(s-\tau_{ij}(s)))\Big)+\sum_{j=1}^{n}\sum_{l=1}^{n}c_{ijl}(s)(g_j(x_j(s-\delta_{ijl}(s)))g_l(x_l(s-v_{ijl}(s)))-\\&g_j(y_j(s-\delta_{ijl}(s)))g_l(y_l(s-v_{ijl}(s)))))\Delta s,i\in I.\end{aligned}\tag{3.3.2}$$

定义 Θ_i 如下：

$$\begin{aligned}\Theta_i(\zeta)=&a_i^{-}-\zeta-\exp\Big(\zeta\sup_{s\in\mathbb{T}}\mu(s)\Big)\Big(\sum_{j=1}^{n}b_{ij}^{+}L_j^{f}\exp(\zeta\tau_{ij}^{+})+\\&\sum_{j=1}^{n}\sum_{l=1}^{n}c_{ijl}^{+}(L_l^{g}L_j^{g}r\exp(\zeta\delta_{ijl}^{+})+L_j^{g}L_l^{g}r\exp(\zeta v_{ijl}^{+}))\Big),i\in I.\end{aligned}$$

由条件(S_3)对任意 $i\in I$，有

$$\Theta_i(0)=a_i^- - Q_i>0.$$

因为 Θ_i 在 $[t_0,+\infty)$ 上连续，当 $\zeta\to+\infty$ 时，有 $\Theta_i(\zeta)\to-\infty$ 成立，所以存在常数 $\tilde{\zeta}_i$ 使得 $\Theta_i(\tilde{\zeta}_i)=0$. 当 $\zeta\in(0,\bar{\zeta}_i)$，$i\in I$ 时，有 $\Theta_i(\zeta)>0$ 成立. 取 $c=\min\limits_{i\in I}\{\tilde{\zeta}_i\}$，有 $\Theta_i(c)\geqslant 0$，$i\in I$. 因此，可以选择一个正数 $0<\zeta<\min\left\{c,\min\limits_{i\in I}\{a_i^-\}\right\}$ 满足 $\ominus\zeta\in\mathcal{R}^+$ 使得 $\Theta_i(\zeta)>0,i\in I$，由此可得

$$\frac{\exp\left(\zeta\sup\limits_{s\in\mathbb{T}}\mu(s)\right)}{a_i^- -\zeta}\left(\sum_{j=1}^n b_{ij}^+ L_j^f\exp(\zeta\tau_{ij}^+)+\sum_{j=1}^n\sum_{l=1}^n c_{ijl}^+ L_j^g L_l^g r\times\right.$$

$$\left.(\exp(\zeta\delta_{ijl}^+)+\exp(\zeta v_{ijl}^+))\right)<1,i\in I.$$

令 $B_0=\max\limits_{i\in I}\left\{\frac{a_i^-}{Q_i}\right\}$，则由条件 (S_3) 可知 $B_0>1$. 因此

$$\frac{1}{B_0}<\frac{\exp\left(\zeta\sup\limits_{s\in\mathbb{T}}\mu(s)\right)}{a_i^- -\zeta}\left(\sum_{j=1}^n b_{ij}^+ L_j^f\exp(\zeta\tau_{ij}^+)+\right.$$

$$\left.\sum_{j=1}^n\sum_{l=1}^n c_{ijl}^+ L_l^g L_j^g r(\exp(\zeta\delta_{ijl}^+)+\exp(\zeta v_{ijl}^+))\right).$$

另外，注意到对任意 $t\leqslant t_0$，有 $e_{\ominus\zeta}(t,t_0)>1$. 我们断言下式成立：

$$\|Z(t)\|_1\leqslant B_0 e_{\ominus\zeta}(t,t_0)\|\xi\|_0,\ \forall t\in[-\vartheta,t_0]_{\mathbb{T}}.$$

下面我们将证明

$$\|Z(t)\|_1\leqslant B_0 e_{\ominus\zeta}(t,t_0)\|\xi\|_0,\ \forall t\in(t_0,+\infty)_{\mathbb{T}}.\tag{3.3.3}$$

为了证明不等式(3.3.3)，首先证明对任意 $P>1$，以下不等式成立：

$$\|Z(t)\|_1<PB_0 e_{\ominus\zeta}(t,t_0)\|\xi\|_0,\ \forall t\in(t_0,+\infty)_{\mathbb{T}},\tag{3.3.4}$$

该式等价于对任意 $i\in I$，有下式成立

$$\|Z_i(t)\|_{\mathcal{A}}<PB_0 e_{\ominus\zeta}(t,t_0)\|\xi\|_0,\ \forall t\in(t_0,+\infty)_{\mathbb{T}}.\tag{3.3.5}$$

用反证法证明上式不等式，若不等式(3.3.5)不成立，则必存在某个 $t_1\in(t_0,+\infty)_{\mathbb{T}}$ 和 $i_0\in I$ 使得

$$\| Z_{i_0}(t_1) \|_{\mathcal{A}} \geqslant PB_0 \| \xi \|_0 e_{\ominus\zeta}(t_1, t_0),$$

$$\| Z_{i_0}(t) \|_{\mathcal{A}} < PB_0 \| \xi \|_0 e_{\ominus\zeta}(t, t_0), t \in (t_0, t_1)_{\mathbb{T}}, t_0 \in [-\vartheta, 0]_{\mathbb{T}}.$$

因此，必存在常数 $c \geqslant 1$ 使得

$$\| Z_{i_0}(t_1) \|_{\mathcal{A}} = cPB_0 \| \xi \|_0 e_{\ominus\zeta}(t_1, t_0), \tag{3.3.6}$$

$$\| Z_{i_0}(t) \|_{\mathcal{A}} < cPB_0 \| \xi \|_0 e_{\ominus\zeta}(t, t_0), t \in (t_0, t_1)_{\mathbb{T}}, t_0 \in [-\vartheta, 0]_{\mathbb{T}}. \tag{3.3.7}$$

由式(3.3.2)、式(3.3.6)、不等式(3.3.7)和 $B_0 > 1$，有

$$\begin{aligned}
&\| Z_{i_0}(t_1) \|_{\mathcal{A}} \\
=\ & \Big\| Z_{i_0}(t_0) e_{-a_{i_0}}(t_1, t_0) + \int_{t_0}^{t_1} e_{-a_{i_0}}(t_1, \sigma(s)) \Big(\sum_{j=1}^{n} b_{ij}(s)(f_j(x_j(s - \tau_{ij}(s))) - \\
& f_j(y_j(s - \tau_{ij}(s)))\Big) + \sum_{j=1}^{n} \sum_{l=1}^{n} c_{ijl}(s)(g_j(x_j(s - \delta_{ijl}(s))) g_l(x_l(s - v_{ijl}(s))) - \\
& g_j(y_j(s - \delta_{ijl}(s))) g_l(y_l(s - v_{ijl}(s))))) \Delta s \Big\|_{\mathcal{A}} \\
<\ & \| Z_{i_0}(t_0) \|_{\mathcal{A}} e_{-a_{i_0}}(t_1, t_0) + cPB_0 \| \xi \|_0 e_{\ominus\zeta}(t_1, t_0) \int_{t_0}^{t_1} e_{-a_{i_0}}(t_1, \sigma(s)) \times \\
& e_{\zeta}(t_1, \sigma(s)) \Big(\sum_{j=1}^{n} b_{ij}^{+} L_j^{f} e_{\zeta}(\sigma(s), s - \tau_{ij}(s)) + \sum_{j=1}^{n} \sum_{l=1}^{n} c_{ijl}^{+} L_l^{g} L_j^{g} r \times \\
& (e_{\zeta}(\sigma(s), s - \delta_{ijl}(s)) + e_{\zeta}(\sigma(s), s - v_{ijl}(s))) \Big) \Delta s \\
=\ & \| Z_{i_0}(t_0) \|_{\mathcal{A}} e_{-a_{i_0}}(t_1, t_0) + cPB_0 \| \xi \|_0 e_{\ominus\zeta}(t_1, t_0) \int_{t_0}^{t_1} e_{-a_{i_0} \oplus \zeta}(t_1, \sigma(s)) \times \\
& \Big(\sum_{j=1}^{n} b_{ij}^{+} L_j^{f} e_{\zeta}(\sigma(s), s - \tau_{ij}(s)) + \sum_{j=1}^{n} \sum_{l=1}^{n} c_{ijl}^{+} L_l^{g} L_j^{g} r (e_{\zeta}(\sigma(s), s - \delta_{ijl}(s)) + \\
& e_{\zeta}(\sigma(s), s - v_{ijl}(s))) \Big) \Delta s \\
\leqslant\ & \| Z_{i_0}(t_0) \|_{\mathcal{A}} e_{-a_{i_0}}(t_1, t_0) + cPB_0 \| \xi \|_0 e_{\ominus\zeta}(t_1, t_0) \int_{t_0}^{t_1} e_{-a_{i_0} \oplus \zeta}(t_1, \sigma(s)) \times \\
& \Big(\sum_{j=1}^{n} b_{ij}^{+} L_j^{f} \exp\Big(\zeta(\tau_{ij}^{+} + \sup_{s \in \mathbb{T}} \mu(s)) \Big) + \sum_{j=1}^{n} \sum_{l=1}^{n} c_{ijl}^{+} L_l^{g} L_j^{g} r \times \\
& \Big(\exp\Big(\zeta(\delta_{ijl}^{+} + \sup_{s \in \mathbb{T}} \mu(s)) \Big) + \exp(\zeta(v_{ijl}^{+} + \sup_{s \in \mathbb{T}} \mu(s))) \Big) \Big) \Delta s
\end{aligned}$$

$$\leqslant \left\{ \frac{e_{-a_{i_0} \oplus \zeta}(t_1, t_0)}{cPB_0} + \exp\left(\zeta \sup_{s\in\mathbb{T}} \mu(s)\right) \left(\sum_{j=1}^{n} b_{ij}^{+} L_j^f \exp(\zeta \tau_{ij}^{+}) + \right.\right.$$

$$\left. \sum_{j=1}^{n} \sum_{l=1}^{n} c_{ijl}^{+} L_l^g L_j^g r(\exp(\zeta \delta_{ijl}^{+}) + \exp(\zeta v_{ijl}^{+})) \right) \times$$

$$\left. \int_{t_0}^{t_1} e_{-a_{i_0} \oplus \zeta}(t_1, \sigma(s)) \Delta s \right\} cPB_0 \| \xi \|_0 e_{\ominus \zeta}(t_1, t_0)$$

$$\leqslant \left\{ \frac{e_{-a_{i_0} \oplus \zeta}(t_1, t_0)}{cPB_0} + \exp\left(\zeta \sup_{s\in\mathbb{T}} \mu(s)\right) \left(\sum_{j=1}^{n} b_{ij}^{+} L_j^f \exp(\zeta \tau_{ij}^{+}) + \right.\right.$$

$$\left. \sum_{j=1}^{n} \sum_{l=1}^{n} c_{ijl}^{+} L_l^g L_j^g r(\exp(\zeta \delta_{ijl}^{+}) + \exp(\zeta v_{ijl}^{+})) \right)$$

$$\left. \frac{1 - e_{-a_{i_0} \oplus \zeta}(t_1, t_0)}{a_{i_0}^{-} - \zeta} \right\} cPB_0 \| \xi \|_0 e_{\ominus \zeta}(t_1, t_0)$$

$$< \left\{ \left[\frac{1}{B_0} - \frac{\exp\left(\zeta \sup_{s\in\mathbb{T}} \mu(s)\right)}{a_{i_0}^{-} - \zeta} \left(\sum_{j=1}^{n} b_{ij}^{+} L_j^f \exp(\zeta \tau_{ij}^{+}) + \right.\right.\right.$$

$$\left.\left. \sum_{j=1}^{n} \sum_{l=1}^{n} c_{ijl}^{+} L_l^g L_j^g r(\exp(\zeta \delta_{ijl}^{+}) + \exp(\zeta v_{ijl}^{+})) \right) \right] e_{-a_{i_0} \oplus \zeta}(t_1, t_0) +$$

$$\frac{\exp\left(\zeta \sup_{s\in\mathbb{T}} \mu(s)\right)}{a_{i_0}^{-} - \zeta} \left(\sum_{j=1}^{n} b_{ij}^{+} L_j^f \exp(\zeta \tau_{ij}^{+}) + \sum_{j=1}^{n} \sum_{l=1}^{n} c_{ijl}^{+} L_l^g L_j^g r \times \right.$$

$$\left. \left. (\exp(\zeta \delta_{ijl}^{+}) + \exp(\zeta v_{ijl}^{+}))) \right) \right\} cPB_0 \| \xi \|_0 e_{\ominus \zeta}(t_1, t_0)$$

$$< cPB_0 \| \xi \|_0 e_{\ominus \zeta}(t_1, t_0).$$

因此

$$\| Z_{i_0}(t_0) \|_{\mathcal{A}} < cPB_0 \| \xi \|_0 e_{\ominus \zeta}(t_1, t_0),$$

这与式(3.3.6)矛盾，因此式(3.3.5)成立. 令 $P \to 1$，则有式(3.3.3)成立. 因此根据定义 3.3,系统(3.3.6)的概周期解是全局指数稳定的. 证毕.

3.4 数值例子

本节给出了一个数值例子说明定理 3.1 和定理 3.2 的有效性和合理性.

例 3.1 在系统(3.3.6)中，令 $n=2,\widetilde{m}=2$. 取系数如下：

$$f_1(x)=f_2(x)=\frac{5\sqrt{2}}{38}e_0\sin\sqrt{2}x^0+\frac{2}{5}|x^0+x^{12}|e_1+\frac{1}{6}e_2\tanh x^1+\frac{5}{17}e_{12}\sin(x^{12}+x^2),$$

$$g_1(x)=g_2(x)=\frac{5}{12}e_0\sin x^1+\frac{3}{10}|x^1+x^0|e_1+\frac{5}{27}e_2\tanh x^2+\frac{1}{4}e_{12}\sin(3x^{12}+x^1),$$

$$b_{11}(t)=b_{12}(t)=0.01e_0+0.02e_1\sin 3t+0.03e_2\sin\sqrt{3}t+0.01e_{12}\cos 2t,$$

$$b_{21}(t)=b_{22}(t)=0.04e_0\cos 3t+0.05e_1\cos\sqrt{3}t+0.03e_2\sin\sqrt{2}t+0.02e_{12}\cos\sqrt{3}t,$$

$$I_1(t)=0.04e_0\sin t+0.01e_1\cos 3t+0.03e_2\sin 3t+0.02e_{12}\cos\sqrt{2}t,$$

$$I_2(t)=0.02e_0\sin 4t+0.03e_1\cos 3t+0.02e_2\cos t+0.05e_{12}\sin 2t,$$

$$a_1(t)=0.2-0.04\cos\sqrt{7}t,a_2(t)=0.3+0.06\sin 3t,$$

$$c_{111}(t)=0.02|\cos 3t|e_0+0.07|\sin 2t|e_2,$$

$$c_{121}(t)=0.02|\sin t|e_0+0.01|\sin 2t|e_{12},$$

$$c_{211}(t)=0.035|\cos 3t|e_2+0.045|\sin 5t|e_{12},$$

$$c_{222}(t)=0.04|\sin\sqrt{2}t|e_1+0.02|\sin\sqrt{5}t|e_{12},$$

$$c_{112}(t)=0.025|\sin\sqrt{3}t|e_2+0.02|\cos\sqrt{7}t|e_{12},$$

$$c_{122}(t)=0.01|\cos\sqrt{3}t|e_0+0.05|\sin\sqrt{2}t|e_1,$$

$$c_{212}(t)=0.01|\cos\sqrt{2}t|e_0+0.03|\sin\sqrt{3}t|e_1,$$

$$c_{221}(t)=0.035|\cos\sqrt{3}t|e_1+0.025|\sin\sqrt{2}t|e_2$$

$$\tau_{ij}(t)=3|\sin\pi t|,\delta_{ijl}(t)=2\left|\cos\left(\pi t+\frac{\pi}{2}\right)\right|,\nu_{ijl}(t)=4|\sin 2\pi t|,i,j,l=1,2.$$

显然(S_1)和(S_2)成立. 通过计算，有 $a_1^-=0.16$，$a_2^-=0.24$，$L_1^f=L_2^f=\frac{2}{5}$，$L_1^g=$

$L_2^g=\frac{5}{12}$, $b_{11}^+=b_{12}^+=0.03$, $b_{21}^+=b_{22}^+=0.05$, $c_{111}^+=0.07$, $c_{112}^+=0.025$, $c_{121}^+=0.02$, $c_{122}^+=0.05$, $c_{211}^+=0.045$, $c_{212}^+=0.03$, $c_{221}^+=0.035$, $c_{222}^+=0.04$, $I_1^+=0.04$, $I_2^+=0.05$.

当$\mathbb{T}=\mathbb{R}$或$\mathbb{T}=\mathbb{Z}$时，取$r=2$，则

$$P_1\approx 0.812\,9, P_2\approx 0.920\,8, Q_1\approx 1.385\,8, Q_2\approx 1.441\,7,$$

$$\max\left\{\frac{P_1r+I_1^+}{a_1^-},\frac{P_2r+I_2^+}{a_2^-}\right\}\approx\max\{1.266\,1,1.409\,7\}=1.409\,7<r=2,$$

$$\max\left\{\frac{Q_1}{a_1^-},\frac{Q_2}{a_2^-}\right\}\approx\max\{0.866\,1,0.600\,7\}=0.866\,1=\kappa<1.$$

因此，无论$\mathbb{T}=\mathbb{R}$还是$\mathbb{T}=\mathbb{Z}$，都有$-a_i\in\mathcal{R}^+$，$i=1,2$且容易验证定理3.2中的所有条件都成立. 因此，例3.1在区域$\mathbb{E}_0$中存在唯一概周期解，该解是指数稳定的. 通过MATLAB进行仿真，图3-1—图3-5显示了系统(3.3.6)的状态轨迹变量$x_1(t)$，$x_2(t)$，$x_1(n)$和$x_2(n)$的时间响应.

图3.1具有初始值

$$(x_1^0(0),x_2^0(0))^{\mathrm T}=(-0.01,-0.005)^{\mathrm T},(0.03,0.02)^{\mathrm T},(0.01,-0.02)^{\mathrm T},$$

$$(x_1^1(0),x_2^1(0))^{\mathrm T}=(0.01,0.02)^{\mathrm T},(-0.02,0.03)^{\mathrm T},(-0.05,-0.01)^{\mathrm T}.$$

图3.2具有初始值

$$(x_1^2(0),x_2^2(0))^{\mathrm T}=(-0.01,-0.04)^{\mathrm T},(0.05,0.03)^{\mathrm T},(0.08,-0.1)^{\mathrm T},$$

$$(x_1^{12}(0),x_2^{12}(0))^{\mathrm T}=(-0.03,0.02)^{\mathrm T},(0.06,-0.05)^{\mathrm T},(-0.02,0.01)^{\mathrm T}.$$

图3.4具有初始值

$$(x_1^0(0),x_2^0(0))^{\mathrm T}=(-0.1,-0.03)^{\mathrm T},(0.04,-0.02)^{\mathrm T},(0.02,-0.01)^{\mathrm T},$$

$$(x_1^1(0),x_2^1(0))^{\mathrm T}=(0.03,-0.03)^{\mathrm T},(-0.02,-0.01)^{\mathrm T},(-0.05,0.05)^{\mathrm T}.$$

图3.5具有初始值

$$(x_1^2(0),x_2^2(0))^{\mathrm T}=(0.02,0.03)^{\mathrm T},(-0.01,-0.03)^{\mathrm T},(0.04,-0.02)^{\mathrm T},$$

$$(x_1^{12}(0),x_2^{12}(0))^{\mathrm T}=(0.05,0.01)^{\mathrm T},(-0.02,0.03)^{\mathrm T},(-0.04,-0.05)^{\mathrm T}.$$

图3.3和图3.6描述了系统(3.3.6)在三维空间中具有2个随机初始条件的仿真结果.

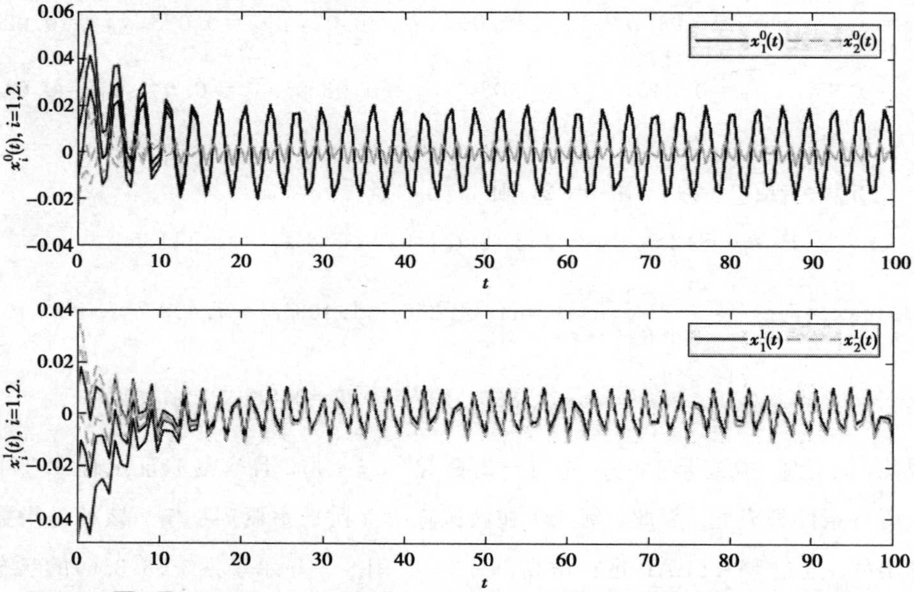

图 3.1 $\mathbb{T}=\mathbb{R}$. 系统(3.3.6)的解 $x_i^0(t)$和 $x_i^1(t)$的状态轨线的时间响应，($i=1,2$)

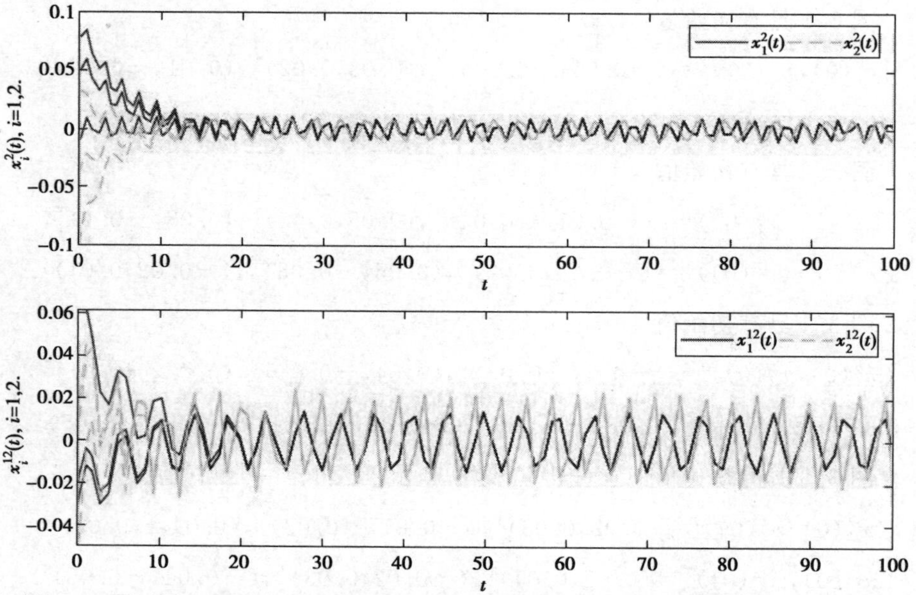

图 3.2 $\mathbb{T}=\mathbb{R}$. 系统(3.3.6)的解 $x_i^2(t)$和 $x_i^{12}(t)$的状态轨线的时间响应，($i=1,2$)

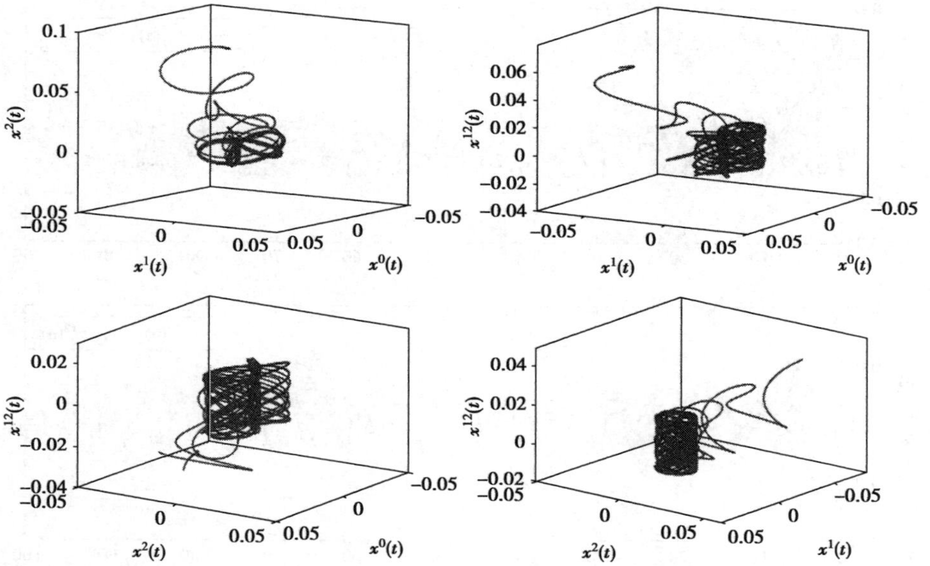

图 3.3 $\mathbb{T}=\mathbb{R}$. $x^0(t)$, $x^1(t)$, $x^2(t)$和 $x^{12}(t)$在三维空间中稳定情形下的状态响应曲线

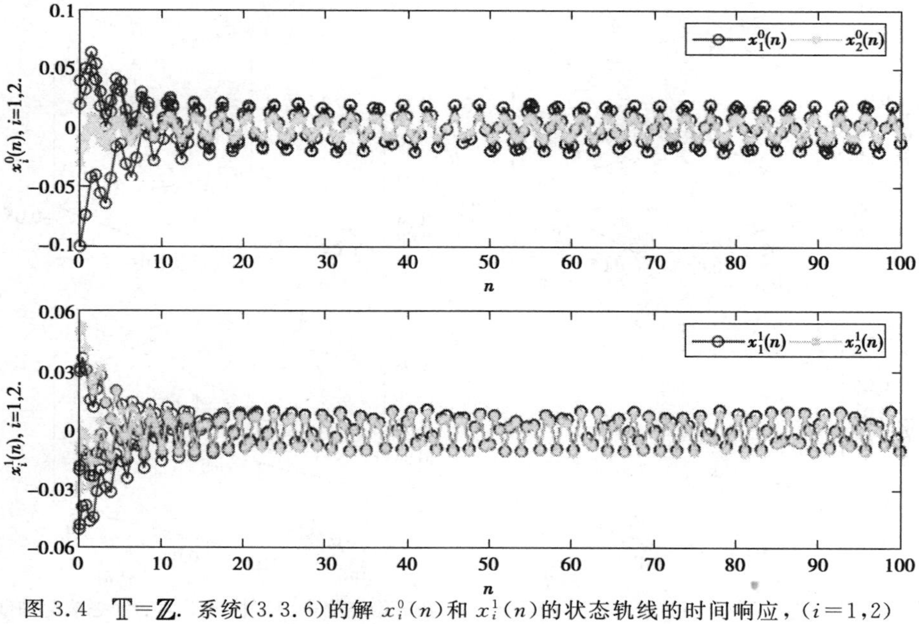

图 3.4 $\mathbb{T}=\mathbb{Z}$. 系统(3.3.6)的解 $x_i^0(n)$和 $x_i^1(n)$的状态轨线的时间响应，($i=1,2$)

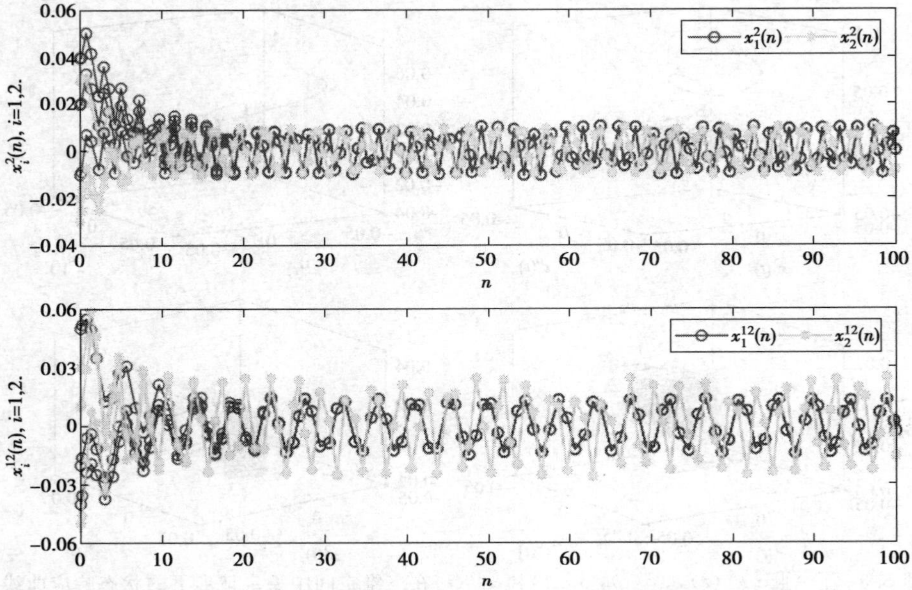

图 3.5 $\mathbb{T}=\mathbb{Z}$. 系统(3.3.6)的解 $x_i^2(n)$和 $x_i^{12}(n)$的状态轨线的时间响应，$(i=1,2)$

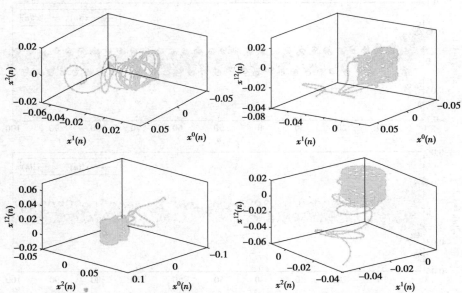

图 3.6 $\mathbb{T}=\mathbb{Z}$. $x^0(n)$，$x^1(n)$，$x^2(n)$和 $x^{12}(n)$在三维空间中稳定情形下的的状态响应曲线

3.5 小　结

考虑了时标上一类具有时变时滞的 Clifford 值高阶 Hopfield 神经网络，本章首先介绍了高阶 Hopfield 神经网络的发展历程和研究现状，时标上 Clifford 值概周期函数基本理论，包括定义、运算和性质等以及研究模型；其次，通过 Banach 不动点定理和时标上的微积分理论，结合不分解的方法直接得到了时标上该类 Clifford 值神经网络的概周期解的存在性；然后，在不对 Clifford 值神经网络进行实分解的情况下，通过反证法获得了能保证时标上该 Clifford 值神经网络的概周期解的指数稳定性的充分判据；最后，通过一个数值例子验证了结果的正确和有效性.

第 4 章　时标上具离散时滞和分布时滞的 Clifford 值细胞神经网络的伪概周期同步

4.1　引　言

据了解，周期性、反周期性、概周期性和几乎自守性振荡是非自治神经网络的重要动力学行为. 在现实生活中，概周期性比周期性更普遍. 另外，伪概周期性是概周期性的自然概括. 因此，研究神经网络的伪概周期性振荡具有重要的理论意义和实际意义. 在过去十几年间，许多学者已经研究了实值神经网络的伪概周期解(见文献[81],[90]—[101]). 然而，在复杂的非线性系统和不确定系统中同步是一种普遍现象，这表明许多不确定系统可以相互调整来获得更好的稳定性和鲁棒性. 实验和理论研究表明，同步存在于各种实际系统中. 通过同步，人们可以用已知系统的动力学行为来分析未知系统的动力学行为. 因此，它在网络控制和系统设计中起着重要的作用. 同步控制已经成了一个热门的研究课题(见文献[31],[102]—[115]). 然而，据我们所知，目前还没有关于时标上具离散时滞和分布时滞的 Clifford 值细胞神经网络的伪概周期解的同步问题的文献. 因此，有必要研究时标上 Clifford 值神经网络的同步性问题.

本章的结构如下：在第 4.2 节中，介绍研究的对象和预备知识，并说明后面章节中需要的一些初步结果. 在第 4.3 节中，为系统(4.2.1)的伪概周期解的存在性建立一些充分条件. 在第 4.4 节中，研究伪概周期解的同步性问题. 在第 4.5 节中，给出一个数值例子来说明我们在前几节中获得的结果的可行性. 最后，在第 4.6 节给出本章的结论.

4.2　模型描述和预备知识

对任意 $x=\sum_A x^A \in \mathcal{A}$，其范数定义为

$$\| x \|_{\mathcal{B}}=\Big[\sum_{A\in\mathcal{A}}(x^A)^2\Big]^{1/2}$$

以及定义 $x=(x_1,x_2,\cdots,x_n)^T\in\mathcal{A}^n$ 的范数为 $\| x \|_{\mathcal{B}^n}=\max\limits_{p\in I}\Big\{\| x_p \|_{\mathcal{B}}\Big\}$，其中 $I:=\{1,2,\cdots,n\}$.

函数空间 $PAP_0(\mathbb{T},\mathcal{A}^n)$定义为：

$$PAP_0(\mathbb{T},\mathcal{A}^n)=\{f\in BC(\mathbb{T},\mathcal{A}^n):f \text{ 为}\Delta-\text{可测函数,使得}$$
$$\lim_{r\to+\infty}\frac{1}{2r}\int_{t_0-r}^{t_0+r}\| f(s) \|_{\mathcal{B}^n}\Delta s=0,t_0\in\mathbb{T},r\in\Pi\}.$$

定义 4.1[82]　令 $f\in BC(\mathbb{T},\mathcal{A}^n)$，若 f 可以表示为 $f=g+h$，其中 $g\in AP(\mathbb{T},\mathcal{A}^n)$，$h\in PAP_0(\mathbb{T},\mathcal{A}^n)$. 则称 f 为伪概周期函数.

记由所有此类函数所组成的集合为 $PAP(\mathbb{T},\mathcal{A}^n)$.

引理 4.1[82]　若 $\alpha\in\mathbb{R}$，$f,g\in PAP(\mathbb{T},\mathcal{A}^n)$，则 $\alpha f,f+g,fg\in PAP(\mathbb{T},\mathcal{A}^n)$.

引理 4.2[82]　若函数 $f\in C(\mathcal{A},\mathcal{A}^n)$满足李普希茨条件，$x\in PAP(\mathbb{T},\mathcal{A})$，$\tau\in C_\Delta^1(\mathbb{T},\mathbb{R}^+)\cap AP(\mathbb{T},\Pi)$满足$\inf\limits_{t\in\mathbb{T}}(1-\tau^\Delta(t))>0$，则 $f(x(\cdot-\tau(\cdot)))\in PAP(\mathbb{T},\mathcal{A}^n)$.

引理 4.3　若函数 $g:\mathcal{A}\to\mathcal{A}$满足李普希茨条件，$K:[0,\infty)_{\mathbb{T}}\to\mathbb{R}$是连续右

稠可积函数且 $0\leqslant\int_0^{\infty}|K(u)|\Delta u\leqslant K^{+}$（其中 K^{+} 是一个正常数），$\varphi\in PAP(\mathbb{T},\mathcal{A})$，则 $\Gamma:t\to\left(\int_0^{\infty}K(s)g(\varphi(t-s))\Delta s\right)$ 属于 $PAP(\mathcal{A},\mathcal{A})$.

证明 因为 $\varphi\in PAP(\mathbb{T},\mathcal{A})$，所以存在 $\varphi_1\in AP(\mathbb{T},\mathcal{A})$，$\varphi_2\in PAP_0(\mathbb{T},\mathcal{A})$ 使得 $\varphi=\varphi_1+\varphi_2$. 令

$$\Gamma(t)=\int_0^{\infty}K(s)g(\varphi(t-s))\Delta s=\int_0^{\infty}K(s)g(\varphi_1(t-s))\Delta s+\int_0^{\infty}K(s)[g(\varphi_1(t-s)+\varphi_2(t-s))-g(\varphi_1(t-s))]\Delta s=:\Gamma_1(t)+\Gamma_2(t).$$

首先证明 $\Gamma_1\in AP(\mathbb{T},\mathcal{A})$. 因为 g 满足李普希茨条件，所以存在一个正常数 L，使得 $\|g(u_1)-g(u_2)\|_{\mathcal{B}}\leqslant L\|u_1-u_2\|_{\mathcal{B}}$ 对于所有的 $u_1,u_2\in\mathcal{A}$ 都成立. 对于任给的 $\varepsilon>0$，因为 $\varphi_1\in AP(\mathbb{T},\mathcal{A})$，所以可以找到一个实常数 $l=l(\varepsilon)>0$，使得在每一个长度为 $l(\varepsilon)$ 的区间内都至少存在一点 $\tau=\tau(\varepsilon)\in\Pi$ 满足 $\|\varphi_1(t+\tau)-\varphi_1(t)\|_{\mathcal{B}}<\varepsilon$ 对于 $\forall t\in\mathbb{T}$，然后

$$\begin{aligned}
&\|\Gamma_1(t+\tau)-\Gamma_1(t)\|_{\mathcal{B}}\\
=&\left\|\int_0^{\infty}K(s)g(\varphi_1(t+\tau-s))\Delta s-\int_0^{\infty}K(s)g(\varphi_1(t-s))\Delta s\right\|_{\mathcal{B}}\\
=&\left\|\int_0^{\infty}K(s)[g(\varphi_1(t+\tau-s))-g(\varphi_1(t-s))]\Delta s\right\|_{\mathcal{B}}\\
=&\left\|\int_{-\infty}^{t}K(t-s)[g(\varphi_1(s+\tau))-g(\varphi_1(s))]\Delta s\right\|_{\mathcal{B}}\\
\leqslant&L\int_{-\infty}^{t}|K(t-s)|\,\|\varphi_1(s+\tau)-\varphi_1(s)\|_{\mathcal{B}}\,\Delta s\\
<&K^{+}L\varepsilon,
\end{aligned}$$

由此可得 $\Gamma_1\in AP(\mathbb{T},\mathcal{A})$.

接下来证明 $\Gamma_2\in PAP_0(\mathbb{T},\mathcal{A})$. 由 $\varphi_2\in PAP_0(\mathbb{T},\mathcal{A})$ 和勒贝格控制收敛定理，可得

$$\begin{aligned}
&\lim_{r\to\infty}\frac{1}{2r}\int_{t_0-r}^{t_0+r}\|\Gamma_2(s)\|_{\mathcal{B}}\,\Delta s\\
=&\lim_{r\to\infty}\frac{1}{2r}\int_{t_0-r}^{t_0+r}\left\|\int_0^{\infty}K(s)[g(\varphi_1(t-s)+\varphi_2(t-s))-g(\varphi_1(t-s))]\Delta s\right\|_{\mathcal{B}}\Delta t
\end{aligned}$$

$$\leqslant L \lim_{r\to\infty}\frac{1}{2r}\int_0^\infty |K(s)|\left(\int_{t_0-r}^{t_0+r}\|\varphi_2(t-s)\|_{\mathcal{B}}\Delta t\right)\Delta s$$

$$=L \lim_{r\to\infty}\frac{1}{2r}\int_0^\infty |K(s)|\left(\int_{t_0-r-s}^{t_0+r-s}\|\varphi_2(\theta)\|_{\mathcal{B}}\Delta\theta\right)\Delta s,t_0\in\mathbb{T},r\in\Pi,$$

由此可得 $\Gamma_2\in PAP_0(\mathbb{T},\mathcal{A})$. 因此，$\Gamma\in PAP(\mathbb{T},\mathcal{A})$. 证毕.

本章主要考虑了以下时标上具离散时滞和分布时滞的 Clifford 值细胞神经网络：

$$x_i^\Delta(t)=-c_i(t)x_i(t)+\sum_{j=1}^n a_{ij}(t)f_j(x_j(t-\tau_{ij}(t)))+$$

$$\sum_{j=1}^n b_{ij}(t)\int_0^{+\infty}K_{ij}(u)g_j(x_j(t-u))\Delta u+u_i(t),i\in I \tag{4.2.1}$$

其中$\mathbb{T}$为概周期时标；n 表示神经网络中神经元的条数；$x_i(t)\in\mathcal{A}$表示第 i 条神经元在 t 时刻的状态变量；$c_i(t)>0$ 表示在时刻 t，当断开神经网络与外部输入时，第 i 条神经元可能会出现重置而导致静止孤立状态的速率；$a_{ij}(t)$、$b_{ij}(t)\in\mathcal{A}$表示神经网络连接权重函数；$K_{ij}(t)$表示分布时滞核函数；$u_i(t)\in\mathcal{A}$表示在 t 时刻的第 i 条神经元外部输入；$f_j,g_j:\mathcal{A}\to\mathcal{A}$表示信号传输过程中的作用函数.

为方便读者，现先引入以下记号：

$$c_i^-=\inf_{t\in\mathbb{T}}c_i(t),c_i^+=\sup_{t\in\mathbb{T}}c_i(t),a_{ij}^+=\sup_{t\in\mathbb{T}}\|a_{ij}(t)\|_{\mathcal{B}},$$

$$\tau_{ij}^+=\sup_{t\in\mathbb{T}}\tau_{ij}(t),b_{ij}^+=\sup_{t\in\mathbb{T}}\|b_{ij}(t)\|_{\mathcal{B}},u_i^+=\sup_{t\in\mathbb{T}}\|u_i(t)\|_{\mathcal{B}}.$$

系统(4.2.1)具有以下形式的初始条件：

$$x_i(s)=\varphi_i(s)\in\mathcal{A},s\in(-\infty,0]_{\mathbb{T}},$$

其中 $\varphi_i\in C((-\infty,0]_{\mathbb{T}},\mathcal{A})$，$i\in I$.

注 4.1　若 $t\in\mathbb{T}$，$u\in\mathbb{T}$满足 $t-u\in\mathbb{T}$，则$\mathbb{T}=\mathbb{R}$或$\mathbb{T}=\mathbb{Z}$.

在本章中，先假设以下条件成立：

(H_1) $c_i\in AP(\mathbb{T},\mathbb{R}^+)$满足$-c_i\in\mathcal{R}^+$，$a_{ij},b_{ij},u_i\in PAP(\mathbb{T},\mathcal{A})$，$\tau_{ij}\in C_\Delta^1(\mathbb{T},\mathbb{R}^+)\cap AP(\mathbb{T},\Pi)$满足$\inf\limits_{t\in\mathbb{T}}(1-\tau_{ij}^\Delta(t))>0$，$i,j\in I$.

(H_2) 对于 $i,j\in I$ 核函数 $K_{ij}:[0,\infty)_{\mathbb{T}}\to\mathbb{R}$是连续右稠可积的，且满足 $0\leqslant$

$\int_0^{\infty} | K_{ij}(u) | \Delta u \leqslant K_{ij}^{+}$.

(H_3) 存在正常数 L_j^f, L_j^g，使得对一切的 $u, v \in \mathcal{A}$，函数 $f_j, g_j \in C(\mathcal{A}, \mathcal{A})$ 满足

$\| f_j(u) - f_j(v) \|_{\mathcal{B}} \leqslant L_j^f \| u - \nu \|_{\mathcal{B}}, \| g_j(u) - g_j(v) \|_{\mathcal{B}} \leqslant L_j^g \| u - v \|_{\mathcal{B}}, j \in I$.

(H_4) 存在一个正常数 ρ，使得

$$\max_{i \in I}\left\{\frac{P_i + u_i^+}{c_i^-}\right\} \leqslant \rho, \max_{i \in I}\left\{\frac{Q_i}{c_i^-}\right\} = :\kappa < 1,$$

其中

$$P_i = \sum_{j=1}^{n} a_{ij}^{+}(L_j^f \rho + \| f_j(0) \|_{\mathcal{B}}) + \sum_{j=1}^{n} b_{ij}^{+} K_{ij}^{+}(L_j^g \rho + \| g_j(0) \|_{\mathcal{B}}),$$

$$Q_i = \sum_{j=1}^{n} a_{ij}^{+} L_j^f + \sum_{j=1}^{n} b_{ij}^{+} K_{ij}^{+} L_j^g.$$

4.3 伪概周期解的存在性

设空间 $\mathbb{B} = \{ f | f \in PAP(\mathbb{T}, \mathcal{A}^n) \}$，在 $\| f \|_{\mathbb{B}} = \sup\limits_{t \in \mathbb{T}} \| f(t) \|_{\mathcal{B}^n}$ 范数之下，它为 Banach 空间.

定理 4.1　假设条件 (H_1)—(H_4) 成立，则系统(4.2.1)在区域 $\mathbb{B}_0 = \{ \varphi = (\varphi_1, \varphi_2, \cdots, \varphi_n)^{\mathrm{T}} \in \mathbb{B} | \| \varphi \|_{\mathbb{B}} \leqslant \rho \}$ 中存在唯一的伪概周期解.

证明　首先，易证若 $x = (x_1, x_2, \cdots, x_n)^{\mathrm{T}} \in \mathbb{B}$ 是以下积分方程的一个解

$$x_i(t) = \int_{-\infty}^{t} e_{-c_i}(t, \sigma(s)) \Big(\sum_{j=1}^{n} a_{ij}(s) f_j(x_j(s - \tau_{ij}(s))) + \sum_{j=1}^{n} b_{ij}(s) \int_0^{+\infty} K_{ij}(u) g_j(x_j(s-u)) \Delta u + u_i(s) \Big) \Delta s, i \in I,$$

则 x 也是系统(4.2.1)的一个解.

其次，我们定义映射 $\Omega: \mathbb{B} \to BC(\mathbb{T}, \mathcal{A}^n)$ 为：

$$\Omega \varphi = (\Omega_1 \varphi, \Omega_2 \varphi, \cdots, \Omega_n \varphi)^{\mathrm{T}},$$

其中 $\varphi\in\mathbb{B}$，

$$(\Omega_i\varphi)(t)=\int_{-\infty}^{t}e_{-c_i}(t,\sigma(s))\Gamma_i^{\varphi}(s)\Delta s,i\in I,$$

$$\Gamma_i^{\varphi}(s)=\sum_{j=1}^{n}a_{ij}(s)f_j(\varphi_j(s-\tau_{ij}(s)))+\sum_{j=1}^{n}b_{ij}(s)\int_{0}^{+\infty}K_{ij}(u)g_j(\varphi_j(s-u))\Delta u+u_i(s).$$

我们将证明映射 Ω 是从$\mathbb{B}$到$\mathbb{B}$的一个自映射. 事实上，根据引理 4.1—4.3，易得 $\Gamma_i^{\varphi}=(\Gamma_i^{\varphi})^1+(\Gamma_i^{\varphi})^0$，其中$(\Gamma_i^{\varphi})^1\in AP(\mathbb{T},\mathcal{A})$，$(\Gamma_i^{\varphi})^0\in PAP_0(\mathbb{T},\mathcal{A})$. 我们将证明

$$\begin{aligned}\Omega_i\varphi(t)&=\int_{-\infty}^{t}e_{-c_i}(t,\sigma(s))(\Gamma_i^{\varphi})^1(s)\Delta s+\int_{-\infty}^{t}e_{-c_i}(t,\sigma(s))(\Gamma_i^{\varphi})^0(s)\Delta s\\&=(F_i^{\varphi})^1(t)+(F_i^{\varphi})^0(t),\end{aligned}$$

其中$(F_i^{\varphi})^1\in AP(\mathbb{T},\mathcal{A})$，$(F_i^{\varphi})^0\in PAP_0(\mathbb{T},\mathcal{A})$. 由引理 3.5，有$(F_i^{\varphi})^1\in AP(\mathbb{T},\mathcal{A})$.

根据$(\Gamma_i^{\varphi})^0\in PAP_0(\mathbb{T},\mathcal{A})$和勒贝格控制收敛定理，可得

$$\begin{aligned}&\lim_{r\to\infty}\frac{1}{2r}\int_{t_0-r}^{t_0+r}\|(F_i^{\varphi})^0(s)\|_{\mathcal{B}}\Delta s\\&=\lim_{r\to\infty}\frac{1}{2r}\int_{t_0-r}^{t_0+r}\left\|\int_{-\infty}^{s}e_{-c_i}(s,\sigma(\theta))(\Gamma_i^{\varphi})^0(\theta)\Delta\theta\right\|_{\mathcal{B}}\Delta s\\&\leqslant\lim_{r\to\infty}\frac{1}{2r}\int_{-\infty}^{s}e_{-c_i}(s,\sigma(\theta))\left(\int_{t_0-r}^{t_0+r}\|(\Gamma_i^{\varphi})^0(\theta)\|_{\mathcal{B}}\Delta\theta\right)\Delta s,i\in I,t_0\in\mathbb{T},r\in\Pi,\end{aligned}$$

由此可得$(F_i^{\varphi})^0\in PAP_0(\mathbb{T},\mathcal{A})$. 因此，$\Omega\varphi\in\mathbb{B}$.

进一步，我们将验证 Ω 是从$\mathbb{B}_0$到$\mathbb{B}_0$的一个自映射. 为此只需证明：对任意给定的 $\varphi\in\mathbb{B}_0$，有

$$\begin{aligned}&\sup_{t\in\mathbb{T}}\|\Omega\varphi\|_{\mathcal{B}^n}\\&=\max_{i\in I}\left\{\sup_{t\in\mathbb{T}}\left\|\int_{-\infty}^{t}e_{-c_i}(t,\sigma(s))\left(\sum_{j=1}^{n}a_{ij}(s)f_j(\varphi_j(s-\tau_{ij}(s))\right)+\right.\right.\\&\left.\left.\sum_{j=1}^{n}b_{ij}(s)\int_{0}^{+\infty}K_{ij}(u)g_j(\varphi_j(s-u))\Delta u+u_i(s))\Delta s\right\|_{\mathcal{B}}\right\}+\end{aligned}$$

$$\sum_{j=1}^{n} b_{ij}(s)\int_{0}^{+\infty} K_{ij}(u) g_j(\varphi_j(s-u))\Delta u + u_i(s))\Delta s \|_{\mathcal{B}}\}$$

$$\leqslant \max_{i\in I}\Big\{\sup_{t\in\mathbb{T}}\Big[\int_{-\infty}^{t} e_{-c_i}(t,\sigma(s))\Big(\sum_{j=1}^{n} a_{ij}^{+}(L_j^f \|\varphi_j(s-\tau_{ij}(s))\|_{\mathcal{B}} + \|f_j(0)\|_{\mathcal{B}}\Big) +$$

$$\sum_{j=1}^{n} b_{ij}^{+}\int_{0}^{+\infty} K_{ij}(u)(L_j^g \|\varphi_j(s-u)\|_{\mathcal{B}} + \|g_j(0)\|_{\mathcal{B}})\Delta u + u_i^{+})\Delta s\Big]\Big\}$$

$$\leqslant \max_{i\in I}\Big\{\frac{1}{c_i^-}\Big(\sum_{j=1}^{n} a_{ij}^{+}(L_j^f \|\varphi_j\|_{\mathbb{B}} + \|f_j(0)\|_{\mathcal{B}}) + \sum_{j=1}^{n} b_{ij}^{+}K_{ij}^{+}(L_j^g \|\varphi_j\|_{\mathbb{B}} +$$

$$\|g_j(0)\|_{\mathcal{B}}) + u_i^{+}\Big)\Big\} \leqslant \max_{i\in I}\Big\{\frac{P_i + u_i^{+}}{c_i^-}\Big\}.$$

因此，由条件(H_4)，有 $\|\Omega\varphi\|_{\mathbb{B}}\leqslant\rho$，即,$\Omega(\mathbb{B}_0)\subset\mathbb{B}_0$.

最后，我们证明 $\Omega:\mathbb{B}_0\to\mathbb{B}_0$是压缩映射. 事实上，对任意的

$$\varphi=(\varphi_1,\varphi_2,\cdots,\varphi_n)^{\mathrm{T}},\psi=(\psi_1,\psi_2,\cdots,\psi_n)^{\mathrm{T}}\in\mathbb{B}_0,$$

我们有

$$\sup_{t\in\mathbb{T}}\|\Omega\varphi-\Omega\psi\|_{\mathcal{B}^n}$$

$$= \max_{i\in I}\Big\{\sup_{t\in\mathbb{T}}\Big\|\int_{-\infty}^{t} e_{-c_i}(t,\sigma(s))\Big(\sum_{j=1}^{n} a_{ij}(s)(f_j(\varphi_j(s-\tau_{ij}(s))\Big) -$$

$$f_j(\psi_j(s-\tau_{ij}(s)))) + \sum_{j=1}^{n} b_{ij}(s)\int_{0}^{+\infty} K_{ij}(u)(g_j(\varphi_j(s-u)) -$$

$$g_j(\psi_j(s-u)))\Delta u)\Delta s\Big\|_{\mathcal{B}}\Big\}$$

$$\leqslant \max_{i\in I}\Big\{\frac{1}{c_i^-}\Big(\sum_{j=1}^{n} a_{ij}^{+}L_j^f + \sum_{j=1}^{n} b_{ij}^{+}K_{ij}^{+}L_j^g\Big)\Big\}\|\varphi-\psi\|_{\mathbb{B}}$$

$$= \max_{i\in I}\Big\{\frac{Q_i}{c_i^-}\Big\}\|\varphi-\psi\|_{\mathbb{B}}.$$

由条件(H_4)，可得

$$\|\Omega\varphi-\Omega\psi\|_{\mathbb{B}}\leqslant\kappa\|\varphi-\psi\|_{\mathbb{B}}.$$

故,Ω 是一个压缩映射. 因此，由 Banach 不动点定理知：Ω 在$\mathbb{B}_0$中有唯一不动点，即系统(4.2.1)在$\mathbb{B}_0$中有唯一伪概周期解. 证毕.

4.4　伪概周期同步

为了研究 Clifford 值细胞神经网络的驱动系统的指数同步问题，我们将系统(4.2.1)视为驱动系统，并设计响应系统如下：

$$y_i^{\Delta}(t) = -c_i(t)y_i(t) + \sum_{j=1}^{n} a_{ij}(t) f_j(y_j(t-\tau_{ij}(t))) + \sum_{j=1}^{n} b_{ij}(t) \int_0^{+\infty} K_{ij}(u) g_j(y_j(t-u))\Delta u + u_i(t) + \theta_i(t), \quad (4.4.1)$$

其中 $t\in\mathbb{T}$，$i\in I$，$y_i(t)\in\mathcal{A}$表示响应系统的状态变量，$\theta_i(t)$为状态反馈控制器，且系统(4.4.1)的初始条件为

$$y_i(s)=\psi_i(s)\in\mathcal{A}, s\in(-\infty,0]_{\mathbb{T}},$$

其中 $\psi_i\in C((-\infty,0]_{\mathbb{T}},\mathcal{A}), i\in I$.

设 $z(t)=y(t)-x(t)$，用系统(4.4.1)减去系统(4.2.1)，则得到以下误差系统：

$$z_i^{\Delta}(t) = -c_i(t)z_i(t) + \sum_{j=1}^{n} a_{ij}(t)(f_j(y_j(t-\tau_{ij}(t))) - f_j(x_j(t-\tau_{ij}(t)))) + \sum_{j=1}^{n} b_{ij}(t)\int_0^{+\infty} K_{ij}(u) \times (g_j(y_j(t-u)) - g_j(x_j(t-u)))\Delta u + \theta_i(t), i\in I. \quad (4.4.2)$$

为了读者方便，现再引入以下记号：

$$d_i^- = \inf_{t\in\mathbb{T}} d_i(t), \alpha_{ij}^+ = \sup_{t\in\mathbb{T}} \|\alpha_{ij}(t)\|_{\mathcal{B}}, \delta_{ij}^+ = \sup_{t\in\mathbb{T}} \delta_{ij}(t).$$

若存在正常数 ζ 满足$\ominus\zeta\in\mathcal{R}^+$和 $D_0>1$ 使得

$$\|z(t)\|_1 \leqslant D_0 \|\psi-\varphi\|_0 e_{\ominus\zeta}(t,0), t\in[0,+\infty)_{\mathbb{T}},$$

其中 $\|z(t)\|_1 = \|y(t)-x(t)\|_{\mathcal{B}^n}$，$\|\psi-\varphi\|_0 = \sup_{s\in(-\infty,0]_{\mathbb{T}}} \|\psi(s)-\varphi(s)\|_{\mathcal{B}^n}$，则响应系统(4.4.1)和驱动系统(4.2.1)是全局指数同步的.

为了实现驱动响应系统的伪概周期同步，我们设计以下控制器

$$\theta_i(t) = -d_i(t)z_i(t) + \sum_{j=1}^{n}\alpha_{ij}(t)(h_j(y_j(t-\delta_{ij}(t))) - h_j(x_j(t-\delta_{ij}(t)))),i \in I. \tag{4.4.3}$$

定理 4.2　设(H_1)—(H_4)成立. 并假设

(H_5) $d_i \in AP(\mathbb{T},\mathbb{R}^+)$满足$-(d_i+c_i) \in \mathcal{R}^+$，$\alpha_{ij} \in PAP(\mathbb{T},\mathcal{A})$，$\delta_{ij} \in C_\Delta^1(\mathbb{T},\mathbb{R}^+) \cap AP(\mathbb{T},\Pi)$满足$\inf\limits_{t\in\mathbb{T}}(1-\delta_{ij}^{\Delta}(t))>0$，$i,j\in I$.

(H_6) 对所有的$i,j\in I$，核函数$K_{ij}:[0,\infty)_{\mathbb{T}}\to\mathbb{R}$右稠连续可积的，且满足$K_{ij}(t)e^{\zeta t}$在$[0,\infty)_{\mathbb{T}}$上可积对于正常数$\zeta$使得$0\leqslant\int_0^{\infty}K_{ij}(u)e^{\zeta u}\Delta u<+\infty$.

(H_7) 存在正常数L_j^h，使得对所有$u,v\in\mathcal{A}$，函数$h_j\in C(\mathcal{A},\mathcal{A})$满足

$$\| h_j(u)-h_j(v)\|_B \leqslant L_j^h \| u-v \|_B, j\in I.$$

(H_8) $\max\limits_{i\in I}\left\{\dfrac{Q_i}{c_i^- + d_i^-}\right\}<1$，其中$Q_i = Q_i + \sum\limits_{j=1}^{n}\alpha_{ij}^{+}L_j^h$

成立，则响应系统(4.4.1)和驱动器系统(4.2.1)在控制器(4.4.3)下实现全局伪概周期同步.

证明　用$e_{-(c_i+d_i)}(t_0,\sigma(t))$同时乘以等式(4.4.2)的两边，并在$[t_0,t]_{\mathbb{T}}$上积分，其中$t_0\in(-\infty,0]_{\mathbb{T}}$，可得

$$\begin{aligned}z_i(t) = {} & z_i(t_0)e_{-(c_i+d_i)}(t,t_0) + \int_{t_0}^{t} e_{-(c_i+d_i)}(t,\sigma(s)) \times \\ & \left(\sum_{j=1}^{n}a_{ij}(s)(f_j(y_j(s-\tau_{ij}(s))) - f_j(x_j(s-\tau_{ij}(s))))\right) + \\ & \sum_{j=1}^{n}b_{ij}(s)\int_0^{+\infty}K_{ij}(u)(g_j(y_j(s-u)) - g_j(x_j(s-u)))\Delta u + \\ & \sum_{j=1}^{n}\alpha_{ij}(s)(h_j(y_j(s-\delta_{ij}(s))-h_j(x_j(s-\delta_{ij}(s)))))\Delta s, i\in I.\end{aligned} \tag{4.4.4}$$

定义Θ_i如下：

$$\begin{aligned}\Theta_i(\theta) = {} & c_i^- + d_i^- - \theta - \exp\left(\theta\sup_{s\in\mathbb{T}}\mu(s)\right)\left(\sum_{j=1}^{n}a_{ij}^{+}L_j^f\exp(\theta\tau_{ij}^{+}) + \right. \\ & \left.\sum_{j=1}^{n}\alpha_{ij}^{+}L_j^h\exp(\theta\delta_{ij}^{+}) + \sum_{j=1}^{n}b_{ij}^{+}L_j^g\int_0^{+\infty}K_{ij}(u)\exp(\theta u)\Delta u\right), i\in I.\end{aligned}$$

由条件(H_8)对 $i\in I$，有 $\Theta_i(0)=a_i^-+d_i^--Q_i>0$.

因为Θ_i 定义在$[t_0,+\infty)$上连续，当$\theta\to+\infty$时，有 $\Theta_i(\theta)\to-\infty$成立，所以存在常数 $\widetilde{\theta}_i$ 使得$\Theta_i(\widetilde{\theta}_i)=0$. 当 $\theta\in(0,\widetilde{\theta}_i)$，$i\in I$ 时，有 $\Theta_i(\theta)>0$ 成立. 取 $e=\min\limits_{i\in I}\{\widetilde{\theta}_i\}$，有 $\Theta_i(e)\geqslant 0$，$i\in I$. 因此，可以选择一个正数 $0<\zeta<\min\left\{e,\min\limits_{i\in I}\{c_i^-+d_i^-\}\right\}$满足$\ominus\zeta\in\mathcal{R}^+$使得

$$\Theta_i(\zeta)>0,i\in I,$$

由此可得

$$\frac{\exp\left(\zeta\sup\limits_{s\in\mathbb{T}}\mu(s)\right)}{c_i^-+d_i^--\zeta}\Big(\sum_{j=1}^n a_{ij}^+L_j^f\exp(\zeta\tau_{ij}^+)+\sum_{j=1}^n\alpha_{ij}^+L_j^h\exp(\zeta\delta_{ij}^+)+\sum_{j=1}^n b_{ij}^+L_j^g\int_0^{+\infty}K_{ij}(u)\exp(\zeta u)\Delta u\Big)<1,i\in I.$$

令 $D_0=\max\limits_{i\in I}\left\{\dfrac{c_i^-+d_i^-}{Q_i}\right\}$，则由条件($H_8$)，有 $D_0>1$. 因此，

$$\frac{1}{D_0}<\frac{\exp\left(\zeta\sup\limits_{s\in\mathbb{T}}\mu(s)\right)}{c_i^-+d_i^--\zeta}\Big(\sum_{j=1}^n a_{ij}^+L_j^f\exp(\zeta\tau_{ij}^+)+\sum_{j=1}^n\alpha_{ij}^+L_j^h\exp(\zeta\delta_{ij}^+)+\sum_{j=1}^n b_{ij}^+L_j^g\int_0^{+\infty}K_{ij}(u)\exp(\zeta u)\Delta u\Big).$$

另外，因为 $e_{\ominus\zeta}(t,t_0)>1$，其中 $t\leqslant t_0$，所以我们断言下式成立：

$$\|z(t)\|_1\leqslant D_0e_{\ominus\zeta}(t,t_0)\|\psi-\varphi\|_0,\forall t\in(-\infty,t_0]_{\mathbb{T}},$$

下面我们将证明

$$\|z(t)\|_1\leqslant D_0e_{\ominus\zeta}(t,t_0)\|\psi-\varphi\|_0,\forall t\in(t_0,+\infty)_{\mathbb{T}}.\tag{4.4.5}$$

为了证明不等式(4.4.5)，首先证明对任意 $\chi>1$，有以下不等式成立：

$$\|z(t)\|_1<\chi D_0e_{\ominus\zeta}(t,t_0)\|\psi-\varphi\|_0,\forall t\in(t_0,+\infty)_{\mathbb{T}}.\tag{4.4.6}$$

由此可知对任意的 $i\in I$，有

$$\|z_i(t)\|_{\mathcal{B}}<\chi D_0e_{\ominus\zeta}(t,t_0)\|\psi-\varphi\|_0,\forall t\in(t_0,+\infty)_T.\tag{4.4.7}$$

我们用反证法证明上式不等式，若不等式(4.4.7)不成立，则必存在某个 $i\in I$

和 $t_1\in(t_0,+\infty)_{\mathbb{T}}$ 使得

$$\|z_i(t_1)\|_{\mathcal{B}}\geqslant \chi D_0\|\psi-\varphi\|_0 e_{\ominus\zeta}(t_1,t_0),$$

$$\|z_i(t)\|_{\mathcal{B}}<\chi D_0\|\psi-\varphi\|_0 e_{\ominus\zeta}(t,t_0),t\in(t_0,t_1)_{\mathbb{T}},t_0\in(-\infty,0]_{\mathbb{T}}.$$

因此，必存在常数 $C\geqslant 1$ 使得

$$\|z_i(t_1)\|_{\mathcal{B}}=C\chi D_0\|\psi-\varphi\|_0 e_{\ominus\zeta}(t_1,t_0), \tag{4.4.8}$$

$$\|z_i(t)\|_{\mathcal{B}}<C\chi D_0\|\psi-\varphi\|_0 e_{\ominus\zeta}(t,t_0),t\in(t_0,t_1)_{\mathbb{T}},t_0\in(-\infty,0]_{\mathbb{T}}. \tag{4.4.9}$$

由式(4.4.8)、不等式(4.4.9)、式(4.4.4)和 $D_0>1$，有

$$\begin{aligned}
&\|z_i(t_1)\|_{\mathcal{B}}\\
=&\Big\|z_i(t_0)e_{-(c_i+d_i)}(t_1,t_0)+\int_{t_0}^{t_1}e_{-(c_i+d_i)}(t_1,\sigma(s))\Big(\sum_{j=1}^n a_{ij}(s)(f_j(y_j(s-\tau_{ij}(s))-\Big)\\
&f_j(x_j(s-\tau_{ij}(s))))+\sum_{j=1}^n b_{ij}(s)\int_0^{+\infty}K_{ij}(u)(g_j(y_j(s-u))-\\
&g_j(x_j(s-u)))\Delta u+\sum_{j=1}^n \alpha_{ij}(s)(h_j(y_j(s-\delta_{ij}(s))-h_j(x_j(s-\delta_{ij}(s)))))\Delta s\Big\|_{\mathcal{B}}\\
<&\|z_i(t_0)\|_{\mathcal{B}}\,e_{-(c_i+d_i)}(t_1,t_0)+C\chi D_0\|\psi-\varphi\|_0 e_{\ominus\zeta}(t_1,t_0)\int_{t_0}^{t_1}e_{-(c_i+d_i)}(t_1,\sigma(s))\times\\
&e_\zeta(t_1,\sigma(s))\Big(\sum_{j=1}^n a_{ij}^+L_j^f e_\zeta(\sigma(s),s-\tau_{ij}(s))+\sum_{j=1}^n \alpha_{ij}^+L_j^h e_\zeta(\sigma(s),s-\delta_{ij}(s))+\\
&\sum_{j=1}^n b_{ij}^+L_j^g\int_0^{+\infty}K_{ij}(u)e_\zeta(\sigma(s),s-u)\Delta u\Big)\Delta s\\
=&\|z_i(t_0)\|_{\mathcal{B}}\,e_{-(c_i+d_i)}(t_1,t_0)+C\chi D_0\|\psi-\varphi\|_0 e_{\ominus\zeta}(t_1,t_0)\int_{t_0}^{t_1}e_{-(c_i+d_i)\oplus\zeta}(t_1,\sigma(s))\\
&\Big(\sum_{j=1}^n a_{ij}^+L_j^f e_\zeta(\sigma(s),s-\tau_{ij}(s))+\sum_{j=1}^n \alpha_{ij}^+L_j^h e_\zeta(\sigma(s),s-\delta_{ij}(s))\Big)+\\
&\sum_{j=1}^n b_{ij}^+L_j^g\int_0^{+\infty}K_{ij}(u)e_\zeta(\sigma(s),s-u)\Delta u)\Delta s\\
\leqslant&\|z_i(t_0)\|_{\mathcal{B}}\,e_{-(c_i+d_i)}(t_1,t_0)+C\chi D_0\|\psi-\varphi\|_0 e_{\ominus\zeta}(t_1,t_0)\int_{t_0}^{t_1}e_{-(c_i+d_i)\oplus\zeta}(t_1,\sigma(s))\times\\
&(\sum_{j=1}^n a_{ij}^+L_j^f\exp\Big(\zeta(\tau_{ij}^++\sup_{s\in\mathbb{T}}\mu(s)))+\sum_{j=1}^n \alpha_{ij}^+L_j^h\exp(\zeta(\delta_{ij}^++\sup_{s\in\mathbb{T}}\mu(s))\Big)+
\end{aligned}$$

$$\sum_{j=1}^{n} b_{ij}^{+} L_j^g \int_0^{+\infty} K_{ij}(u) \exp\Big(\zeta (u + \sup_{s\in\mathbb{T}} \mu(s))) \Delta u \Big) \Delta s$$

$$\leqslant \Big\{ \frac{e_{-(a_i+d_i)\oplus\zeta}(t_1,t_0)}{C\chi D_0} + \exp\Big(\zeta \sup_{s\in\mathbb{T}} \mu(s) \Big) \Big(\sum_{j=1}^{n} a_{ij}^{+} L_j^f \exp(\zeta \tau_{ij}^{+}) +$$

$$\sum_{j=1}^{n} \alpha_{ij}^{+} L_j^h \exp(\zeta \delta_{ij}^{+}) + \sum_{j=1}^{n} b_{ij}^{+} L_j^g \int_0^{+\infty} K_{ij}(u) \exp(\zeta u) \Delta u) \times$$

$$\int_{t_0}^{t_1} e_{-(a_i+d_i)\oplus\zeta}(t_1,\sigma(s)) \Big) \Delta s \Big\} C\chi D_0 \parallel \psi - \varphi \parallel_0 e_{\ominus\zeta}(t_1,t_0)$$

$$\leqslant \Big\{ \frac{e_{-(a_i+d_i)\oplus\zeta}(t_1,t_0)}{C\chi D_0} + \exp\Big(\zeta \sup_{s\in\mathbb{T}} \mu(s) \Big) \Big(\sum_{j=1}^{n} a_{ij}^{+} L_j^f \exp(\zeta \tau_{ij}^{+}) +$$

$$\sum_{j=1}^{n} \alpha_{ij}^{+} L_j^h \exp(\zeta \delta_{ij}^{+}) + \sum_{j=1}^{n} b_{ij}^{+} L_j^g \int_0^{+\infty} K_{ij}(u) \exp(\zeta u) \Delta u \Big) \times$$

$$\frac{1 - e_{-(a_i+d_i)\oplus\zeta}(t_1,t_0)}{a_i^{-} + d_i^{-} - \zeta} \Big\} C\chi D_0 \parallel \psi - \varphi \parallel_0 e_{\ominus\zeta}(t_1,t_0)$$

$$< \Big\{ \Big[\frac{1}{D_0} - \frac{\exp(\zeta \sup_{s\in\mathbb{T}} \mu(s))}{a_i^{-} + d_i^{-} - \zeta} \Big(\sum_{j=1}^{n} a_{ij}^{+} L_j^f \exp(\zeta \tau_{ij}^{+}) + \sum_{j=1}^{n} \alpha_{ij}^{+} L_j^h \exp(\zeta \delta_{ij}^{+}) +$$

$$\sum_{j=1}^{n} b_{ij}^{+} L_j^g \int_0^{+\infty} K_{ij}(u) \exp(\zeta u) \Delta u \Big) \Big] e_{-(a_i+d_i)\oplus\zeta}(t_1,t_0) +$$

$$\frac{\exp(\zeta \sup_{s\in\mathbb{T}} \mu(s))}{a_i^{-} + d_i^{-} - \zeta} \Big(\sum_{j=1}^{n} a_{ij}^{+} L_j^f \exp(\zeta \tau_{ij}^{+}) + \sum_{j=1}^{n} \alpha_{ij}^{+} L_j^h \exp(\zeta \delta_{ij}^{+}) +$$

$$\sum_{j=1}^{n} b_{ij}^{+} L_j^g \int_0^{+\infty} K_{ij}(u) \exp(\zeta u) \Delta u \Big) \Big\} C\chi D_0 \parallel \psi - \varphi \parallel_0 e_{\ominus\zeta}(t_1,t_0)$$

$$< C\chi D_0 \parallel \psi - \varphi \parallel_0 e_{\ominus\zeta}(t_1,t_0).$$

因此

$$\parallel z_i(t_1) \parallel_{\mathcal{B}} < C\chi D_0 \parallel \psi - \varphi \parallel_0 e_{\ominus\zeta}(t_1,t_0),$$

这与式(4.4.8)矛盾，因此式(4.4.7)成立. 令 $\chi \to 1$，则有式(4.4.5)成立. 因此根据定义 4.2，响应系统(4.4.1)和驱动系统(4.2.1)存在唯一的全局指数同步的伪概周期解. 证毕.

4.5 数值例子

本节我们给出一个数值例子说明定理 4.1 和定理 4.2 的有效性.

例 4.1 在系统(4.2.1)和系统(4.4.1)中，令 $n=2,\tilde{m}=2$，$K_{ij}(u)=e^{-3u}$. 取系数如下：

$$f_j(x_j)=\frac{1}{150}e_0\sin^2 x_j^0+\frac{1}{150}|x_j^0+x_j^2|e_1+\frac{1}{160}e_2\tanh x_j^1+\frac{1}{170}e_{12}\cos(x_j^{12}+x_j^2),$$

$$g_j(x_j)=\frac{1}{200}e_0|x_j^1|+\frac{1}{205}|x_j^1+x_j^0|e_1+\frac{1}{270}e_2\cos x_j^2+\frac{1}{400}e_{12}\sin(2x_j^{12}+x_j^1),$$

$$h_j(x_j)=\frac{1}{180}e_0\cos x_j^1+\frac{1}{200}|x_j^{12}+x_j^0|e_1+\frac{1}{230}e_2\sin x_j^{12}+\frac{1}{250}e_{12}\cos(x_j^2+x_j^1),$$

$$c_1(t)=0.55-0.1|\sin\sqrt{5}t|,c_2(t)=0.4+0.1|\cos 3t|,$$

$$b_{11}(t)=0.2|\cos 3t|e_0+0.7|\sin 2t|e_2,$$

$$\alpha_{11}(t)=0.35|\cos 3t|e_2+0.45|\sin 5t|e_{12},$$

$$a_{11}(t)=a_{12}(t)=0.1e_0+0.2e_1\sin 3t+0.3e_2\sin\sqrt{3}t+0.1e_{12}\cos 2t,$$

$$a_{21}(t)=a_{22}(t)=0.4e_0\cos 3t+0.5e_1\cos\sqrt{3}t+0.3e_2\sin\sqrt{2}t+0.2e_{12}\cos\sqrt{3}t,$$

$$d_1(t)=0.45-0.1|\cos\sqrt{3}t|,d_2(t)=0.49+0.1|\sin 2t|,$$

$$b_{12}(t)=0.25|\sin\sqrt{3}t|e_2+0.2|\cos\sqrt{7}t|e_{12}+\frac{1}{200+t^2},$$

$$b_{21}(t)=0.2|\sin t|e_0+0.1|\sin 2t|e_{12},$$

$$b_{22}(t)=0.1|\cos\sqrt{3}t|e_0+0.5|\sin\sqrt{2}t|e_1,$$

$$\alpha_{12}(t)=0.1|\cos\sqrt{2}t|e_0+0.3|\sin\sqrt{3}t|e_1+\frac{1}{100+t^2},$$

$$u_1(t)=0.2e_0\cos t+0.1e_1\cos 3t+0.3e_2\sin 3t+0.2e_{12}\sin\sqrt{2}t+\frac{2}{10+t^2},$$

$$u_2(t)=0.1e_0\sin 3t+0.3e_1\cos 3t+0.2e_2\sin t+0.5e_{12}\cos 2t+\frac{0.1}{1+t^2},$$

$$\alpha_{21}(t)=0.35|\cos\sqrt{3}t|e_1+0.25|\sin\sqrt{2}t|e_2,$$

$$\alpha_{22}(t)=0.4|\sin\sqrt{2}t|e_1+0.2|\sin\sqrt{5}t|e_{12},$$

$$\tau_{ij}(t)=\frac{1}{2}|\sin 2\pi t|,\delta_{ij}(t)=\frac{1}{3}\left|\cos\left(\pi t+\frac{\pi}{2}\right)\right|,i,j=1,2.$$

显然，(H_1)和(H_5)成立. 通过计算对于 $i=1,2$，有 $c_1^-=0.45$，$c_2^-=0.4$，$d_1^-=0.35$，$d_2^-=0.49$，$L_i^f=\frac{1}{150}$，$L_j^g=\frac{1}{200}$，$L_j^h=\frac{1}{180}$，$\|f_j(0)\|_{\mathcal{B}}=\frac{1}{170}$，$\|g_j(0)\|_{\mathcal{B}}=\frac{1}{270}$，$a_{11}^+=a_{12}^+\leqslant 0.388$，$a_{21}^+=a_{22}^+\leqslant 0.782$，$b_{11}^+\leqslant 0.729$，$b_{12}^+\leqslant 0.321$，$b_{21}^+\leqslant 0.224$，$b_{22}^+\leqslant 0.510$，$\alpha_{11}^+\leqslant 0.571$，$\alpha_{12}^+\leqslant 0.317$，$\alpha_{21}^+\leqslant 0.431$，$\alpha_{22}^+\leqslant 0.448$，$u_1^+\leqslant 0.548$，$u_2^+\leqslant 0.648$，$K_{ij}^+=\frac{1}{3}$，

当$\mathbb{T}=\mathbb{R}$或者当$\mathbb{T}=\mathbb{Z}$时，取 $\rho=2$，易算得

$$P_1\approx 0.020,P_2\approx 0.033,Q_1\approx 0.007,Q_2\approx 0.012,Q_1\approx 0.012,Q_2\approx 0.017,$$

$$\max\left\{\frac{P_1+u_1^+}{c_1^-},\frac{P_2+u_2^+}{c_2^-}\right\}\approx\max\{1.262,1.703\}=1.703<\rho=2,$$

$$\max\left\{\frac{Q_1}{c_1^-},\frac{Q_2}{c_2^-}\right\}\approx\max\{0.016,0.03\}=0.03=\kappa<1$$

和

$$\max\left\{\frac{Q_1}{c_1^-+d_1^-},\frac{Q_2}{c_2^-+d_2^-}\right\}\approx\max\{0.015,0.019\}=0.019<1.$$

因此，无论$\mathbb{T}=\mathbb{R}$还是$\mathbb{T}=\mathbb{Z}$，都有$-c_i,-(c_i+d_i)\in\mathcal{R}^+$，$i=1,2$ 且容易验证定理 4.2 中的所有条件都成立. 因此，驱动系统(4.2.1)和响应系统(4.4.1)能够实现全局伪概周期指数同步.

图 4.1 和图 4.3 具有相同的初始值

$$(x_1^0(0),x_2^0(0))^{\mathrm{T}}=(y_1^0(0),y_2^0(0))^{\mathrm{T}}=(0.05,-0.01)^{\mathrm{T}},$$

$$(0.03,-0.04)^{\mathrm{T}},(0.07,-0.08)^{\mathrm{T}},(x_1^1(0),x_2^1(0))^{\mathrm{T}}=(y_1^1(0),$$

$$y_2^1(0))^{\mathrm{T}}=(0.02,-0.02)^{\mathrm{T}},(-0.06,0.03)^{\mathrm{T}},(0.04,0.06)^{\mathrm{T}}.$$

图 4.2 和图 4.4 具有相同的初始值

$$(x_1^2(0), x_2^2(0))^{\mathrm{T}} = (y_1^2(0), y_2^2(0))^{\mathrm{T}} = (-0.04, -0.03)^{\mathrm{T}},$$
$$(0.01, 0.04)^{\mathrm{T}}, (-0.02, -0.01)^{\mathrm{T}}, (x_1^{12}(0), x_2^{12}(0))^{\mathrm{T}} = (y_1^{12}(0),$$
$$y_2^{12}(0))^{\mathrm{T}} = (0.02, -0.01)^{\mathrm{T}}, (-0.05, 0.04)^{\mathrm{T}}, (0.08, -0.07)^{\mathrm{T}}.$$

图 4.6 和图 4.8 具有相同的初始值

$$(x_1^0(0), x_2^0(0))^{\mathrm{T}} = (y_1^0(0), y_2^0(0))^{\mathrm{T}} = (0.05, -0.05)^{\mathrm{T}},$$
$$(0.075, -0.08)^{\mathrm{T}}, (1, -1)^{\mathrm{T}}, (x_1^1(0), x_2^1(0))^{\mathrm{T}} = (y_1^1(0),$$
$$y_2^1(0))^{\mathrm{T}} = (0.1, -0.1)^{\mathrm{T}}, (-0.15, 0.15)^{\mathrm{T}}, (0.06, -0.05)^{\mathrm{T}}.$$

图 4.7 和图 4.9 具有相同的初始值

$$(x_1^2(0), x_2^2(0))^{\mathrm{T}} = (y_1^2(0), y_2^2(0))^{\mathrm{T}} = (0.04, -0.08)^{\mathrm{T}},$$
$$(-0.05, -0.03)^{\mathrm{T}}, (0.1, -0.1)^{\mathrm{T}}, (x_1^{12}(0), x_2^{12}(0))^{\mathrm{T}} = (y_1^{12}(0),$$
$$y_2^{12}(0))^{\mathrm{T}} = (0.03, -0.02)^{\mathrm{T}}, (0.06, -0.05)^{\mathrm{T}}, (-0.09, 0.1)^{\mathrm{T}}.$$

图 4.5 和图 4.10 描述了驱动系统(4.2.1)和响应系统(4.4.1)具有 2 个随机初始条件的仿真结果.

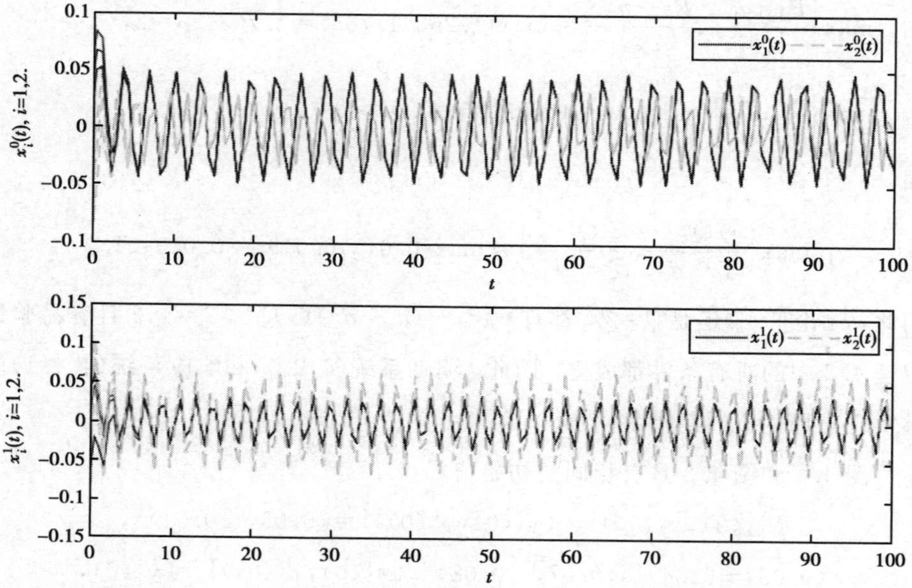

图 4.1 $\mathbb{T}=\mathbb{R}$. 系统(4.2.1)的状态变量 $x_i^0(t)$ 和 $x_i^1(t)$ 的响应曲线, $(i=1,2)$

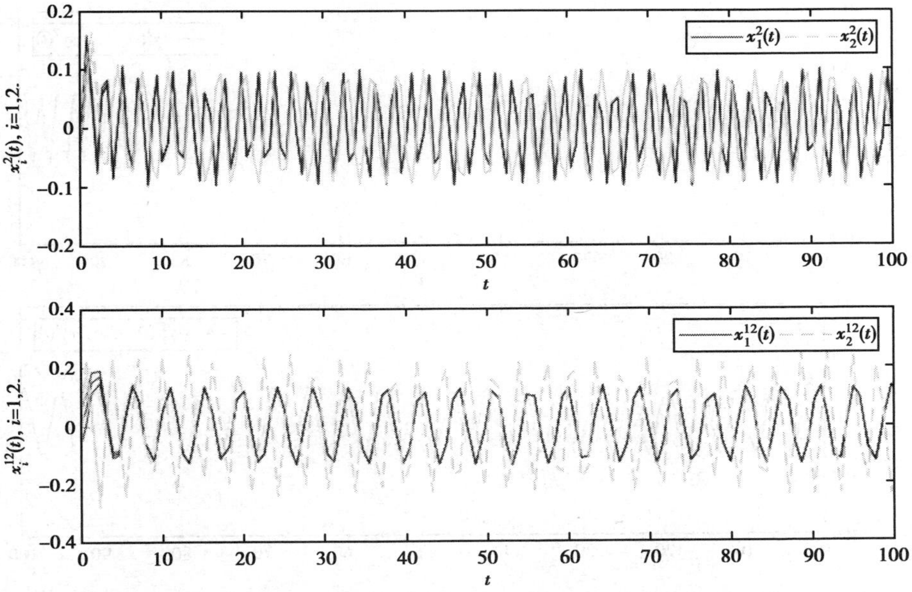

图 4.2　$\mathbb{T}=\mathbb{R}$. 系统(4.2.1)的状态变量 $x_i^2(t)$和 $x_i^{12}(t)$的响应曲线，$(i=1,2)$

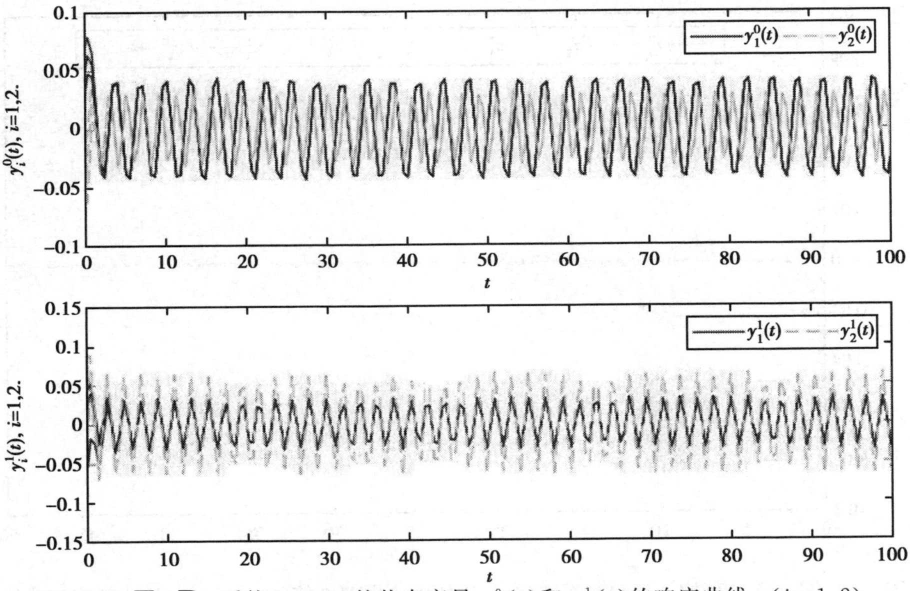

图 4.3　$\mathbb{T}=\mathbb{R}$. 系统(4.4.1)的状态变量 $y_i^0(t)$和 $y_i^1(t)$的响应曲线，$(i=1,2)$

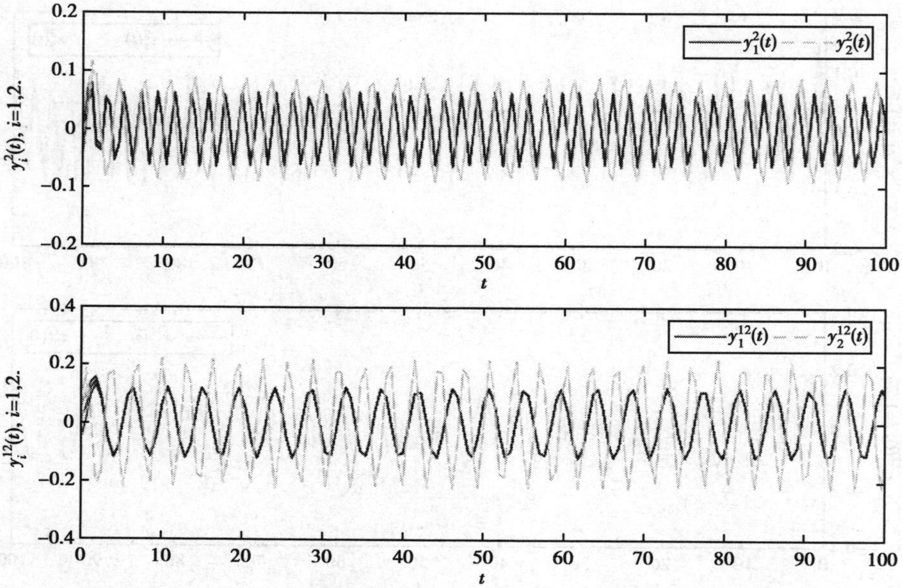

图 4.4 $\mathbb{T}=\mathbb{R}$. 系统(4.4.1)的状态变量 $y_i^2(t)$ 和 $y_i^{12}(t)$ 的响应曲线，$(i=1,2)$

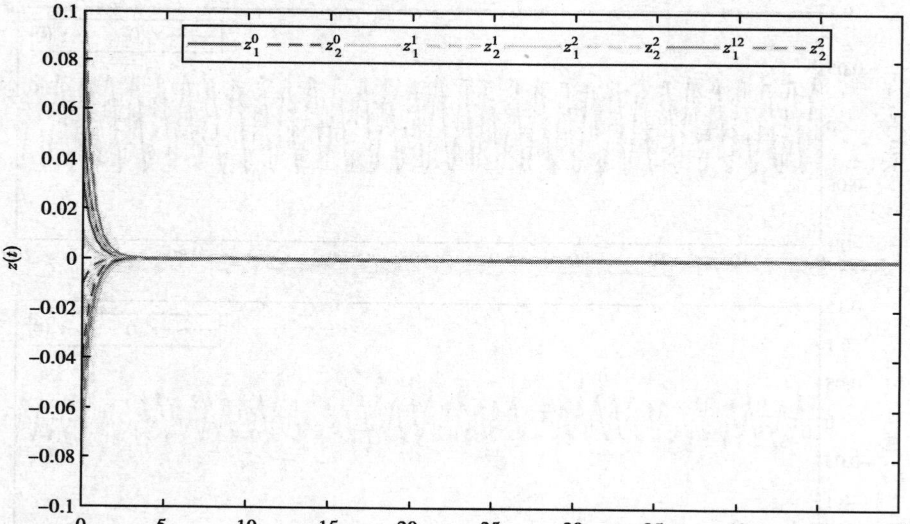

图 4.5 $\mathbb{T}=\mathbb{R}$. 系统(4.2.1)和系统(4.4.1)的同步误差系统(4.4.2)$z(t)$的状态响应曲线

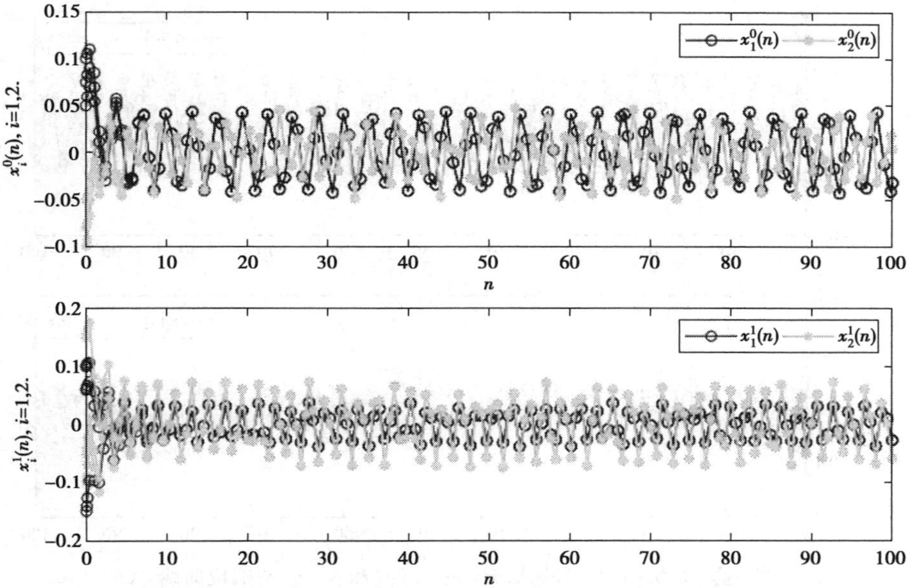

图 4.6　$\mathbb{T}=\mathbb{Z}$. 系统(4.2.1)的状态变量 $x_i^0(n)$ 和 $x_i^1(n)$ 的响应曲线，($i=1,2$)

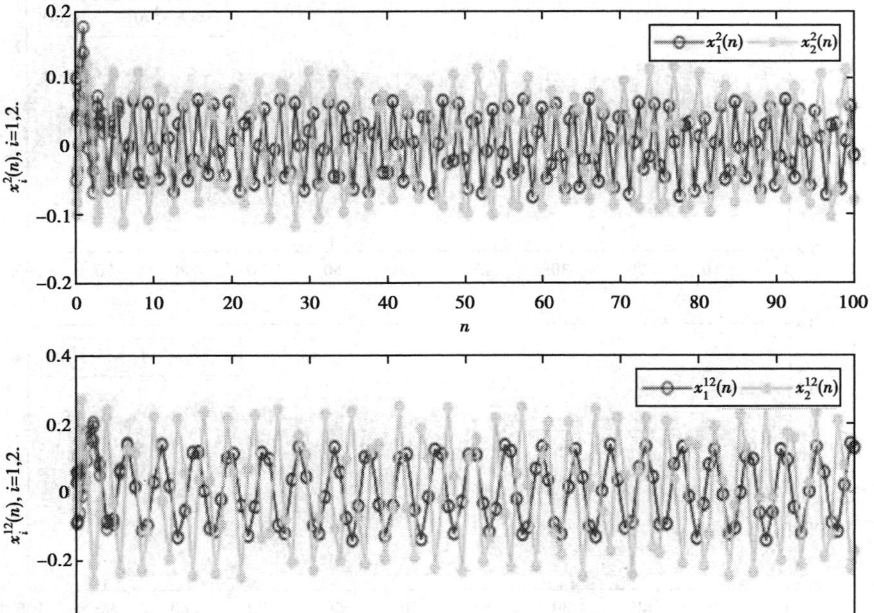

图 4.7　$\mathbb{T}=\mathbb{Z}$. 系统(4.2.1)的状态变量 $x_i^2(n)$ 和 $x_i^{12}(n)$ 的响应曲线，($i=1,2$)

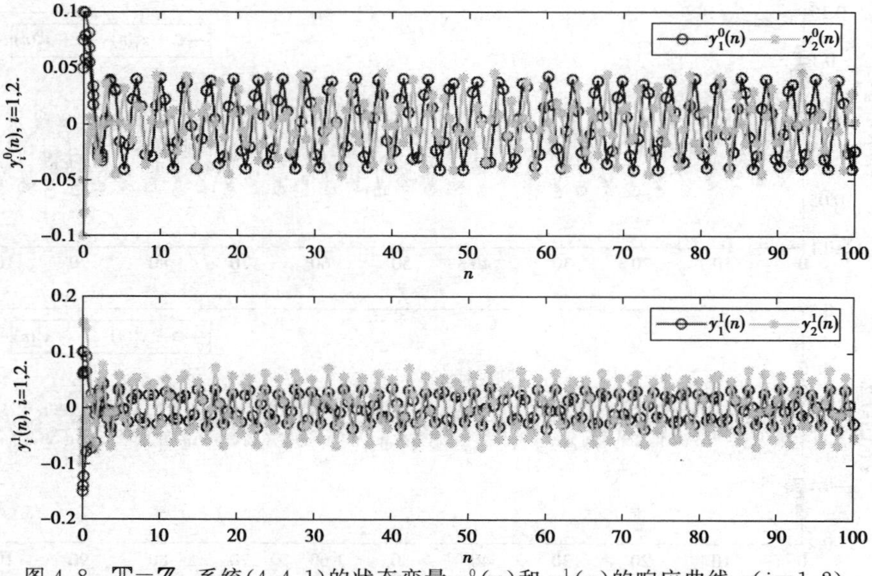

图 4.8 $\mathbb{T}=\mathbb{Z}$. 系统(4.4.1)的状态变量 $y_i^0(n)$和 $y_i^1(n)$的响应曲线，($i=1,2$)

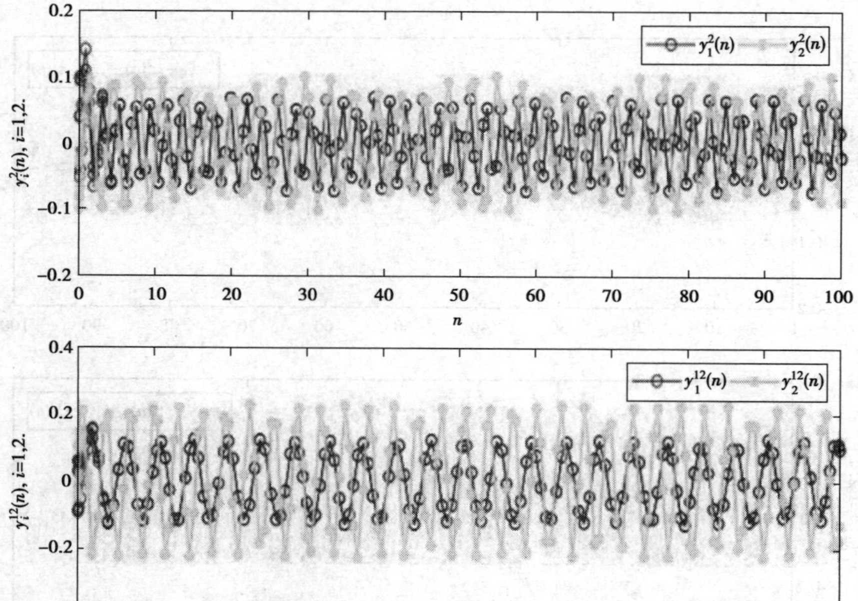

图 4.9 $\mathbb{T}=\mathbb{Z}$. 系统(4.4.1)的状态变量 $y_i^2(n)$和 $y_i^{12}(n)$的响应曲线，($i=1,2$)

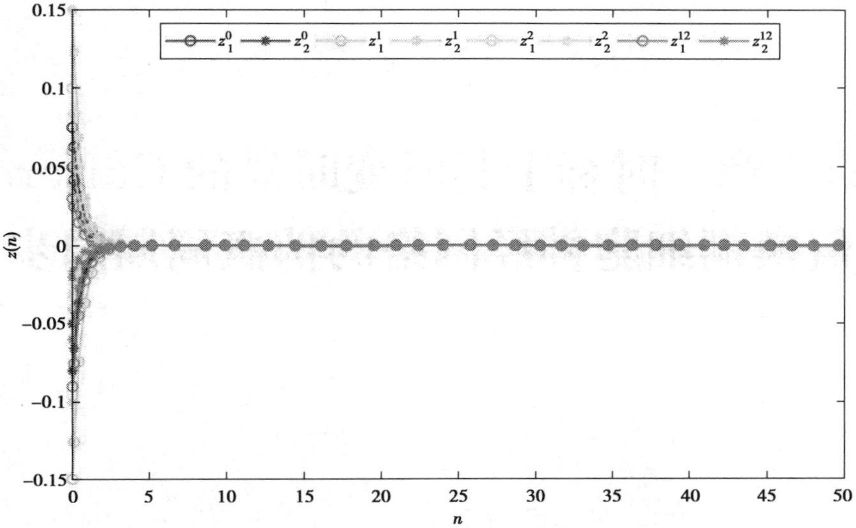

图 4.10　$\mathbb{T}=\mathbb{Z}$. 系统(4.2.1)和系统(4.4.1)的同步误差系统(4.4.2)$z(n)$的状态响应曲线

4.6 小　结

考虑了时标上具离散时滞和分布时滞的 Clifford 值细胞神经网络的伪概周期同步问题，本章首先介绍了时标上 Clifford 值伪概周期函数基本理论，包括定义、运算和性质等以及研究对象；其次，通过 Banach 压缩映射原理和时标上的微积分理论，结合不分解的方法直接得到了时标上该类 Clifford 值神经网络的伪概周期解的存在性；然后，在不对 Clifford 值神经网络进行实分解的情况下，通过反证法得到了该 Clifford 值神经网络误差系统的伪概周期同步；最后，通过一个数值例子验证了结果的正确和有效性.

第 5 章　时标上具时变时滞的 Clifford 值模糊细胞神经网络的伪概周期同步

5.1　引　言

Yang 和 Wu(见文献[116],[117])等人在 1996 年提出了模糊细胞神经网络，即模糊运算[模糊与(∧)、模糊或(∨)]与传统的细胞神经网络相结合，以解决不确定性或模糊性问题，并在建立神经网络模型的过程中解决实际问题，例如图像处理和模式识别. 近年来，模糊细胞神经网络已经被许多学者广泛研究(见文献[32],[118]—[120]). 实际上时滞是一种普遍且不可避免的现象，通常是导致系统性能下降甚至不稳定的主要原因之一. 因此，对于实际系统，应考虑各种时滞. 有些学者考虑了中立型神经网络模型(见文献[121]—[126]). 然而，通过查阅文献，我们发现只有部分学者考虑 D 算子类型的中立型模糊细胞神经网络，还没有学者研究非 D 算子类型的中立型模糊细胞神经网络. 这可能是因为在中立型泛函微分方程理论中，D 算子类型的中立型泛函微分方程形成了一套完整的理论体系，而非 D 算子中立型泛函微分方程的理论还不构完整[127]. 但在建模中，除非我们知道或者可以证明某种时滞是有害的或者是可以被忽略的，否则考虑各类时滞是很有必要的. 因此，考虑具有非

D 算子型中立型模糊细胞神经网络具有重要意义.

基于以上的讨论，本章的主要目的是在时标上提出了一类非 D 算子型中立型的 Clifford 值模糊细胞神经网络模型，并研究了该 Clifford 值神经网络的同步性问题.

本章的结构如下：在第 5.2 节中，介绍研究模型和预备知识，为后面的内容做一些准备. 在第 5.3 节中，为系统(5.2.1)的伪概周期解的存在性建立一些充分条件. 在第 5.4 节中，研究伪概周期解的同步性问题. 在第 5.5 节中，给出一个数值例子来说明我们在前几节中获得的结果的可行性. 最后，在第 5.6 节给出本章的结论.

5.2 模型描述和预备知识

对任意 $u=\sum\limits_{A}u^{A}\in\mathcal{A}$定义其范数为 $\|u\|_{\mathcal{A}}=\sqrt{\sum\limits_{A}(u^{A})^{2}}$；对任意 $v=(v_1,v_2,\cdots,v_n)^{T}\in\mathcal{A}^{n}$ 定义其范数为 $\|v\|_{\mathcal{A}^{n}}=\max\limits_{p\in\mathcal{I}}\{\|u_p\|_{\mathcal{A}}\}$，其中$\mathcal{I}:=\{1,2,\cdots,n\}$.

定义 5.1[32] 对任意的 $x,y\in\mathbb{R}$，定义

$$x\wedge y=\min\{x,y\}\text{和 }x\vee y=\max\{x,y\}.$$

对任意的 $x=\sum\limits_{A\in\Lambda}x^{A}e_{A},y=\sum\limits_{A\in\Lambda}y^{A}e_{A}\in\mathcal{A}$，定义 $x\wedge y=\sum\limits_{A\in\Lambda}(x^{A}\wedge y^{A})e_{A}$和 $x\vee y=\sum\limits_{A\in\Lambda}(x^{A}\vee y^{A})e_{A}$.

类似文献[34]中引理 6 的证明，易证以下引理.

引理 5.1 若 $a\in AP(\mathbb{T},\mathbb{R}^{+})$满足$-a\in\mathcal{R}^{+}$，$\inf\limits_{t\in\mathbb{T}}a(t)=a^{-}>0$ 和 $g\in PAP(\mathbb{T},\mathcal{A})$，则

$$T:t\rightarrow\int_{-\infty}^{t}e_{-a}(t,\sigma(s))g(s)\Delta s,t\in\mathbb{T}$$

属于 $PAP(\mathbb{T},\mathcal{A})$.

引理 5.2[116] 假设 $a_i, b_i \in \mathbb{R}$ 且 $f_i \in C(\mathbb{R},\mathbb{R}), i \in \mathcal{I}$. 则有

$$\left|\bigwedge_{i=1}^{n} a_i f_i(x) - \bigwedge_{i=1}^{n} a_i f_i(y)\right| \leqslant \sum_{i=1}^{n} |a_i| |f_i(x) - f_i(y)|, i \in \mathcal{I},$$

$$\left|\bigvee_{i=1}^{n} b_i f_i(x) - \bigvee_{i=1}^{n} b_i f_i(y)\right| \leqslant \sum_{i=1}^{n} |b_i| |f_i(x) - f_i(y)|, i \in \mathcal{I}.$$

引理 5.3 假设 $\alpha_i, \beta_i \in C(\mathbb{T},\mathcal{A})$ 且 $f_i \in C(\mathcal{A},\mathcal{A}), i \in \mathcal{I}$. 则有

$$\left\|\bigwedge_{i=1}^{n} \alpha_i f_i(x) - \bigwedge_{i=1}^{n} \alpha_i f_i(y)\right\| \leqslant \sum_{i=1}^{n} \|\alpha_i\| \|f_i(x) - f_i(y)\|, i \in \mathcal{I},$$

$$\left\|\bigvee_{i=1}^{n} \beta_i f_i(x) - \bigvee_{i=1}^{n} \beta_i f_i(y)\right\| \leqslant \sum_{i=1}^{n} \|\beta_i\| \|f_i(x) - f_i(y)\|, i \in \mathcal{I}.$$

证明 将证明第一个不等式，且类似证明第二个不等式. 设 $\alpha_i = \sum_A \alpha_i^A e_A$，$\beta_i = \sum_A \beta_i^A e_A, f_i(u) = \sum_A f_i^A(u) e_A$，其中 $\alpha_i^A, \beta_i^A \in \mathbb{R}, u \in \mathcal{A}, f_i^A : \mathcal{A} \to \mathbb{R}, i \in \mathcal{I}_n$. 然后，

$$\alpha_i f_i(x) = \sum_A \sum_B \alpha_i^A f_i^b(x) e_{AB}, \alpha_i f_i(y) = \sum_A \sum_B \alpha_i^A f_i^b(y) e_{AB}.$$

由$\mathcal{A}$范数的定义和引理 5.3，有

$$\begin{aligned}
&\left\|\bigwedge_{i=1}^{n} \alpha_i f_i(x) - \bigwedge_{i=1}^{n} \alpha_i f_i(y)\right\| \\
&= \left\|\bigwedge_{i=1}^{n} \sum_A \sum_B \alpha_i^A f_i^b(x) e_{AB} - \bigwedge_{i=1}^{n} \sum_A \sum_B \alpha_i^A f_i^b(y) e_{AB}\right\| \\
&= \max_{AB}\left\{\left|\bigwedge_{i=1}^{n} \alpha_i^A f_i^b(x) - \bigwedge_{i=1}^{n} \alpha_i^A f_i^b(y)\right|\right\} \\
&\leqslant \max_{AB}\left\{\sum_{i=1}^{n} |\alpha_i^A| |f_i^b(x) - f_i^b(y)|\right\} \\
&\leqslant \sum_{i=1}^{n} \|\alpha_i\| \|f_i(x) - f_i(y)\|.
\end{aligned}$$

证毕.

类似文献[128]中引理 2.2 的证明，易证以下引理.

引理 5.4 若 $\mathcal{F}_i \in PAP(T,\mathcal{A}), i \in \mathcal{I}$，则 $\bigwedge_{i=1}^{n} \mathcal{F}_i(\cdot)$，$\bigvee_{i=1}^{n} \mathcal{F}_i(\cdot) \in PAP(T,\mathcal{A})$.

本章主要考虑了下列时标上的具时变时滞的 Clifford 值模糊细胞神经网络：

$$x_i^{\Delta}(t)= -a_i(t)x_i(t)+\sum_{j=1}^{n}b_{ij}(t)f_j(x_j(t-\eta_{ij}(t)))+\bigwedge_{j=1}^{n}\alpha_{ij}(t)g_j(x_j(t-\tau_{ij}(t)))+ \bigvee_{j=1}^{n}\widetilde{\alpha}_{ij}(t)\widetilde{g}_j(x_j(t-\widetilde{\tau}_{ij}(t)))+\sum_{j=1}^{n}d_{ij}(t)\mu_j(t)+\bigwedge_{j=1}^{n}T_{ij}(t)\mu_j(t)+ \bigvee_{j=1}^{n}S_{ij}(t)\mu_j(t)+I_i(t),t\in\mathbb{T},i\in\mathcal{I}, \tag{5.2.1}$$

其中$\mathbb{T}$是一个概周期时标，n 是神经元的条数；$x_i(t)\in\mathcal{A}$，$\mu_j(t)\in\mathcal{A}$与 $I_i(t)\in\mathcal{A}$分别表示在 t 时刻的第 i 条神经元状态变量，输入变量和偏差量；$a_i>0$ 表示在时间 t 时刻第 i 条神经元断开与网络和外部输入的连接时 i 条神经元将其电位单独重置为静止状态的速率；$\alpha_{ij}(t)\in\mathcal{A}$表示模糊反馈 MIN 模板；$\widetilde{\alpha}_{ij}(t)\in\mathcal{A}$表示模糊反馈 MAX 模板；$T_{ij}(t)\in\mathcal{A}$和 $S_{ij}(t)\in\mathcal{A}$分别表示模糊前馈 MIN 模板和模糊前馈 MAX 模板；$b_{ij}(t)\in\mathcal{A}$表示反馈模板；$d_{ij}(t)\in\mathcal{A}$表示前馈模板；$\wedge$，$\vee$ 分别表示模糊 AND 和模糊 OR 运算；f_j，g_j 和 $\widetilde{g}_j:\mathcal{A}\to\mathcal{A}$表示激活函数；$\eta_{ij}(t)$，$\tau_{ij}(t)$和 $\widetilde{\tau}_{ij}(t)$为 $t\in\mathbb{T}$满足 $t-\eta_{ij}(t)$，$t-\tau_{ij}(t)$和 $t-\widetilde{\tau}_{ij}(t)\in\mathbb{T}$的传输时滞.

本章中，引入以下记号：

$$a_i^-=\inf_{t\in\mathbb{T}}a_i(t),\quad b_{ij}^+=\sup_{t\in\mathbb{T}}\|b_{ij}(t)\|_{\mathcal{A}},\alpha_{ij}^+=\sup_{t\in\mathbb{T}}\|\alpha_{ij}(t)\|_{\mathcal{A}},$$

$$\widetilde{\alpha}_{ij}^+=\sup_{t\in\mathbb{T}}\|\widetilde{\alpha}_{ij}(t)\|_{\mathcal{A}},\eta_{ij}^+=\sup_{t\in\mathbb{T}}\eta_{ij}(t),\tau_{ij}^+=\sup_{t\in\mathbb{T}}\tau_{ij}(t),$$

$$\widetilde{\tau}_{ij}^+=\sup_{t\in\mathbb{T}}\widetilde{\tau}_{ij}(t),\zeta=\max_{i,j\in\mathcal{I}}\{\eta_{ij}^+,\tau_{ij}^+,\widetilde{\tau}_{ij}^+\}.$$

系统(5.2.1)初始条件是：

$$x_i(s)=\varphi_i(s)\in\mathcal{A},s\in[-\zeta,0]_{\mathbb{T}},$$

其中 $\varphi_i\in C([-\zeta,0]_{\mathbb{T}},\mathcal{A}),i\in\mathcal{I}$.

在本章中，假设以下条件成立：

(S_1) 对任意的 $i,j\in\mathcal{I}$，$a_i\in AP(\mathbb{T},\mathbb{R}^+)$满足$-a_i\in\mathcal{R}^+$，$\eta_{ij},\tau_{ij},\widetilde{\tau}_{ij}\in C^1(\mathbb{T},\mathbb{R})\cap AP(\mathbb{T},\Pi)$，$\inf\limits_{t\in\mathbb{R}}\{(1-\eta_{ij}^{\Delta}(t)),(1-\tau_{ij}^{\Delta}(t)),(1-\widetilde{\tau}_{ij}^{\Delta}(t))\}>0$，$b_{ij},\alpha_{ij}$，

$\widetilde{\alpha}_{ij},\mu_j,d_{ij},S_{ij},T_{ij},I_i\in PAP(\mathbb{T},\mathcal{A})$；

(S_2) 对任意的 $j\in\mathcal{I}$，函数 $f_j,g_j,\widetilde{g}_j\in C(\mathcal{A},\mathcal{A})$，且存在正常数 L_j^f,L_j^g，$L_j^{\widetilde{g}}$ 对任意的 $u,v\in\mathcal{A}$，满足

$\|f_j(u)-f_j(v)\|_{\mathcal{A}}\leqslant L_j^f\|u-v\|_{\mathcal{A}}$，$\|g_j(u)-g_j(v)\|_{\mathcal{A}}\leqslant L_j^g\|u-v\|_{\mathcal{A}}$，

$\|\widetilde{g}_j(u)-\widetilde{g}_j(v)\|_{\mathcal{A}}\leqslant L_j^{\widetilde{g}}\|u-v\|_{\mathcal{A}}$；

(S_3)

$$\max_{i\in\mathcal{I}}\left\{\frac{\mathcal{P}_i}{a_i^-}\right\}\leqslant\frac{1}{2}\quad 和\quad \max_{i\in\mathcal{I}}\left\{\frac{\mathcal{Q}_i}{a_i^-}\right\}=:\kappa<1,$$

其中

$$\mathcal{P}_i=\sum_{j=1}^n b_{ij}^+(L_j^f+\frac{1}{2})+\sum_{j=1}^n\alpha_{ij}^+(L_j^g+\frac{1}{2})+\sum_{j=1}^n\widetilde{\alpha}_{ij}^+(L_j^{\widetilde{g}}+\frac{1}{2}),$$

$$\mathcal{Q}_i=\sum_{j=1}^n b_{ij}^+L_j^f+\sum_{j=1}^n\alpha_{ij}^+L_j^g+\sum_{j=1}^n\widetilde{\alpha}_{ij}^+L_j^{\widetilde{g}}.$$

5.3 伪概周期解的存在性

设空间 $Y=\{f\mid f\in PAP(\mathbb{T},\mathcal{A}^n)\}$，在 $\|f\|_Y=\sup\limits_{t\in\mathbb{T}}\|f(t)\|_{\mathcal{A}^n}$，范数之下它为 Banach 空间. 取 $Y_0=\{\varphi\in Y\mid\|\varphi-\varphi_0\|_Y\leqslant\tilde{\omega}\}$，其中

$$\varphi_0=(\varphi_0^1,\varphi_0^2,\cdots,\varphi_0^n)^{\mathrm{T}},$$

$$\varphi_0^i(t)=\int_{-\infty}^t e_{-a_i}(t,\sigma(s))\Big(\sum_{j=1}^n d_{ij}(s)\mu_j(s)+\bigwedge_{j=1}^n T_{ij}(s)\mu_j(s)+$$

$$\bigvee_{j=1}^n S_{ij}(s)\mu_j(s)+I_i(s)\Big)\Delta s,\ i\in\mathcal{I}$$

和

$$\tilde{\omega}\geqslant\{\|\varphi_0\|_Y,\max_{j\in\mathcal{I}}\{\|f_j(0)\|_{\mathcal{A}}\},\max_{j\in\mathcal{I}}\{\|g_j(0)\|_{\mathcal{A}}\},\max_{j\in\mathcal{I}}\{\|\widetilde{g}_j(0)\|_{\mathcal{A}}\}\}.$$

定理 5.1 假设条件(S_1)—(S_3)成立. 那么系统(5.2.1)在区域 Y_0 中存在唯一的伪概周期解.

证明　首先，易证若 $x=(x_1,x_2,\cdots,x_n)^T\in BC(\mathbb{T},\mathcal{A}^n)$ 是以下积分方程的一个解

$$x_i(t)=\int_{-\infty}^{t}e_{-a_i}(t,\sigma(s))\Big(\sum_{j=1}^{n}b_{ij}(s)f_j(x_j(s-\eta_{ij}(s)))+\bigwedge_{j=1}^{n}\alpha_{ij}(s)g_j(x_j(s-\tau_{ij}(s)))+$$

$$\bigvee_{j=1}^{n}\widetilde{\alpha}_{ij}(s)\widetilde{g}_j(x_j(s-\widetilde{\tau}_{ij}(s)))+\sum_{j=1}^{n}d_{ij}(s)\mu_j(s)+\bigwedge_{j=1}^{n}T_{ij}(s)\mu_j(s)+$$

$$\bigvee_{j=1}^{n}S_{ij}(s)\mu_j(s)+I_i(s)\Big)\Delta s,i\in\mathcal{I},$$

则 x 也是系统(5.2.1)的一个解.

其次，我们定义映射 $\Upsilon:Y\to BC(\mathbb{T},\mathcal{A}^n)$ 为：

$$\Upsilon\varphi=(\Upsilon_1\varphi,\Upsilon_2\varphi,\cdots,\Upsilon_n\varphi)^{\mathrm{T}},$$

其中 $\varphi\in Y$,

$$(\Upsilon_i\varphi)(t)=\int_{-\infty}^{t}e_{-a_i}(t,\sigma(s))W_i(s)\Delta s,$$

$$W_i(s)=\sum_{j=1}^{n}b_{ij}(s)f_j(\varphi_j(s-\eta_{ij}(s)))+\bigwedge_{j=1}^{n}\alpha_{ij}(s)g_j(\varphi_j(s-\tau_{ij}(s)))+$$

$$\bigvee_{j=1}^{n}\widetilde{\alpha}_{ij}(s)\widetilde{g}_j(\varphi_j(s-\widetilde{\tau}_{ij}(s)))+\sum_{j=1}^{n}d_{ij}(s)\mu_j(s)+\bigwedge_{j=1}^{n}T_{ij}(s)\mu_j(s)+$$

$$\bigvee_{j=1}^{n}S_{ij}(s)\mu_j(s)+I_i(s),i\in\mathcal{I}.$$

我们将证明映射 Υ 是从 Y 到 Y 的一个自映射. 事实上，根据引理 4.1、4.2 和 5.4，易得 $W_i(s)\in PAP(\mathbb{T},\mathcal{A}),i\in\mathcal{I}$. 再根据引理 5.3，可得 $\Upsilon_i\varphi\in PAP(\mathbb{T},\mathcal{A})$，$i\in\mathcal{I}$. 因此，$\Upsilon\varphi\in Y$.

再次，我们将证明 $\Upsilon(Y_0)\subset Y_0$. 此时只需证明：对任意给定的 $\Upsilon\in Y_0$，有

$$\|\varphi\|_Y\leqslant\|\varphi-\varphi_0\|_Y+\|\varphi_0\|_Y\leqslant 2\tilde{\omega}.$$

因此，有

$$\sup_{t\in\mathbb{T}}\|(\Upsilon\varphi-\varphi_0)(t)\|_{\mathcal{A}^n}$$

$$=\max_{i\in\mathcal{I}}\Big\{\sup_{t\in\mathbb{T}}\Big\|\int_{-\infty}^{t}e_{-a_i}(t,\sigma(s))\Big(\sum_{j=1}^{n}b_{ij}(s)f_j(\varphi_j(s-\eta_{ij}(s)))+$$

$$\bigwedge_{j=1}^{n}\alpha_{ij}(s)g_j(\varphi_j(s-\tau_{ij}(s)))+\bigvee_{j=1}^{n}\widetilde{\alpha}_{ij}(s)\widetilde{g}_j(\varphi_j(s-\widetilde{\tau}_{ij}(s)))\Big)\Delta s\,\|_{\mathcal{A}}\Big\}$$

$$\leqslant\max_{i\in\mathcal{I}}\Big\{\sup_{t\in\mathbb{T}}\Big[\int_{-\infty}^{t}e_{-a_i}(t,\sigma(s))\Big(\sum_{j=1}^{n}b_{ij}^{+}(L_j^f\|\varphi_j(s-\eta_{ij}(s))\|_{\mathcal{A}}+\|f_j(0)\|_{\mathcal{A}})+$$

$$\sum_{j=1}^{n}\alpha_{ij}^{+}(L_j^g\|\varphi_j(s-\tau_{ij}(s))\|_{\mathcal{A}}+\|g_j(0)\|_{\mathcal{A}})+$$

$$\sum_{j=1}^{n}\widetilde{\alpha}_{ij}^{+}(L_j^{\widetilde{g}}\|\varphi_j(s-\widetilde{\tau}_{ij}(s))\|_{\mathcal{A}}+\|\widetilde{g}_j(0)\|_{\mathcal{A}})\Big)\Delta s\Big]\Big\}$$

$$\leqslant\max_{i\in\mathcal{I}}\Big\{\frac{2\tilde{\omega}}{a_i^-}\Big[\sum_{j=1}^{n}b_{ij}^{+}\Big(L_j^f+\frac{1}{2}\Big)+\sum_{j=1}^{n}\alpha_{ij}^{+}\Big(L_j^g+\frac{1}{2}\Big)+\sum_{j=1}^{n}\widetilde{\alpha}_{ij}^{+}\Big(L_j^{\widetilde{g}}+\frac{1}{2}\Big)\Big]\Big\}$$

$$=\max_{i\in\mathcal{I}}\Big\{\frac{2\tilde{\omega}\,\mathcal{P}i}{a_i^-}\Big\}.$$

因此，由条件(S_3)，有$\|\Upsilon\varphi-\varphi_0\|_Y\leqslant\tilde{\omega}$，即，$\Upsilon(Y_0)\subset Y_0$.

最后，我们证明 $\Upsilon:Y_0\to Y_0$ 是压缩映射. 事实上，对任意的

$$\varphi,\psi\in Y_0,$$

我们有

$$\sup_{t\in\mathbb{T}}\|(\Upsilon\varphi-\Upsilon\psi)(t)\|_{\mathcal{A}^n}$$

$$=\max_{i\in\mathcal{I}}\Big\{\sup_{t\in\mathbb{T}}\Big\|\int_{-\infty}^{t}e_{-c_i}(t,\sigma(s))\Big(\sum_{j=1}^{n}b_{ij}(s)(f_j(\varphi_j(s-\eta_{ij}(s)))-$$

$$f_j(\psi_j(s-\eta_{ij}(s))))\bigwedge_{j=1}^{n}\alpha_{ij}(s)(g_j(\varphi_j(s-\tau_{ij}(s)))-g_j(\psi_j(s-\tau_{ij}(s))))+$$

$$\bigvee_{j=1}^{n}\widetilde{\alpha}_{ij}(s)(\widetilde{g}_j(\varphi_j(s-\widetilde{\tau}_{ij}(s)))-\widetilde{g}_j(\psi_j(s-\widetilde{\tau}_{ij}(s))))\Big)\Delta s\,\Big\|_{\mathcal{A}}\Big\}$$

$$\leqslant\max_{i\in\mathcal{I}}\Big\{\frac{1}{a_i^-}\Big(\sum_{j=1}^{n}b_{ij}^{+}L_j^f+\sum_{j=1}^{n}\alpha_{ij}^{+}L_j^g+\sum_{j=1}^{n}\widetilde{\alpha}_{ij}^{+}L_j^{\widetilde{g}}\Big)\Big\}\|\varphi-\psi\|_Y$$

$$=\max_{i\in\mathcal{I}}\Big\{\frac{\mathcal{Q}_i}{a_i^-}\Big\}\|\varphi-\psi\|_Y.$$

由(S_3)，可得

$$\|\Upsilon\varphi-\Upsilon\psi\|_Y\leqslant\kappa\|\varphi-\psi\|_Y.$$

故，Υ 是一个压缩映射. 因此，由 Banach 不动点定理知：Υ 在 Y_0 中有唯一不

动点，即系统(5.2.1)在 Y_0 中有唯一伪概周期解. 证毕.

5.4　伪概周期同步

为了研究 Clifford 值模糊细胞神经网络的驱动系统的指数同步问题，我们将系统(5.2.1)视为驱动系统,并设计响应系统如下：

$$
\begin{aligned}
y_i^{\Delta}(t)= & -a_i(t)y_i(t)+\sum_{j=1}^{n}b_{ij}(t)f_j(y_j(t-\eta_{ij}(t)))+\bigwedge_{j=1}^{n}\alpha_{ij}(t)g_j(y_j(t-\tau_{ij}(t)))+\\
& \bigvee_{j=1}^{n}\widetilde{\alpha}_{ij}(t)\widetilde{g}_j(y_j(t-\widetilde{\tau}_{ij}(t)))+\sum_{j=1}^{n}d_{ij}(t)\mu_j(t)+\bigwedge_{j=1}^{n}T_{ij}(t)\mu_j(t)+\\
& \bigvee_{j=1}^{n}S_{ij}(t)\mu_j(t)+I_i(t)+\theta_i(t),
\end{aligned}
\tag{5.4.1}
$$

其中 $t\in\mathbb{T}$，$i\in\mathcal{I}$，$y_i(t)\in\mathcal{A}$表示响应系统的状态变量，$\theta_i(t)$为状态反馈控制器，且系统 (5.4.1)的初始条件为

$$
y_i(s)=\psi_i(s)\in\mathcal{A},s\in[-\zeta,0]_{\mathbb{T}},
$$

其中 $\psi_i\in C([-\zeta,0]_{\mathbb{T}},\mathcal{A}),i\in\mathcal{I}.$

设 $z(t)=y(t)-x(t)$，用系统(5.4.1)减去系统(5.2.1)，则得到以下误差系统：

$$
\begin{aligned}
z_i^{\Delta}(t)= & -a_i(t)z_i(t)+\sum_{j=1}^{n}b_{ij}(t)(f_j(y_j(t-\eta_{ij}(t)))-f_j(x_j(t-\eta_{ij}(t))))+\\
& \bigwedge_{j=1}^{n}\alpha_{ij}(s)(g_j(\varphi_j(s-\tau_{ij}(s)))-g_j(\psi_j(s-\tau_{ij}(s))))+\bigvee_{j=1}^{n}\widetilde{\alpha}_{ij}(s)\\
& (\widetilde{g}_j(\varphi_j(s-\widetilde{\tau}_{ij}(s)))-\widetilde{g}_j(\psi_j(s-\widetilde{\tau}_{ij}(s))))+\theta_i(t),i\in\mathcal{I}.
\end{aligned}
\tag{5.4.2}
$$

为了实现驱动响应系统的伪概周期同步，我们设计以下控制器：

$$
\begin{aligned}
\theta_i(t)= & -c_i(t)z_i(t)+\bigwedge_{j=1}^{n}\beta_{ij}(s)(h_j(\varphi_j(s-\tau_{ij}(s)))-h_j(\psi_j(s-\tau_{ij}(s))))+\\
& \bigvee_{j=1}^{n}\widetilde{\beta}_{ij}(s)(\widetilde{h}_j(\varphi_j(s-\widetilde{\tau}_{ij}(s)))-\widetilde{h}_j(\psi_j(s-\widetilde{\tau}_{ij}(s)))),i\in\mathcal{I}.
\end{aligned}
$$

定理 5.2　设(S_1)—(S_3)成立. 并假设

(S_4) $c_i\in AP(\mathbb{T},\mathbb{R}^+)$满足$-(c_i+a_i)\in\mathcal{R}^+$，$\beta_{ij},\widetilde{\beta}_{ij}\in PAP(\mathbb{T},\mathcal{A})$，

$i,j\in\mathcal{I}$；

(S_5) 对任意的 $j\in\mathcal{I}$，存在正常数 $L_j^h, L_j^{\tilde{h}}$，使得对所有的 $u,v\in\mathcal{A}$，函数 $h_j,\tilde{h}_j\in C(\mathcal{A},\mathcal{A})$满足

$$\|h_j(u)-h_j(\nu)\|_{\mathcal{A}}\leqslant L_j^h\|u-\nu\|_{\mathcal{A}},$$

$$\|\tilde{h}_j(u)-\tilde{h}_j(\nu)\|_{\mathcal{A}}\leqslant L_j^{\tilde{h}}\|u-\nu\|_{\mathcal{A}};$$

(S_6) $\max\limits_{i\in\mathcal{I}}\left\{\dfrac{\widetilde{\mathcal{Q}}_i}{a_i^-+c_i^-}\right\}<1$，其中 $\widetilde{\mathcal{Q}}_i=\mathcal{Q}_i+\sum\limits_{j=1}^n\beta_{ij}^+L_j^h+\sum\limits_{j=1}^n\tilde{\beta}_{ij}^+L_j^{\tilde{h}}$

成立. 则响应系统(5.4.1)和驱动器系统(5.2.1)在控制器下实现全局伪概周期同步.

证明 用 $e_{-(a_i+c_i)}(t_0,\sigma(t))$同时乘以等式(5.4.2)的两边，并在$[t_0,t]_{\mathbb{T}}$上积分，其中 $t_0\in[-\zeta,0]_{\mathbb{T}}$，可得

$$\begin{aligned}z_i(t)=&\ z_i(t_0)e_{-(a_i+c_i)}(t,t_0)+\int_{t_0}^t e_{-(a_i+c_i)}(t,\sigma(s))\Big(\sum_{j=1}^n b_{ij}(t)(f_j(y_j(t-\eta_{ij}(t)))-\\&f_j(x_j(t-\eta_{ij}(t))))+\bigwedge_{j=1}^n\alpha_{ij}(s)\Big(g_j(\varphi_j(s-\tau_{ij}(s)))-g_j(\psi_j(s-\tau_{ij}(s)))\Big)+\\&\bigvee_{j=1}^n\tilde{\alpha}_{ij}(s)\Big(\tilde{g}_j(\varphi_j(s-\tilde{\tau}_{ij}(s)))-\tilde{g}_j(\psi_j(s-\tilde{\tau}_{ij}(s)))\Big)+\\&\bigwedge_{j=1}^n\beta_{ij}(s)\Big(h_j(\varphi_j(s-\tau_{ij}(s)))-h_j(\psi_j(s-\tau_{ij}(s)))\Big)+\\&\bigvee_{j=1}^n\tilde{\beta}_{ij}(s)\Big(\tilde{h}_j(\varphi_j(s-\tilde{\tau}_{ij}(s)))-\tilde{h}_j(\psi_j(s-\tilde{\tau}_{ij}(s)))\Big)\Big)\Delta s,i\in\mathcal{I}.\end{aligned}\tag{5.4.3}$$

令

$$\begin{aligned}\Theta_i(\omega)=&\ a_i^-+c_i^--\omega-\exp(\omega\sup_{s\in\mathbb{T}}\mu(s))\Big(\sum_{j=1}^n b_{ij}^+L_j^f\exp(\omega\eta_{ij}^+)+\\&\sum_{j=1}^n(\alpha_{ij}^+L_j^g+\beta_{ij}^+L_j^h)\exp(\omega\tau_{ij}^+)+\sum_{j=1}^n(\tilde{\alpha}_{ij}^+L_j^{\tilde{g}}+\tilde{\beta}_{ij}^+L_j^{\tilde{h}})\exp(\omega\tilde{\tau}_{ij}^+)\Big),\quad i\in\mathcal{I}.\end{aligned}$$

由条件(S_6)对 $i\in\mathcal{I}$，有

$$\Theta_i(0)=a_i^-+c_i^--\widetilde{\mathcal{Q}}_i>0.$$

因为 Θ_i 定义在$[t_0,+\infty)$上连续，当 $\omega\to+\infty$时，有 $\Theta_i(\omega)\to-\infty$成立，所以存在常数 θ_i 使得$\Theta_i(\theta_i)=0$. 当 $\omega\in(0,\theta_i),i\in\mathcal{I}$时，有 $\Theta_i(e)\geqslant0$ 成立. 取

$e=\min\limits_{i\in\mathcal{I}}\{\theta_i\}$，有 $\Theta_i(e)\geqslant 0$，$i\in\mathcal{I}$. 因此，可以选择一个正数 $0<\zeta<\min\Big\{e,\min\limits_{i\in\mathcal{I}}\{c_i^-+d_i^-\}\Big\}$满足$\ominus\zeta\in\mathcal{R}^+$使得

$$\Theta_i(\zeta)>0,i\in\mathcal{I},$$

由此可得

$$\frac{\exp(\xi\sup\limits_{s\in\mathbb{T}}\mu(s))}{a_i^-+c_i^--\xi}\Big(\sum_{j=1}^n b_{ij}^+L_j^f\exp(\xi\eta_{ij}^+)+\sum_{j=1}^n(\alpha_{ij}^+L_j^g+\beta_{ij}^+L_j^h)\exp(\xi\tau_{ij}^+)+\sum_{j=1}^n(\tilde{\alpha}_{ij}^+L_j^{\tilde{g}}+\tilde{\beta}_{ij}^+L_j^{\tilde{h}})\exp(\xi\tilde{\tau}_{ij}^+)\Big)<1,i\in\mathcal{I}.$$

令

$$\mathcal{M}=\max_{i\in\mathcal{I}}\left\{\frac{a_i^-+c_i^-}{\tilde{Q}_i}\right\},$$

则由条件(S_6)，有$\mathcal{M}>1$. 因此，

$$\frac{1}{\mathcal{M}}<\frac{\exp(\xi\sup\limits_{s\in\mathbb{T}}\mu(s))}{a_i^-+c_i^--\xi}\Big(\sum_{j=1}^n b_{ij}^+L_j^f\exp(\xi\eta_{ij}^+)+\sum_{j=1}^n(\alpha_{ij}^+L_j^g+\beta_{ij}^+L_j^h)\exp(\xi\tau_{ij}^+)+\sum_{j=1}^n(\tilde{\alpha}_{ij}^+L_j^{\tilde{g}}+\beta_{ij}^+L_j^{\tilde{h}})\exp(\xi\tilde{\tau}_{ij}^+)\Big).$$

另外，因为 $e_{\ominus\xi}(t,t_0)>1$，其中 $t\in[-\zeta,t_0]_{\mathbb{T}}$. 我们断言下式成立：

$$\|z(t)\|_1\leqslant\mathcal{M}e_{\ominus\xi}(t,t_0)\|\psi-\varphi\|_0,\forall t\in[-\zeta,t_0]_{\mathbb{T}},$$

下面我们将证明

$$\|z(t)\|_1\leqslant\mathcal{M}e_{\ominus\xi}(t,t_0)\|\psi-\varphi\|_0,\forall t\in(t_0,+\infty)_{\mathbb{T}}.\qquad(5.4.4)$$

首先证明对任意 $\zeta>1$，有以下不等式成立：

$$\|z(t)\|_1<\zeta\mathcal{M}e_{\ominus\xi}(t,t_0)\|\psi-\varphi\|_0,\forall t\in(t_0,+\infty)_{\mathbb{T}},\qquad(5.4.5)$$

由此可知对任意的 $i\in\mathcal{I}$，有

$$\|z_i(t)\|_{\mathcal{A}}<\zeta\mathcal{M}e_{\ominus\xi}(t,t_0)\|\psi-\varphi\|_0,\forall t\in(t_0,+\infty)_{\mathbb{T}}.\qquad(5.4.6)$$

我们用反证法证明上式不等式，若不等式(5.4.6)不成立，则必存在某个 $i\in\mathcal{I}$ 和 $\tilde{t}\in(t_0,+\infty)_{\mathbb{T}}$使得

$$\| z_{i_0}(\tilde{t}) \|_{\mathcal{A}} \geqslant \zeta \mathcal{M} \| \psi - \varphi \|_0 e_{\ominus \xi}(\tilde{t}, t_0),$$

$$\| z_{i_0}(t) \|_{\mathcal{A}} < \zeta \mathcal{M} \| \psi - \varphi \|_0 e_{\ominus \xi}(t, t_0), t \in (t_0, \tilde{t})_{\mathbb{T}}, t_0 \in [-\zeta, 0]_{\mathbb{T}}.$$

因此，必存在常数 $C \geqslant 1$ 使得

$$\| z_{i_0}(\tilde{t}) \|_{\mathcal{A}} = C\zeta \mathcal{M} \| \psi - \varphi \|_0 e_{\ominus \xi}(\tilde{t}, t_0), \tag{5.4.7}$$

$$\| z_{i_0}(t) \|_{\mathcal{A}} < C\zeta \mathcal{M} \| \psi - \varphi \|_0 e_{\ominus \xi}(t, t_0), \quad t \in (t_0, \tilde{t})_{\mathbb{T}}, t_0 \in [-\zeta, 0]_{\mathbb{T}}. \tag{5.4.8}$$

由式(5.4.7)、不等式(5.4.8)、式(5.4.3)和$\mathcal{M}>1$，有

$$\begin{aligned}
&\| z_{i_0}(\tilde{t}) \|_{\mathcal{A}} \\
&= \| z_{i_0}(t_0) e_{-(a_{i_0}+c_{i_0})}(\tilde{t}, t_0) + \int_{t_0}^{\tilde{t}} e_{-(a_{i_0}+c_{i_0})}(\tilde{t}, \sigma(s)) \Big(\sum_{j=1}^{n} b_{i_0 j}(s)(f_j(y_j(s-\eta_{i_0 j}(s))) - \\
&\quad f_j(x_j(s-\eta_{i_0 j}(s)))) + \bigwedge_{j=1}^{n} \alpha_{i_0 j}(s)(g_j(\varphi_j(s-\tau_{i_0 j}(s))) - g_j(\psi_j(s-\tau_{i_0 j}(s)))) + \\
&\quad \bigvee_{j=1}^{n} \tilde{\alpha}_{i_0 j}(s)(\tilde{g}_j(\varphi_j(s-\tilde{\tau}_{i_0 j}(s))) - \tilde{g}_j(\psi_j(s-\tilde{\tau}_{i_0 j}(s)))) + \\
&\quad \bigwedge_{j=1}^{n} \beta_{i_0 j}(s)(h_j(\varphi_j(s-\tau_{i_0 j}(s))) - h_j(\psi_j(s-\tau_{i_0 j}(s)))) + \\
&\quad \bigvee_{j=1}^{n} \tilde{\beta}_{i_0 j}(s)(\tilde{h}_j(\varphi_j(s-\tilde{\tau}_{i_0 j}(s))) - \tilde{h}_j(\psi_j(s-\tilde{\tau}_{i_0 j}(s)))) \Big) \Delta s \|_{\mathcal{A}} \\
&< \| z_{i_0}(t_0) \|_{\mathcal{A}} e_{-(a_{i_0}+c_{i_0})}(\tilde{t}, t_0) + C\zeta \mathcal{M} \| \psi - \varphi \|_0 e_{\ominus \xi}(\tilde{t}, t_0) \int_{t_0}^{\tilde{t}} e_{-(a_{i_0}+c_{i_0})}(\tilde{t}, \sigma(s)) \times \\
&\quad e_{\xi}(\tilde{t}, \sigma(s)) \Big(\sum_{j=1}^{n} b_{i_0 j}^{+} L_j^{f} e_{\xi}(\sigma(s), s-\eta_{i_0 j}(s)) + \sum_{j=1}^{n} (\alpha_{i_0 j}^{+} L_j^{g} + \beta_{i_0 j}^{+} L_j^{h}) \times \\
&\quad e_{\xi}(\sigma(s), s-\tau_{i_0 j}(s)) + \sum_{j=1}^{n} (\tilde{\alpha}_{i_0 j}^{+} L_j^{\tilde{g}} + \beta_{i_0 j}^{+} L_j^{\tilde{h}}) e_{\xi}(\sigma(s), s-\tilde{\tau}_{i_0 j}(s)) \Big) \Delta s \\
&= \| z_{i_0}(t_0) \|_{\mathcal{A}} e_{-(a_{i_0}+c_{i_0})}(\tilde{t}, t_0) + C\zeta \mathcal{M} \| \psi - \varphi \|_0 e_{\ominus \xi}(\tilde{t}, t_0) \int_{t_0}^{\tilde{t}} e_{-(a_{i_0}+c_{i_0}) \oplus \xi}(\tilde{t}, \sigma(s)) \\
&\quad \Big(\sum_{j=1}^{n} b_{i_0 j}^{+} L_j^{f} e_{\xi}(\sigma(s), s-\eta_{i_0 j}(s)) + \sum_{j=1}^{n} (\alpha_{i_0 j}^{+} L_j^{g} + \beta_{i_0 j}^{+} L_j^{h}) \times \\
&\quad e_{\xi}(\sigma(s), s-\tau_{i_0 j}(s)) + \sum_{j=1}^{n} (\tilde{\alpha}_{i_0 j}^{+} L_j^{\tilde{g}} + \beta_{i_0 j}^{+} L_j^{\tilde{h}}) e_{\xi}(\sigma(s), s-\tilde{\tau}_{i_0 j}(s)) \Big) \Delta s \\
&\leqslant \| z_{i_0}(t_0) \|_{\mathcal{A}} e_{-(a_{i_0}+c_{i_0})}(\tilde{t}, t_0) + C\zeta \mathcal{M} \| \psi - \varphi \|_0 e_{\ominus \xi}(\tilde{t}, t_0) \int_{t_0}^{\tilde{t}} e_{-(a_{i_0}+c_{i_0}) \oplus \xi}(\tilde{t}, \sigma(s)) \times
\end{aligned}$$

$$\Big(\sum_{j=1}^{n} b_{i_0j}^{+}L_j^f\exp(\xi(\eta_{i_0j}^{+}+\sup_{s\in\mathbb{T}}\mu(s)))+\sum_{j=1}^{n}(\alpha_{i_0j}^{+}L_j^g+\beta_{i_0j}^{+}L_j^h)\exp(\xi(\tau_{i_0j}^{+}+\sup_{s\in\mathbb{T}}\mu(s)))+$$

$$\sum_{j=1}^{n}(\widetilde{\alpha}_{i_0j}^{+}L_j^{\widetilde{g}}+\widetilde{\beta}_{i_0j}^{+}L_j^{\widetilde{h}})\exp(\xi(\widetilde{\tau}_{i_0j}^{+}+\sup_{s\in\mathbb{T}}\mu(s)))\Big)\Delta s$$

$$\leqslant\Big\{\frac{e_{-(a_{i_0}+c_{i_0})\oplus\xi}(\widetilde{t},t_0)}{C\zeta\mathcal{M}}+\exp(\xi\sup_{s\in\mathbb{T}}\mu(s))(\sum_{j=1}^{n}b_{i_0j}^{+}L_j^f\exp(\xi\eta_{i_0j}^{+})+$$

$$\sum_{j=1}^{n}(\alpha_{i_0j}^{+}L_j^g+\beta_{i_0j}^{+}L_j^h)\exp(\xi\tau_{i_0j}^{+})+\sum_{j=1}^{n}(\widetilde{\alpha}_{i_0j}^{+}L_j^{\widetilde{g}}+\widetilde{\beta}_{i_0j}^{+}L_j^{\widetilde{h}})\exp(\xi\widetilde{\tau}_{i_0j}^{+}))\times$$

$$\int_{t_0}^{\widetilde{t}}e_{-(a_{i_0}+c_{i_0})\oplus\xi}(\widetilde{t},\sigma(s))\Delta s\Big\}C\zeta\mathcal{M}\|\psi-\varphi\|_0e_{\ominus\xi}(\widetilde{t},t_0)$$

$$\leqslant\Big\{\frac{e_{-(a_{i_0}+c_{i_0})\oplus\xi}(\widetilde{t},t_0)}{C\zeta\mathcal{M}}+\exp(\xi\sup_{s\in\mathbb{T}}\mu(s))\Big(\sum_{j=1}^{n}b_{i_0j}^{+}L_j^f\exp(\xi\eta_{i_0j}^{+})+$$

$$\sum_{j=1}^{n}(\alpha_{i_0j}^{+}L_j^g+\beta_{i_0j}^{+}L_j^h)\exp(\xi\tau_{i_0j}^{+})+\sum_{j=1}^{n}(\widetilde{\alpha}_{i_0j}^{+}L_j^{\widetilde{g}}+\widetilde{\beta}_{i_0j}^{+}L_j^{\widetilde{h}})\exp(\xi\widetilde{\tau}_{i_0j}^{+})\Big)\times$$

$$\frac{1-e_{-(a_{i_0}+c_{i_0})\oplus\xi}(\widetilde{t},t_0)}{a_{i_0}^{-}+c_{i_0}^{-}-\xi}\Big\}C\zeta\mathcal{M}\|\psi-\varphi\|_0e_{\ominus\xi}(\widetilde{t},t_0)$$

$$<\Big\{\Big[\frac{1}{\mathcal{M}}-\frac{\exp(\xi\sup_{s\in\mathbb{T}}\mu(s))}{a_{i_0}^{-}+c_{i_0}^{-}-\xi}\Big(\sum_{j=1}^{n}b_{i_0j}^{+}L_j^f\exp(\xi\eta_{i_0j}^{+})+\sum_{j=1}^{n}(\alpha_{i_0j}^{+}L_j^g+$$

$$\beta_{i_0j}^{+}L_j^h)\exp(\xi\tau_{i_0j}^{+})+\sum_{j=1}^{n}(\widetilde{\alpha}_{i_0j}^{+}L_j^{\widetilde{g}}+\widetilde{\beta}_{i_0j}^{+}L_j^{\widetilde{h}})\exp(\xi\widetilde{\tau}_{i_0j}^{+})\Big)\Big]e_{-(a_{i_0}+c_{i_0})\oplus\xi}(\widetilde{t},t_0)+$$

$$\frac{\exp(\xi\sup_{s\in\mathbb{T}}\mu(s))}{a_{i_0}^{-}+c_{i_0}^{-}-\xi}\Big(\sum_{j=1}^{n}b_{i_0j}^{+}L_j^f\exp(\xi\eta_{i_0j}^{+})+\sum_{j=1}^{n}(\alpha_{i_0j}^{+}L_j^g+\beta_{i_0j}^{+}L_j^h)\exp(\xi\tau_{i_0j}^{+})+$$

$$\sum_{j=1}^{n}(\widetilde{\alpha}_{i_0j}^{+}L_j^{\widetilde{g}}+\widetilde{\beta}_{i_0j}^{+}L_j^{\widetilde{h}})\exp(\xi\widetilde{\tau}_{i_0j}^{+})\Big)\Big\}C\zeta\mathcal{M}\|\psi-\varphi\|_0e_{\ominus\xi}(\widetilde{t},t_0)$$

$$<C\zeta\mathcal{M}\|\psi-\varphi\|_0e_{\mathcal{M}\xi}(\widetilde{t},t_0),$$

这与式(5.4.7)矛盾，因此式(5.4.6)成立．令 $\zeta\to1$，则有式(5.4.4)成立．因此根据定义 4.2，响应系统(5.4.1)和驱动系统(5.2.1)存在唯一的全局指数同步的伪概周期解．证毕．

5.5 数值例子

本节给出了一个数值例子说明已得结果的有效性.

例 5.1 在系统(5.2.1)中，令 $m=3$，$n=2$，并取系数如下：

$$a_1(t)=0.35+0.3|\cos\sqrt{3}t|, a_2(t)=0.4+0.1|\sin 3t|,$$

$$c_1(t)=0.6+0.1|\sin\sqrt{5}t|, c_2(t)=0.3+0.2|\cos 5t|,$$

$$f_j(x)=\frac{1}{320}e_0\cos\sqrt{5}x^{13}+\frac{3}{800}\sin(x^{12}+x^{123})e_1+\frac{1}{530}e_2\tanh 4x^{13}+$$
$$\frac{1}{390}e_3\cos(x^2+x^{13})+\frac{1}{245}e_{12}\sin^2 x^3+\frac{1}{350}\cos(x^3+x^1)e_{13}+$$
$$\frac{1}{390}e_{23}\tanh x^{12}+\frac{1}{380}e_{123}\sin(x^0+x^2+x^{23}), j=1,2,$$

$$g_j(x)=\tilde{g}_j(x)=\frac{\sqrt{3}}{480}e_0\cos\sqrt{3}x^3+\frac{1}{225}|x^1+x^3|e_1+\frac{1}{410}e_2\tanh x^{123}+$$
$$\frac{2}{325}e_3\cos(x^{13}+x^{23})+\frac{1}{430}(|x^{13}+1|-|x^2-1|)e_{12}+\frac{\sqrt{2}}{570}e_{13}\sin(x^2+x^{13})+$$
$$\frac{1}{485}e_{23}\cos x^{23}+\frac{1}{390}e_{123}\tanh(x^1+x^{12}+x^{13}), j=1,2,$$

$$h_j(x)=\tilde{h}_j(x)=\frac{\sqrt{3}}{1\,110}e_0\cos\sqrt{5}(x^2+x^{13})+\frac{1}{345}|x^{12}+x^{123}|e_1+\frac{1}{530}e_2\tanh x^2+$$
$$\frac{3}{870}e_3\sin(x^{23}+x^2)+\frac{1}{470}\cos(x^{12})e_{12}+e_{13}\frac{\sqrt{3}}{990}\sin(x^0+x^{12})+$$
$$e_{23}\frac{1}{435}\tanh x^{23}+\frac{1}{340}e_{123}\cos(x^0+x^3+x^{123}), j=1,2,$$

$$I_1(t)=0.4e_0\cos\sqrt{5}t+(0.1+0.5\cos\sqrt{3}t)e_1+0.7e_2\sin 4t+0.4e_3\sin\sqrt{5}t+$$
$$0.9e_{12}\sin 5t+(0.1+0.6\sin\sqrt{7}t)e_{13}+0.6e_{23}\cos 5t+0.4e_{123}\cos 3t,$$

$$I_2(t)=0.7e_0\sin\sqrt{3}t+0.6e_1\cos 3t+0.8e_2\sin 6t+0.8e_3\cos\sqrt{3}t+$$

$$0.5e_{12}\sin 3t+0.7e_{13}\cos\sqrt{5}t+0.6e_{23}\sin 3t+0.9e_{123}\cos 5t,$$

$$b_{11}(t)=0.03e_0\sin 5t+0.01e_3\cos 2t+0.01e_{23}\sin 5t+0.03e_{123}\cos^2 7t,$$

$$b_{12}(t)=0.04e_0\cos 6t+0.02e_2\sin^2 4t+0.01e_3\sin 3t+0.03e_{12}\cos 6t,$$

$$b_{21}(t)=0.025e_2\sin 2t+0.01e_3\cos 3t+0.02e_{13}\cos 6t+0.03e_{23}\sin^2 7t,$$

$$b_{22}(t)=0.04e_3\cos 5t+0.02e_{12}\sin 7t+0.02e_{13}\cos^2 6t+0.03e_{23}\cos 6t,$$

$$\tilde{b}_{11}(t)=0.02e_0\cos t+0.01e_3\cos 2t+0.01e_{23}\sin 4t+0.03e_{123}\sin^2 5t,$$

$$\tilde{b}_{12}(t)=0.02e_0\sin 3t+0.02e_2\cos^2 4t+0.01e_3\cos 3t+0.04e_{12}\cos 3t,$$

$$\tilde{b}_{21}(t)=0.03e_2\sin 5t+0.01e_3\cos 3t+0.035e_{13}\cos 4t+0.02e_{23}\sin^2 7t,$$

$$\tilde{b}_{22}(t)=0.025e_3\sin 3t+0.01e_{12}\sin^2 5t+0.04e_{13}\cos 3t+0.03e_{23}\cos 2t,$$

$$d_{11}(t)=0.1e_0\cos 3\sqrt{2}t+0.4e_1\sin\sqrt{7}t+0.1e_3\cos 2t+0.1e_{13}\cos 2\sqrt{7}t,$$

$$d_{12}(t)=0.3e_0\sin 2\sqrt{5}t+0.3e_1\cos 2\sqrt{5}t+0.2e_{12}\sin 2t+0.1e_{23}\sin\sqrt{2}t,$$

$$d_{21}(t)=0.2e_2\cos 3\sqrt{2}t+0.2e_3\sin\sqrt{7}t+0.4e_{23}\cos 2t+0.3e_{123}\sin\sqrt{3}t,$$

$$d_{22}(t)=0.2e_3\sin\sqrt{3}t+0.3e_{12}\cos\sqrt{3}t+0.2e_{13}\sin 2t+0.1e_{23}\cos\sqrt{2}t,$$

$$\alpha_{11}(t)=\tilde{\alpha}_{11}(t)=0.01e_3\cos 5t+0.02e_{12}\sin 3t+0.02e_{13}\sin^2 6t+0.01e_{23}\sin 4t,$$

$$\alpha_{12}(t)=\tilde{\alpha}_{12}(t)=0.02e_2\cos 4t+0.04e_3\sin 5t+0.02e_{12}\cos 4t+0.04e_{123}\cos 3t,$$

$$\alpha_{21}(t)=\tilde{\alpha}_{21}(t)=0.03e_1\sin 3t+0.02e_2\cos 4t+0.02e_3\sin 5t+0.01e_{12}\cos^2 2t,$$

$$\alpha_{22}(t)=\tilde{\alpha}_{22}(t)=0.05e_0\sin 4t+0.03e_1\cos 5t+0.02e_2\cos 5t+0.03e_{13}\sin^2 4t,$$

$$\beta_{11}(t)=\tilde{\beta}_{11}(t)=0.03e_0\sin 2t+0.01e_1\cos 3t+0.02e_2\cos\sqrt{5}t+0.02e_{123}\cos 3t,$$

$$\beta_{12}(t)=\tilde{\beta}_{12}(t)=0.02e_0\cos 4t+0.03e_1\sin 5t+0.04e_2\cos\sqrt{6}t+0.01e_{23}\sin 3t,$$

$$\beta_{21}(t)=\tilde{\beta}_{21}(t)=0.03e_0\sin t+0.01e_1\sin t+0.02e_2\sin\sqrt{3}t+0.02e_{12}\cos 4t,$$

$$\beta_{22}(t)=\tilde{\beta}_{22}(t)=0.015e_1\cos 5t+0.02e_2\cos 3t+0.01e_{12}\sin\sqrt{6}t+0.02e_{123}\cos 5t,$$

$$T_{11}(t)=(0.2+0.1\cos 2t)e_0+0.4e_{12}\sin^2 3t+0.6e_{23}\sin 5t+0.5e_{123}\cos 4t,$$

$$T_{12}(t)=(0.3+0.2\sin 3t)e_2+0.3e_3\cos 2t+0.8e_{23}\cos 2t+0.7e_{123}\sin t,$$

$$T_{21}(t)=(0.2+0.1\sin 2t)e_3+0.2e_{12}\sin^2 2t+0.9e_{13}\sin 5t+0.2e_{23}\cos 2t,$$

$$T_{22}(t)=(0.5+0.2\cos 5t)e_0+0.1e_1\cos^2 5t+0.4e_3\cos 2t+0.2e_{12}\sin t,$$

$$S_{11}(t)=0.1e_0\sin 3t+0.3e_1\cos t+0.1e_2\sin 9t+0.1e_{12}\sin 3t,$$

$$S_{12}(t)=0.7e_0\cos 3t+0.2e_1\cos 3t+0.1e_2\cos 7t+0.2e_{12}\cos t,$$

$$S_{21}(t)=0.6e_0\cos 6t+0.2e_1\sin t+0.1e_2\cos 9t+0.3e_{12}\sin 2t,$$

$$S_{22}(t)=0.5e_0\cos 6t+0.4e_1\sin 2t+0.3e_2\sin 5t+0.4e_{12}\cos t,$$

$$\mu_1(t)=0.2e_2\cos 2t+0.2e_3\cos^2 t+0.2e_{23}\cos 3t+0.8e_{123}\sin\sqrt{3}t,$$

$$\mu_2(t)=0.3e_1\sin t+0.4e_2\sin^2 t+0.3e_3\cos 5t+0.7e_{12}\cos\sqrt{5}t,$$

$$\eta_{ij}(t)=3\left|\sin\left(3\pi t+\frac{\pi}{2}\right)\right|,\tau_{ij}(t)=2e^{-5\left|\cos\left(\pi t+\frac{\pi}{2}\right)\right|},\tilde{\tau}_{ij}(t)=4|\cos 4\pi t|,i,j=1,2.$$

显然,(S_1)和(S_4)成立. 通过计算，有

$$L_j^f=\frac{1}{265},L_j^g=L_j^{\tilde{g}}=\frac{3}{480},L_j^h=L_j^{\tilde{h}}=\frac{\sqrt{15}}{1\,110},a_1^-=0.35,a_2^-=0.4,c_1^-=0.6,$$

$$c_2^-=0.3,b_{11}^+=\tilde{b}_{11}^+=b_{21}^+=\tilde{b}_{12}^+=0.03,b_{12}^+=b_{22}^+=\tilde{b}_{22}^+=0.04,\tilde{b}_{21}^+=0.035,$$

$$\alpha_{11}^+=\tilde{\alpha}_{11}^+=\beta_{22}^+=\tilde{\beta}_{22}^+=0.02,\alpha_{12}^+=\tilde{\alpha}_{12}^+=\beta_{12}^+=\tilde{\beta}_{12}^+=0.04,$$

$$\alpha_{21}^+=\tilde{\alpha}_{21}^+=\beta_{11}^+=\tilde{\beta}_{11}^+=\beta_{21}^+=\tilde{\beta}_{21}^+=0.03,\alpha_{22}^+=\tilde{\alpha}_{22}^+=0.05$$

对于 $i,j=1,2$，当$\mathbb{T}=\mathbb{R}$或者$\mathbb{T}=\mathbb{Z}$时，得

$$\eta_{ij}^+=3,\tau_{ij}^+=2,\tilde{\tau}_{ij}^+=4,\mathcal{P}_1\approx 0.096\,3,\mathcal{P}_2\approx 0.116\,5,\mathcal{Q}_1\approx 0.001\,3,$$

$$\mathcal{Q}_2\approx 0.001\,5,\tilde{\mathcal{Q}}_1\approx 0.001\,79,\tilde{\mathcal{Q}}_2\approx 0.001\,85,$$

$$\max\left\{\frac{1}{a_1^-},\frac{2}{a_2^-}\right\}\approx\max\{0.275\,1,0.291\,3\}=0.291\,3<\frac{1}{2},$$

$$\max\left\{\frac{\mathcal{Q}_1}{a_1^-},\frac{\mathcal{Q}_2}{a_2^-}\right\}\approx\max\{0.003\,7,0.003\,8\}=0.003\,8=\kappa<1$$

和

$$\max\left\{\frac{\tilde{\mathcal{Q}}_1}{a_1^-+c_1^-},\frac{\tilde{\mathcal{Q}}_2}{a_2^-+c_2^-}\right\}\approx\max\{0.001\,9,0.002\,6\}=0.002\,6<1.$$

因此，无论$\mathbb{T}=\mathbb{R}$还是$\mathbb{T}=\mathbb{Z}$，容易验证定理 5.2 中的所有条件都成立. 因此，驱动系统(5.2.1)和响应系统(5.4.1)能够实现全局伪概周期指数同步.

图 5.1 和图 5.3 具有相同的初始值

$$(x_1^0(0),x_2^0(0))^{\mathrm{T}}=(y_1^0(0),y_2^0(0))^{\mathrm{T}}=(0.2,-0.1)^{\mathrm{T}},(1,-0.9)^{\mathrm{T}},$$

$$(x_1^1(0),x_2^1(0))^{\mathrm{T}}=(y_1^1(0),y_2^1(0))^{\mathrm{T}}=(0.3,-0.4)^{\mathrm{T}},(0.9,-0.7)^{\mathrm{T}},$$

$$(x_1^2(0),x_2^2(0))^{\mathrm{T}}=(y_1^2(0),y_2^2(0))^{\mathrm{T}}=(0.1,0.4)^{\mathrm{T}},(-0.5,-0.8)^{\mathrm{T}},$$

$$(x_1^3(0),x_2^3(0))^{\mathrm{T}}=(y_1^3(0),y_2^3(0))^{\mathrm{T}}=(0.3,-0.2)^{\mathrm{T}},(-0.9,0.7)^{\mathrm{T}}.$$

图 5.2 和图 5.4 具有相同的初始值

$$(x_1^{12}(0),x_2^{12}(0))^{\mathrm{T}}=(y_1^{12}(0),y_2^{12}(0))^{\mathrm{T}}=(-0.4,0.2)^{\mathrm{T}},(1,-0.8)^{\mathrm{T}},$$

$$(x_1^{13}(0),x_2^{13}(0))^{\mathrm{T}}=(y_1^{13}(0),y_2^{13}(0))^{\mathrm{T}}=(-0.1,0.3)^{\mathrm{T}},(-0.6,0.9)^{\mathrm{T}},$$

$$(x_1^{23}(0),x_2^{23}(0))^{\mathrm{T}}=(y_1^{23}(0),y_2^{23}(0))^{\mathrm{T}}=(-0.2,0.5)^{\mathrm{T}},(0.7,-0.8)^{\mathrm{T}},$$

$$(x_1^{123}(0),x_2^{123}(0))^{\mathrm{T}}=(y_1^{123}(0),y_2^{123}(0))^{\mathrm{T}}=(-0.3,0.4)^{\mathrm{T}},(0.9,-0.6)^{\mathrm{T}}.$$

图 5.6 和图 5.8 具有相同的初始值

$$(x_1^0(0),x_2^0(0))^{\mathrm{T}}=(y_1^0(0),y_2^0(0))^{\mathrm{T}}=(0.5,-0.5)^{\mathrm{T}},(-1,1)^{\mathrm{T}},$$

$$(x_1^1(0),x_2^1(0))^{\mathrm{T}}=(y_1^1(0),y_2^1(0))^{\mathrm{T}}=(-0.7,0.6)^{\mathrm{T}},(-1.2,1.5)^{\mathrm{T}},$$

$$(x_1^2(0),x_2^2(0))^{\mathrm{T}}=(y_1^2(0),y_2^2(0))^{\mathrm{T}}=(-0.8,0.5)^{\mathrm{T}},(1,-1.4)^{\mathrm{T}},$$

$$(x_1^3(0),x_2^3(0))^{\mathrm{T}}=(y_1^3(0),y_2^3(0))^{\mathrm{T}}=(1.5,1)^{\mathrm{T}},(-0.6,-1)^{\mathrm{T}}.$$

图 5.7 和图 5.9 具有相同的初始值

$$(x_1^{12}(0),x_2^{12}(0))^{\mathrm{T}}=(y_1^{12}(0),y_2^{12}(0))^{\mathrm{T}}=(-1,0.8)^{\mathrm{T}},(1.5,-1.5)^{\mathrm{T}},$$

$$(x_1^{13}(0),x_2^{13}(0))^{\mathrm{T}}=(y_1^{13}(0),y_2^{13}(0))^{\mathrm{T}}=(1,-1.2)^{\mathrm{T}},(-0.7,0.5)^{\mathrm{T}},$$

$$(x_1^{23}(0),x_2^{23}(0))^{\mathrm{T}}=(y_1^{23}(0),y_2^{23}(0))^{\mathrm{T}}=(0.5,-1)^{\mathrm{T}},(-1.5,1.3)^{\mathrm{T}},$$

$$(x_1^{123}(0),x_2^{123}(0))^{\mathrm{T}}=(y_1^{123}(0),y_2^{123}(0))^{\mathrm{T}}=(-1,-0.5)^{\mathrm{T}},(0.9,1.5)^{\mathrm{T}}.$$

图 5.5 和图 5.10 描述了驱动系统(5.2.1)和响应系统(5.4.1)具有 2 个随机初始条件的仿真结果.

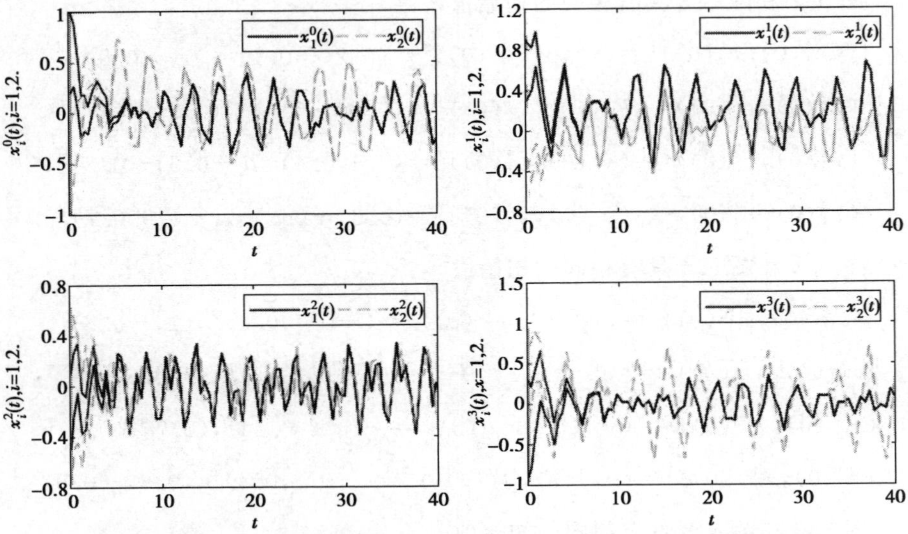

图 5.1　$\mathbb{T}=\mathbb{R}$. 系统(5.2.1)的状态变量 $x_i^0(t)$、$x_i^1(t)$、$x_i^2(t)$ 和 $x_i^3(t)$ 的响应曲线，$(i=1,2)$

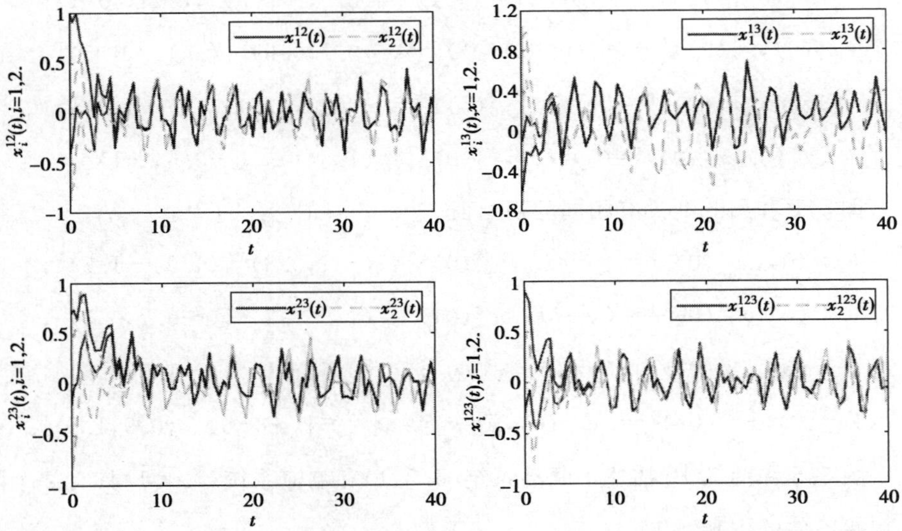

图 5.2　$\mathbb{T}=\mathbb{R}$. 系统(5.2.1)的状态变量 $x_i^{12}(t)$、$x_i^{13}(t)$、$x_i^{23}(t)$ 和 $x_i^{123}(t)$ 的响应曲线，$(i=1,2)$

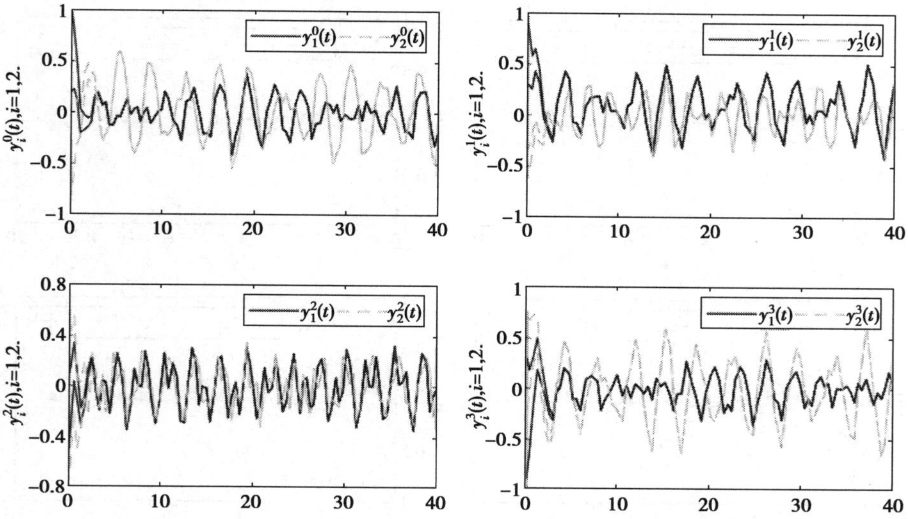

图 5.3　$\mathbb{T}=\mathbb{R}$. 系统(5.4.1)的状态变量 $y_i^0(t)$、$y_i^1(t)$、$y_i^2(t)$和 $y_i^3(t)$的响应曲线，$(i=1,2)$

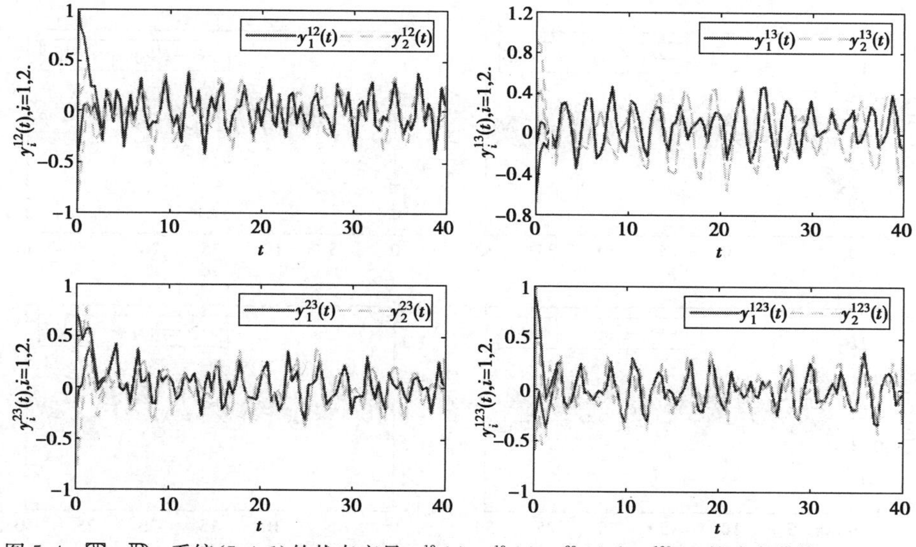

图 5.4　$\mathbb{T}=\mathbb{R}$. 系统(5.4.1)的状态变量 $y_i^{12}(t)$、$y_i^{13}(t)$、$y_i^{23}(t)$和 $y_i^{123}(t)$的响应曲线，$(i=1,2)$

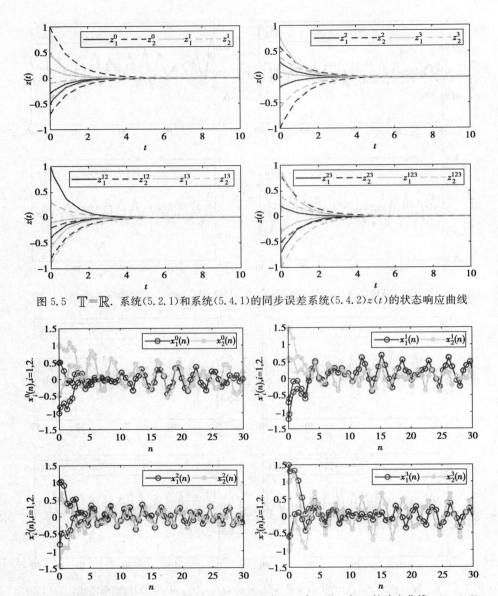

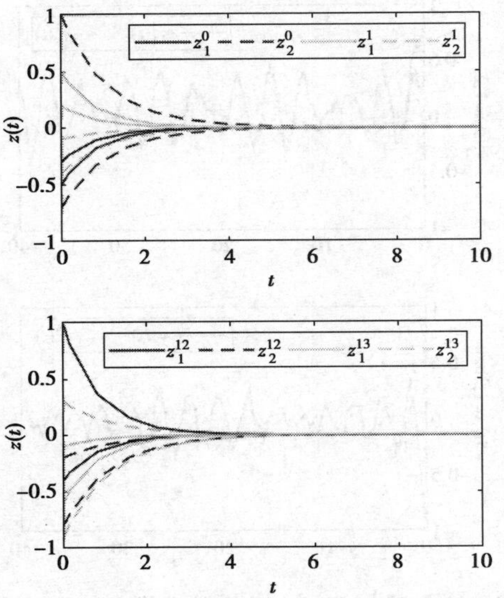

图 5.5　$\mathbb{T}=\mathbb{R}$. 系统(5.2.1)和系统(5.4.1)的同步误差系统(5.4.2)$z(t)$的状态响应曲线

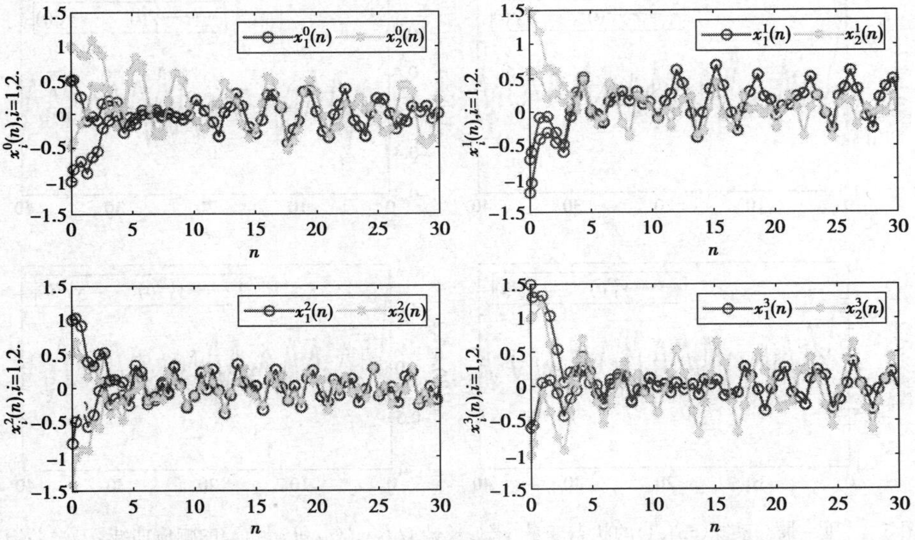

图 5.6　$\mathbb{T}=\mathbb{Z}$. 系统(5.2.1)的状态变量 $x_i^0(n)$、$x_i^1(n)$、$x_i^2(n)$和 $x_i^3(n)$的响应曲线，$(i=1,2)$

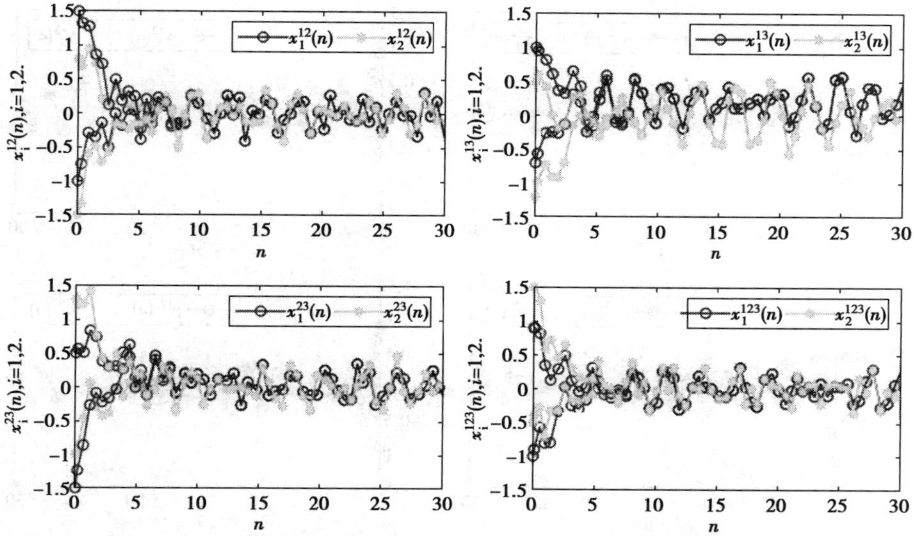

图 5.7　$\mathbb{T}=\mathbb{Z}$. 系统(5.2.1)的状态变量 $x_i^{12}(n)$、$x_i^{13}(n)$、$x_i^{23}(n)$和 $x_i^{123}(n)$的响应曲线，$(i=1,2)$

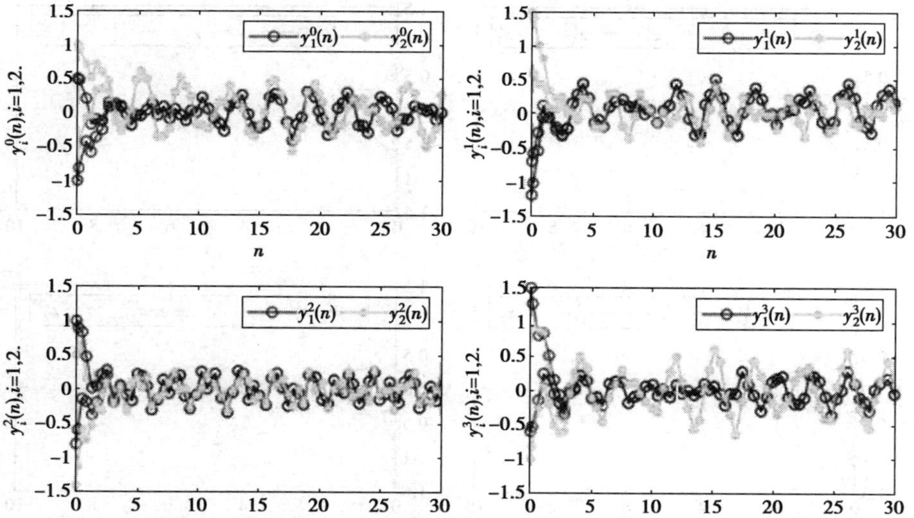

图 5.8　$\mathbb{T}=\mathbb{Z}$. 系统(5.4.1)的状态变量 $y_i^0(n)$、$y_i^1(n)$、$y_i^2(n)$和 $y_i^3(n)$的响应曲线，$(i=1,2)$

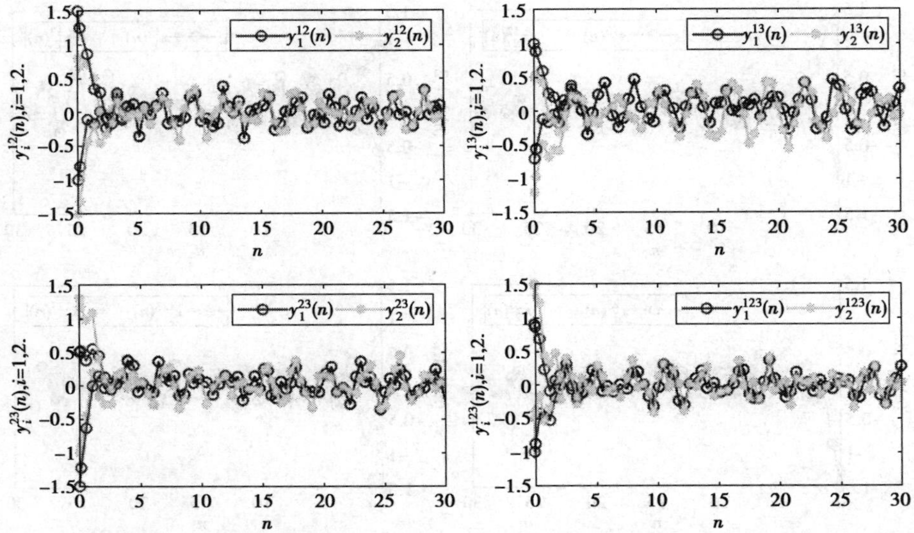

图 5.9 $\mathbb{T}=\mathbb{Z}$. 系统(5.4.1)的状态变量 $y_i^{12}(n)$、$y_i^{13}(n)$、$y_i^{23}(n)$和 $y_i^{123}(n)$的响应曲线，$(i=1,2)$

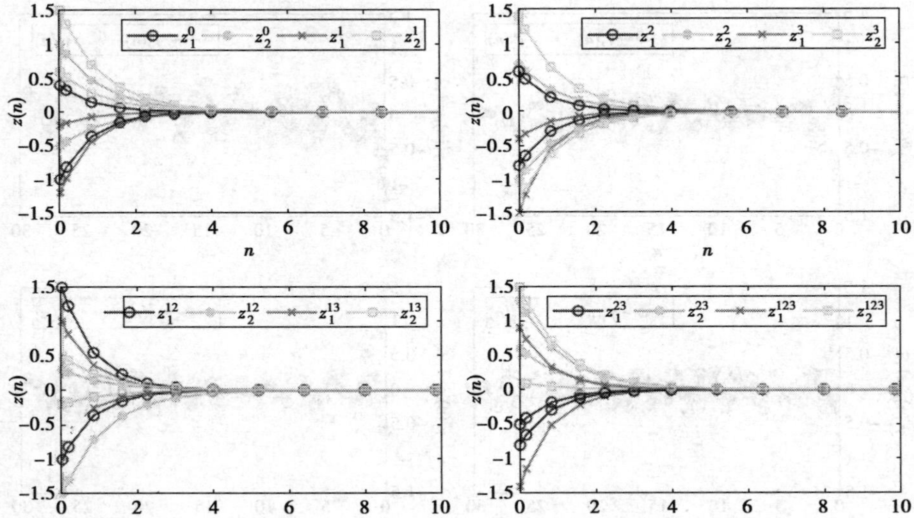

图 5.10 $\mathbb{T}=\mathbb{Z}$. 系统(5.2.1)和系统(5.4.1)的同步误差系统(5.4.2)$z(n)$的状态响应曲线

5.6 小　结

考虑了时标上具有离散时滞和分布时滞的 Clifford 值模糊细胞神经网络的伪概周期同步问题，本章首先合理定义了 Clifford 数上的模糊运算[模糊与(∧)、模糊或(∨)]，在此基础上给出并证明了其相关性质；其次，通过 Banach 压缩映射原理和时标上的微积分理论，结合不分解的方法直接得到了时标上该类 Clifford 值神经网络的伪概周期解的存在性；然后，在不对 Clifford 值神经网络进行实分解的情况下，通过反证法得到了该 Clifford 值神经网络误差系统的伪概周期同步；最后，通过一个数值例子验证了结果的正确和有效性.

第6章 时标上具连接项时滞的中立型 Clifford 值细胞神经网络的加权伪概周期解

6.1 引 言

由于网络中信号传输、信息交换和处理的耗时，时滞在神经网络中是不可避免的，并且时滞可能会改变神经网络的动力学性态. 在神经网络中常考虑的三种典型时滞为：传输时滞、连接项时滞和中立型时滞. 上述三种典型时滞都可能会改变所考虑的神经网络的动态. 大量研究说明了各种类型的时滞对神经网络的动力学行为有很大影响（见文献[129]—[133]）. 特别是由于神经网络中神经元之间相互作用的复杂性，要求神经网络中包含关于过去状态导数信息就变得十分重要. 于是，许多研究者考虑了具有连接项时滞的中立型神经网络（见文献[134]—[136]）. 可见，考虑时标上具连接项时滞的中立型细胞神经网络更具有重要意义.

我们了解到，周期性、概周期性、伪概周期性和几乎自守性是非自治神经网络的非常重要的动力学行为. 它们对非自治神经网络起着与自治神经网络平衡点相同的作用. 在现实世界中，伪概周期性比概周期性更为普遍. 另外，加权伪概周期性是伪概周期性和概周期性的自然概括. 因此研究神经网络的加权伪概周期解的存在性和稳定性问题具有重大的理论意义和实用价值(见文献[98],[137],[138]).然而,关于研究时标上具连接项时滞的中立型 Clifford 值细胞神经网络的加权伪概周期性的成果还没有.

本章的结构如下:在第 6.2 节中,介绍研究对象和预备知识,为后面的内容做一些准备.在第 6.3 节中,利用 Banach 的不动点定理和时标微积分理论,建立系统(6.2.8)的加权伪概周期解的存在性和全局指数稳定性.在第 6.4 节中,举一个例子来证明我们的结果的可行性.最后,在第 6.5 节得出本章的结论.

6.2　模型描述和预备知识

对任意的 $x=\sum_{A}x^{A}\in\mathcal{A}$定义其范数为 $\|x\|_{\mathcal{A}}=\max_{A\in\Lambda}\{|x^{A}|\}$;对任意 $x=(x_1,x_2,\cdots,x_n)^{\mathrm{T}}\in\mathcal{A}^n$,其范数为 $\|x\|_{\mathcal{A}^n}=\max_{p\in I}\{\|x_p\|_{\mathcal{A}}\}$,其中 $I:=\{1,2,\cdots,n\}$.

引理 6.1　设 $t\in\mathbb{T}$,其中$\mathbb{T}$是一个概周期时标.若 t 是左稠的,则对任给的 $h\in\Pi$,$t+h$ 是左稠的.类似地,若 t 左离散的,则对任给的 $h\in\Pi$,$t+h$ 是左离散的.

证明　事实上,若 t 是左稠的,则存在$\{s_n\}\subset\mathbb{T}$使得

$$\lim_{n\to\infty}s_n=t \text{ 和 } s_n<t.$$

因为$\mathbb{T}$是一个概周期时标,则对任意的 $h\in\Pi$,有

$$s_n+h\in\mathbb{T}\text{和 } s_n+h<t+h.$$

因此,有

$$\lim_{n\to\infty}s_n+h=t+h,$$

所以 $\rho(t+h)=t+h$. 故 $t+h$ 是左稠的.

目前,我们将证明:若 t 是左离散的,则 $t+h$ 也是左离散的;否则,存在

$h\in\Pi$ 使得 $t+h$ 是左稠的. 然后,存在 $\{s_n+h\}\subset\mathbb{T}$ 使得

$$\lim_{n\to\infty} s_n+h=t+h \text{ 和 } s_n+h<t+h.$$

因此,

$$\lim_{n\to\infty} s_n=t \text{ 和 } s_n<t.$$

因为 $\mathbb{T}$ 是一个概周期时标,所以有 $\{s_n\}\subset\mathbb{T}$. 即,$\rho(t)=t$,这与 t 是左离散的事实相矛盾. 因此,对任意的 $h\in\Pi$,$t+h$ 是左离散的. 证毕.

引理 6.2　若 $\mathbb{T}$ 是一个概周期时标和 $h\in\Pi$,则对任意的 $t\in\mathbb{T}$ 满足

$$\rho(t)+h=\rho(t+h) \text{ 和 } \rho(t)-h=\rho(t-h). \tag{6.2.1}$$

证明　若 t 是左稠的,然后,根据引理 6.1,显然式(6.2.1)成立.

如果 t 是左离散的,那么,根据引理 6.1,对任意的 $h\in\Pi$,$t+h$ 也是左离散的. 因此,对任意的 $h\in\Pi$,有 $\rho(t+h)<t+h$. 即

$$\rho(t+h)-h<t, \text{对任意的 } h\in\Pi. \tag{6.2.2}$$

因为 $\mathbb{T}$ 是一个概周期时标和 $h\in\Pi$,所以 $\rho(t+h)-h\in\mathbb{T}$. 由(6.2.2)和后跃算子的定义,对任意的 $h\in\Pi$ 可得 $\rho(t)\geqslant\rho(t+h)-h$. 因此,

$$\rho(t+h)\leqslant\rho(t)+h, \text{对任意的 } h\in\Pi. \tag{6.2.3}$$

另一方面,因为 t 是左离散的,所以 $\rho(t)<t$. 因此,

$$\rho(t)+h<t+h. \tag{6.2.4}$$

因为 $h\in\Pi$,所以 $\rho(t)+h\in\mathbb{T}$. 由式(6.2.4)和后跃算子的定义,可得

$$\rho(t)+h\leqslant\rho(t+h), \text{对任意的 } h\in\Pi. \tag{6.2.5}$$

由式(6.2.3)和式(6.2.5),可得式(6.2.1)的第一个等式成立. 类似地,也可以证明式(6.2.1)第二个等式成立. 证毕.

引理 6.3　若 $-a\in\mathcal{R}_\nu^+$ 和 $t,s\in\mathbb{T},\tau\in\Pi$,则

$$\begin{aligned}&\hat{e}_{-a}(t+\tau,\rho(s+\tau))-\hat{e}_{-a}(t,\rho(s))\\&=\int_{\rho(s)}^{t}\hat{e}_{-a}(t,\rho(\theta))(a(\theta)-a(\theta+\tau))\hat{e}_{-a}(\theta+\tau,\rho(s+\tau))\,\nabla\theta.\end{aligned}$$

证明　根据 $(\hat{e}_{-a}(t,s))^{\nabla}=-a(t)\hat{e}_{-a}(t,s)$,有下列成立:

$$(\hat{e}_{-a}(t+\tau,\sigma(s+\tau)))^{\nabla}+a(t)\hat{e}_{-a}(t+\tau,\rho(s+\tau))$$
$$=(a(t)-a(t+\tau))\hat{e}_{-a}(t+\tau,\rho(s+\tau)).\tag{6.2.6}$$

然后，用 $\hat{e}_{-a}(\rho(s),\rho(t))$同时乘以式(6.2.6)的两边，并在$[\rho(s),t]_{\mathbb{T}}$上积分，可得

$$\int_{\rho(s)}^{t}(\hat{e}_{-a}(\theta+\tau,\rho(s+\tau)))^{\nabla}\hat{e}_{-a}(\rho(s),\rho(\theta))\nabla\theta+$$
$$\int_{\rho(s)}^{t}a(\theta)\hat{e}_{-a}(\theta+\tau,\rho(s+\tau))\hat{e}_{-a}(\rho(s),\rho(\theta))\nabla\theta$$
$$=\int_{\rho(s)}^{t}e_{-a}(\rho(s),\rho(\theta))(a(\theta)-a(\theta+\tau))\hat{e}_{-a}(\theta+\tau,\rho(s+\tau))\nabla\theta.$$

由$[\hat{e}_p(c,\cdot)]^{\nabla}=-p[e_p(c,\cdot)]^{\rho}$ 和引理 6.2，$\rho(s+\tau)=\rho(s)+\tau$，推得

$$\int_{\rho(s)}^{t}\hat{e}_{-a}(\rho(s),\rho(\theta))(a(\theta)-a(\theta+\tau))\hat{e}_{-a}(\theta+\tau,\rho(s+\tau))\nabla\theta$$
$$=\int_{\rho(s)}^{t}((\hat{e}_{-a}(\theta+\tau,\rho(s+\tau)))^{\nabla}\hat{e}_{-a}(\rho(s),\rho(\theta))+$$
$$\hat{e}_{-a}(\theta+\tau,\rho(s+\tau))(\hat{e}_{-a}(\rho(s),\theta))^{\nabla})\nabla\theta$$
$$=\int_{\rho(s)}^{t}(\hat{e}_{-a}(\theta+\tau,\rho(s+\tau))\hat{e}_{-a}(\rho(s),\theta))^{\nabla}\nabla\theta$$
$$=\hat{e}_{-a}(t+\tau,\rho(s+\tau))\hat{e}_{-a}(\rho(s),t)-1.\tag{6.2.7}$$

然后，用 $\hat{e}_{-a}(t,\rho(s))$同时乘以等式(6.2.7)两边，可得

$$\hat{e}_{-a}(t+\tau,\rho(s+\tau))-\hat{e}_{-a}(t,\rho(s))$$
$$=\int_{\rho(s)}^{t}\hat{e}_{-a}(t,\rho(s))\hat{e}_{-a}(\rho(s),\rho(\theta))(a(\theta)-a(\theta+\tau))\hat{e}_{-a}(\theta+\tau,\rho(s+\tau))\nabla\theta$$
$$=\int_{\rho(s)}^{t}\hat{e}_{-a}(t,\rho(\theta))(a(\theta)-a(\theta+\tau))\hat{e}_{-a}(\theta+\tau,\rho(s+\tau))\nabla\theta.$$

证毕.

令$\mathbb{U}$是由时标$\mathbb{T}$上的全体权函数所组成的集合，若函数$\varrho:\mathbb{T}\to(0,+\infty)$在时标$\mathbb{T}$上$\nabla$－可积且在$\mathbb{T}$上有$\varrho>0$几乎处处成立. 则对任意$\varrho\in\mathbb{U}$，$t_0=\min\{[0,+\infty)_{\mathbb{T}}\}$以及正常数 $r\in\Pi$，可定义

$$u(r,\varrho):=\int_{t_0-r}^{t_0+r}\varrho(t)\,\nabla t,$$

再定义权函数空间$\mathbb{U}_\infty$为 $\mathbb{U}_\infty:=\left\{\varrho\in\mathbb{U}:\inf\limits_{t\in\mathbb{T}}\varrho(t)=\varrho_0>0,\lim\limits_{r\to\infty}u(r,\varrho)=\infty\right\}$.

定义 6.1[139] 令$\varrho\in\mathbb{U}_\infty$，$f\in BC(\mathbb{T},\mathcal{A}^n)$，若 f 可以表示为 $f=g+h$，其中 $g\in AP(\mathbb{T},\mathcal{A}^n)$，$h\in PAP_0(\mathbb{T},\mathcal{A}^n,\varrho)$，其中对于 $t_0\in\mathbb{T}$，$r\in\Pi$，函数空间 $PAP_0(\mathbb{T},\mathcal{A}^n,\varrho)$的定义如下：

$$PAP_0(\mathbb{T},\mathcal{A}^n,\varrho)=\left\{h\in BC(\mathbb{T},\mathcal{A}^n):\lim_{r\to+\infty}\frac{1}{u(r,\varrho)}\int_{t_0-r}^{t_0+r}\|h(t)\|_{\mathcal{A}^n}\varrho(t)\,\nabla t=0\right\},$$

则称 f 为加权伪概周期函数.

记由所有此类函数所组成的集合为 $PAP(\mathbb{T},\mathcal{A}^n,\varrho)$.

引理 6.4[139] 设$\varrho\in\mathbb{U}_\infty$. 若 $\alpha\in\mathbb{R}$，且 $f,g\in PAP(\mathbb{T},\mathcal{A}^n,\varrho)$，则 αf，$f+g$，$fg\in PAP(\mathbb{T},\mathcal{A}^n,\varrho)$.

引理 6.5[139] 设$\varrho\in\mathbb{U}_\infty$. 若函数 $f\in C(\mathcal{A},\mathcal{A})$满足李普希茨条件，$\varphi\in PAP(V,\varrho)$，则 $f(x(\cdot))\in PAP(\mathbb{T},\mathcal{A},\varrho)$.

记

$$\mathbb{H}_\infty=\left\{\varrho\in\mathbb{U}_\infty:\forall\,\theta\in\Pi,\limsup_{t\to\infty}\frac{\varrho(t+\theta(t))}{\varrho(t)}<\infty,\limsup_{r\to\infty}\frac{u(r+\theta^+,\varrho)}{u(r,\varrho)}<\infty\right\},$$

其中 $\theta^+=\sup\limits_{t\in\mathbb{T}}\theta(t)$.

引理 6.6 设$\varrho\in\mathbb{H}_\infty$. 若 $x\in PAP(\mathbb{T},\mathcal{A},\varrho)$，$\theta\in C_\nabla^1(\mathbb{T},\mathbb{R}^+)\cap AP(\mathbb{T},\Pi)$，$\alpha:=\inf\limits_{t\in\mathbb{T}}(1-\theta^\nabla(t))>0$，则 $x(\cdot-\theta(\cdot))\in PAP(\mathbb{T},\mathcal{A},\varrho)$.

证明 因为 $x\in PAP(\mathbb{T},\mathcal{A},\varrho)$，所以存在 $x_1\in AP(\mathbb{T},\mathcal{A})$，$x_0\in PAP_0(\mathbb{T},\mathcal{A},\varrho)$使得 $x=x_1+x_0$. 因此，有

$$x(t-\theta(t))=x_1(t-\theta(t))+x_0(t-\theta(t))$$

首先，根据文献[82]中引理 2.10 可得 $x_1\in AP(\mathbb{T},\mathcal{A})$. 接下来证明 $x_0\in PAP_0(\mathbb{T},\mathcal{A},\varrho)$. 事实上，

$$0\leqslant\lim_{r\to\infty}\frac{1}{u(r,\varrho)}\int_{t_0-r}^{t_0+r}\varrho(t)\,\|x_0(t-\theta(t))\|_{\mathcal{A}}\nabla t$$

$$=\lim_{r\to\infty}\frac{1}{u(r,\varrho)}\int_{t_0-r-\theta(r)}^{t_0+r-\theta(r)}\varrho(s+\theta(t))\frac{1}{1-\theta^{\nabla}(t)}\|x_0(s)\|_{\mathcal{A}}\nabla s$$

$$\leqslant\lim_{r\to\infty}\frac{1}{\alpha}\frac{1}{u(r,\varrho)}\int_{t_0-r-\bar{\theta}}^{t_0+r+\bar{\theta}}\frac{\varrho(s+\theta(s))}{\varrho(s)}\varrho(s)\|x_0(u)\|_{\mathcal{A}}\nabla s$$

$$\leqslant\frac{1}{\alpha}\limsup_{s\to\infty}\frac{\varrho(s+\theta(s))}{\varrho(s)}\limsup_{r\to\infty}\frac{u(r+\bar{\theta},\varrho)}{u(r,\varrho)}\times$$

$$\lim_{r\to\infty}\frac{1}{u(r+\bar{\theta},\varrho)}\int_{t_0-r-\bar{\theta}}^{t_0+r+\bar{\theta}}\varrho(s)\|x_0(s)\|_{\mathcal{A}}\nabla s=0,t_0\in\mathbb{T},r\in\Pi,$$

由此可知 $x_0(\cdot-\theta(\cdot))\in PAP_0(\mathbb{T},\mathcal{A},\varrho)$. 因此，$x(\cdot-\theta(\cdot))\in PAP(\mathbb{T},\mathcal{A},\varrho)$. 证毕.

本章主要考虑了下列时标上的具连接项时滞的中立型的 Clifford 值细胞神经网络：

$$x_i^{\nabla}(t)=-a_i(t)x_i(t-\delta_i(t))+\sum_{j=1}^{n}b_{ij}(t)f_j(x_j(t-\eta_{ij}(t)))+\sum_{j=1}^{n}c_{ij}(t)g_j(x_j^{\nabla}(t-\tau_{ij}(t)))+u_i(t),\tag{6.2.8}$$

其中$\mathbb{T}$为概周期时标，$i\in I$；n 表示神经网络中神经元的条数；$x_i(t)\in\mathcal{A}$表示第 i 条神经元在 t 时刻的活动状态；$c_i(t)>0$ 表示在时刻 t，当断开神经网络与外部输入时，第 i 条神经元可能会出现重置而导致静止孤立状态的比例；$a_{ij}(t)$，$b_{ij}(t)\in\mathcal{A}$表示神经网络的连接权重函数；$\delta_i(t)$为 $t\in\mathbb{T}$满足 $t-\delta_i(t)\in\mathbb{T}$的连接时滞；$\tau_{ij}(t)$，$\eta_{ij}(t)$满足 $t-\tau_{ij}(t)$，$t-\eta_{ij}(t)\in\mathbb{T}$对 $t\in\mathbb{T}$成立的传输时滞；$u_i(t)\in\mathcal{A}$表示在 t 时刻的第 i 条神经元外部输入；$f_j,g_j:\mathcal{A}\to\mathcal{A}$表示信号传输过程中的作用函数.

为读者方便，给出如下记号：

$$a_i^-=\inf_{t\in\mathbb{T}}a_i(t),a_i^+=\sup_{t\in\mathbb{T}}a_i(t),b_{ij}^+=\sup_{t\in\mathbb{T}}\|b_{ij}(t)\|_{\mathcal{A}},c_{ij}^+=\sup_{t\in\mathbb{T}}\|c_{ij}(t)\|_{\mathcal{A}},$$

$$\delta_i^+=\sup_{t\in\mathbb{T}}\delta_i(t),\eta_{ij}^+=\sup_{t\in\mathbb{T}}\eta_{ij}(t),\tau_{ij}^+=\sup_{t\in\mathbb{T}}\tau_{ij}(t),u_i^+=\sup_{t\in\mathbb{T}}\|u_i(t)\|_{\mathcal{A}},$$

$$\vartheta=\max_{i,j\in I}\{\delta_i^+,\eta_{ij}^+,\tau_{ij}^+\}.$$

系统(6.2.8)具有以下形式的初始条件：

$$x_i(s)=\varphi_i(s),x_i^{\nabla}(s)=\varphi_i^{\nabla}(s)\in\mathcal{A},s\in[t_0-\vartheta,t_0]_{\mathbb{T}},$$

其中 $\varphi_i\in C_{\nabla}^1([t_0-\vartheta,t_0]_{\mathbb{T}},\mathcal{A}),i\in I.$

在本节中，假设以下条件成立：

(A_1) $a_i\in AP(\mathbb{R},\mathbb{R}^+)$满足$-a_i\in\mathcal{R}_{\nu}^+$，$\delta_i,\tau_{ij},\eta_{ij}\in C_{\nabla}^1(\mathbb{T},\mathbb{R}^+)\cap AP(\mathbb{T},\Pi)$满足$\inf\limits_{t\in\mathbb{R}}\{(1-\delta_i^{\nabla}(t)),(1-\tau_{ij}^{\nabla}(t)),(1-\eta_{ij}^{\nabla}(t))\}>0$，$b_{ij},c_{ij},u_i\in PAP(\mathbb{T},\mathcal{A},\varrho)$，其中 $i,j\in I.$

(A_2) 存在正常数 L_j^f,L_j^g 且对所有的 $u,\nu\in\mathcal{A}$，函数 $f_j,g_j\in C(\mathcal{A},\mathcal{A})$满足 $\|f_j(u)-f_j(\nu)\|_{\mathcal{A}}\leqslant L_j^f\|u-\nu\|_{\mathcal{A}},\|g_j(u)-g_j(\nu)\|_{\mathcal{A}}\leqslant L_j^g\|u-\nu\|_{\mathcal{A}},j\in I.$

(A_3) 存在一个正常数 Υ 使得

$$\max_{i\in I}\left\{\frac{P_i}{a_i^-},P_i\left(1+\frac{a_i^+}{a_i^-}\right)\right\}\leqslant\Upsilon,\max_{i\in I}\left\{\frac{Q_i}{a_i^-},Q_i\left(1+\frac{a_i^+}{a_i^-}\right)\right\}=:\kappa<1,$$

其中

$$P_i=a_i^+\delta_i^+\Upsilon+\sum_{j=1}^n b_{ij}^+(L_j^f\Upsilon+\|f(0)\|_{\mathcal{A}})+\sum_{j=1}^n c_{ij}^+(L_j^g\Upsilon+\|g(0)\|_{\mathcal{A}})+u_i^+,$$

$$Q_i=a_i^+\delta_i^++\sum_{j=1}^n b_{ij}^+L_j^f+\sum_{j=1}^n c_{ij}^+L_j^g.$$

6.3 加权伪概周期解的存在性与全局指数稳定性

令空间$\mathbb{E}=\{\varphi\mid\varphi,\varphi^{\nabla}\in PAP(\mathbb{T},\mathcal{A}^n,\varrho)\}$具有范数

$$\|\varphi\|_{\mathbb{E}}=\max\left\{\sup_{t\in\mathbb{T}}\|\varphi(t)\|_{\mathcal{A}^n},\sup_{t\in\mathbb{T}}\|\varphi^{\nabla}(t)\|_{\mathcal{A}^n}\right\},$$

则$\mathbb{E}$为 Banach 空间.

定理 6.1　设$\varrho\in H_{\infty}$. 若条件$(A_1)-(A_3)$成立. 那么系统(6.2.8)在区域$\mathbb{E}_0=\{\varphi=(\varphi_1,\varphi_2,\cdots,\varphi_n)^T\in\mathbb{E}\mid\|\varphi\|_{\mathbb{E}}\leqslant\Upsilon\}$中有唯一的加权伪概周期解.

证明　首先，容易证明若 $x=(x_1,x_2,\cdots,x_n)^T\in\mathbb{E}$是以下积分方程的一个解

$$x_i(t)=\int_{-\infty}^{t}\hat{e}_{-a_i}(t,\rho(s))\Big(a_i(s)\int_{s-\delta_i(s)}^{s}x_i^{\nabla}(u)\nabla u+\sum_{j=1}^{n}b_{ij}(s)f_j(x_j(s-\eta_{ij}(s)))+$$
$$\sum_{j=1}^{n}c_{ij}(s)g_j(x_j^{\nabla}(s-\tau_{ij}(s)))+u_i(s)\Big)\nabla s,i\in I,$$

则 x 也是系统(6.2.8)的一个解.

其次，我们定义映射 $\Xi:\mathbb{E}\to BC(\mathbb{T},\mathcal{A}^n)$ 如下：

$$\Xi\varphi=(\Xi_1\varphi,\Xi_2\varphi,\cdots,\Xi_n\varphi)^{\mathrm{T}},$$

其中 $\varphi\in\mathbb{E}$,

$$(\Xi_i\varphi)(t)=\int_{-\infty}^{t}\hat{e}_{-a_i}(t,\rho(s))(a_i(s)\int_{s-\delta_i(s)}^{s}\varphi_i^{\nabla}(u)\nabla u+\sum_{j=1}^{n}b_{ij}(s)f_j(\varphi_j(s-\eta_{ij}(s)))+$$
$$\sum_{j=1}^{n}c_{ij}(s)g_j(\varphi_j^{\nabla}(s-\tau_{ij}(s)))+u_i(s))\nabla s,i\in I.$$

我们将证明映射 Ξ 是从$\mathbb{E}$到$\mathbb{E}$的一个自映射. 为此，设

$$\Gamma_i^{\varphi}(s)=a_i(s)\int_{s-\delta_i(s)}^{s}\varphi_i^{\nabla}(u)\nabla u+\sum_{j=1}^{n}b_{ij}(s)f_j(\varphi_j(s-\eta_{ij}(s)))+$$
$$\sum_{j=1}^{n}c_{ij}(s)g_j(\varphi_j^{\nabla}(s-\tau_{ij}(s)))+u_i(s),i\in I.$$

事实上，根据引理 6.4—6.6，易得 $\Gamma_i^{\varphi}=(\Gamma_i^{\varphi})^1+(\Gamma_i^{\varphi})^0$，其中$(\Gamma_i^{\varphi})^1\in AP(\mathbb{T},\mathcal{A})$，$(\Gamma_i^{\varphi})^0\in PAP_0(\mathbb{T},\mathcal{A},\mathcal{Q})$. 我们将证明

$$\Xi_i\varphi(t)=\int_{-\infty}^{t}\hat{e}_{-a_i}(t,\rho(s))(\Gamma_i^{\varphi})^1(s)\nabla s+\int_{-\infty}^{t}\hat{e}_{-a_i}(t,\rho(s))(\Gamma_i^{\varphi})^0(s)\nabla s$$
$$=(F_i^{\varphi})^1(t)+(F_i^{\varphi})^0(t),$$

其中$(F_i^{\varphi})^1\in AP(\mathbb{T},\mathcal{A})$，$(F_i^{\varphi})^0\in PAP_0(\mathbb{T},\mathcal{A},\mathcal{Q})$.

因为 $a_i\in AP(\mathbb{T},\mathbb{R}^+)$，$\Gamma_i^{\varphi}\in AP(\mathbb{T},\mathcal{A})$，所以根据引理 3.4，对于任意的 $\varepsilon_i>0$，存在一个 $\tau\in\Pi$ 使得

$$|a_i(t+\tau)-a_i(t)|<\varepsilon_i,\ \|(\Gamma_i^{\varphi})^1(t+\tau)-(\Gamma_i^{\varphi})^1(t)\|_{\mathcal{A}}<\varepsilon_i,$$

因此，由$(F_i^{\varphi})^1$ 的定义和引理 6.3，有

$$\|(F_i^{\varphi})^1(t+\tau)-(F_i^{\varphi})^1(t)\|_{\mathcal{A}}$$
$$=\left\|\int_{-\infty}^{t+\tau}\hat{e}_{-a_i}(t+\tau,\rho(s))(\Gamma_i^{\varphi})^1(s)\nabla s-\int_{-\infty}^{t}\hat{e}_{-a_i}(t,\rho(s))(\Gamma_i^{\varphi})^1(s)\nabla s\right\|_{\mathcal{A}}$$

$$
\begin{aligned}
&= \left\| \int_{-\infty}^{t} \hat{e}_{-a_i}(t+\tau,\rho(s+\tau))(\Gamma_i^{\varphi})^1(s+\tau)\,\nabla s - \int_{-\infty}^{t} \hat{e}_{-a_i}(t,\rho(s))(\Gamma_i^{\varphi})^1(s)\,\nabla s \right\|_{\mathcal{A}} \\
&\leqslant \left\| \int_{-\infty}^{t} \hat{e}_{-a_i}(t+\tau,\rho(s+\tau))(\Gamma_i^{\varphi})^1(s+\tau)\,\nabla s - \int_{-\infty}^{t} \hat{e}_{-a_i}(t+\tau,\rho(s+\tau))(\Gamma_i^{\varphi})^1(s)\,\nabla s \right\|_{\mathcal{A}} + \\
&\quad \left\| \int_{-\infty}^{t} \hat{e}_{-a_i}(t+\tau,\rho(s+\tau))(\Gamma_i^{\varphi})^1(s)\,\nabla s - \int_{-\infty}^{t} \hat{e}_{-a_i}(t,\rho(s))(\Gamma_i^{\varphi})^1(s)\,\nabla s \right\|_{\mathcal{A}} \\
&\leqslant \int_{-\infty}^{t} |\hat{e}_{-a_i}(t+\tau,\rho(s+\tau))|\,\|(\Gamma_i^{\varphi})^1(s+\tau)-(\Gamma_i^{\varphi})^1(s)\|_{\mathcal{A}}\nabla s + \\
&\quad \int_{-\infty}^{t} |\hat{e}_{-a_i}(t+\tau,\rho(s+\tau))-\hat{e}_{-a_i}(t,\rho(s))|\,\|(\Gamma_i^{\varphi})^1(s)\|_{\mathcal{A}}\nabla s \\
&< \frac{\varepsilon_i}{a_i^-} + \sup_{t\in\mathbb{T}}\{\|(\Gamma_i^{\varphi})^1(t)\|_{\mathcal{A}}\}\int_{-\infty}^{t} |\hat{e}_{-a_i}(t+\tau,\rho(s+\tau))-\hat{e}_{-a_i}(t,\rho(s))|\,\nabla s \\
&< \frac{\varepsilon_{i1}}{a_i^-} + \sup_{t\in\mathbb{T}}\{\|(\Gamma_i^{\varphi})^1(t)\|_{\mathcal{A}}\}\int_{-\infty}^{t} \left|\int_{t}^{\rho(s)} \hat{e}_{-a_i}(t,\rho(\theta))(a_i(\theta+\tau)-a_i(\theta))\,\nabla\theta\right|\nabla s \\
&< \frac{\varepsilon_i}{(a_i^-)^2}\left(a_i^- + \sup_{t\in\mathbb{T}}\{\|(\Gamma_i^{\varphi})^1(t)\|_{\mathcal{A}}\}\right),\ i\in I.
\end{aligned}
$$

根据$(\Gamma_i^{\varphi})^0\in PAP_0(\mathbb{T},\mathcal{A},\varrho)$，$i\in I$ 和勒贝格控制收敛定理，可得

$$
\begin{aligned}
&\lim_{r\to\infty}\frac{1}{u(r,\varrho)}\int_{t_0-r}^{t_0+r}\varrho(s)\,\|(F_i^{\varphi})^0(s)\|_{\mathcal{A}}\nabla s \\
&= \lim_{r\to\infty}\frac{1}{u(r,\varrho)}\int_{t_0-r}^{t_0+r}\left\|\int_{-\infty}^{s}\hat{e}_{-a_i}(s,\rho(\theta))(\Gamma_i^{\varphi})^0(\theta)\,\nabla\theta\right\|_{\mathcal{A}}\nabla s \\
&\leqslant \lim_{r\to\infty}\frac{1}{u(r,\varrho)}\int_{-\infty}^{s}\hat{e}_{-a_i}(s,\rho(\theta))\left(\int_{t_0-r}^{t_0+r}\|(\Gamma_i^{\varphi})^0(\theta)\|_{\mathcal{A}}\nabla\theta\right)\nabla s,\ t_0\in\mathbb{T},\ r\in\Pi,
\end{aligned}
$$

由此可得$(F_i^{\varphi})^0\in PAP_0(\mathbb{T},\mathcal{A},\varrho)$. 因此，$\Xi_i\varphi\in PAP(\mathbb{T},\mathcal{A},\varrho)$，$i\in I$.

再次，验证 Ξ 是从$\mathbb{E}_0$ 到$\mathbb{E}_0$ 的一个自映射. 此时只需证明：对任意给定的 $\varphi\in\mathbb{E}_0$，有

$$
\begin{aligned}
&\sup_{t\in\mathbb{T}}\|(\Xi\varphi)(t)\|_{\mathcal{A}^n} \\
&= \max_{i\in I}\left\{\sup_{t\in\mathbb{T}}\left\|\int_{-\infty}^{t}\hat{e}_{-a_i}(t,\rho(s))(a_i(s)\int_{s-\delta_i(s)}^{s}\varphi_i^{\nabla}(u)\,\nabla u + \right.\right. \\
&\quad \left.\left.\sum_{j=1}^{n}b_{ij}(s)f_j(\varphi_j(s-\eta_{ij}(s))) + \sum_{j=1}^{n}c_{ij}(s)g_j(\varphi_j^{\nabla}(s-\tau_{ij}(s))) + u_i(s))\,\nabla s\right\|_{\mathcal{A}}\right\}
\end{aligned}
$$

$$\leqslant \max_{i\in I}\left\{\sup_{t\in\mathbb{T}}\left[\int_{-\infty}^{t}\hat{e}_{-a_i}(t,\rho(s))(a_i^+\delta_i^+\|\varphi_i^\nabla(s)\|_{\mathcal{A}}+\sum_{j=1}^{n}b_{ij}^+(L_j^f\|\varphi_j(s-\tau_{ij}(s))\|_{\mathcal{A}}+\right.\right.$$

$$\left.\left.\|f(0)\|_{\mathcal{A}})+\sum_{j=1}^{n}c_{ij}^+(L_j^g\|\varphi_j^\nabla(s-\tau_{ij}(s))\|_{\mathcal{A}}+\|g(0)\|_{\mathcal{A}})+u_i^+)\nabla s\right]\right\}$$

$$\leqslant \max_{i\in I}\left\{\frac{1}{a_i^-}(a_i^+\delta_i^+\Upsilon+\sum_{j=1}^{n}b_{ij}^+(L_j^f\Upsilon+\|f(0)\|_{\mathcal{A}})+\right.$$

$$\left.\sum_{j=1}^{n}c_{ij}^+(L_j^g\Upsilon+\|g(0)\|_{\mathcal{A}})+u_i^+)\right\}\leqslant \max_{i\in I}\left\{\frac{P_i}{a_i^-}\right\},$$

$$\sup_{t\in\mathbb{T}}\|(\Xi\varphi)^\nabla(t)\|_{\mathcal{A}^n}$$

$$=\max_{i\in I}\left\{\sup_{t\in\mathbb{T}}\left\|\Gamma_i(t)-a_i(t)\int_{-\infty}^{t}\hat{e}_{-a_i}(t,\rho(s))\Gamma_i(s)\nabla s\right\|_{\mathcal{A}}\right\}$$

$$\leqslant \max_{i\in I}\left\{P_i+\frac{a_i^+}{a_i^-}\left(a_i^+\delta_i^+\Upsilon+\sum_{j=1}^{n}b_{ij}^+(L_j^f\Upsilon+\|f(0)\|_{\mathcal{A}})+\right.\right.$$

$$\left.\left.\sum_{j=1}^{n}c_{ij}^+(L_j^g\Upsilon+\|g(0)\|_{\mathcal{A}})+u_i^+\right)\right\}\leqslant \max_{i\in I}\left\{P_i+\frac{a_i^+P_i}{a_i^-}\right\}.$$

因此，由条件(A_3)，有

$$\|\Xi\varphi\|_{\mathbb{E}}\leqslant\Upsilon.$$

最后，我们将证明 $\Xi:\mathbb{E}_0\to\mathbb{E}_0$ 是压缩映射. 事实上，对任意的

$$\varphi=(\varphi_1,\varphi_2,\cdots,\varphi_n)^T,\psi=(\psi_1,\psi_2,\cdots,\psi_n)^T\in\mathbb{E}_0,$$

我们有

$$\sup_{t\in\mathbb{T}}\|(\Xi\varphi)(t)-(\Xi\psi)(t)\|_{\mathcal{A}^n}$$

$$=\max_{i\in I}\left\{\sup_{t\in\mathbb{T}}\left\|\int_{-\infty}^{t}\hat{e}_{-a_i}(t,\rho(s))(a_i(s)\int_{s-\delta_i(s)}^{s}(\varphi_i^\nabla(u)-\psi_i^\nabla(u))\nabla u+\right.\right.$$

$$\sum_{j=1}^{n}b_{ij}(s)(f_j(\varphi_j(s-\eta_{ij}(s)))-f_j(\psi_j(s-\eta_{ij}(s))))+$$

$$\left.\left.\sum_{j=1}^{n}c_{ij}(s)(g_j(\varphi_j^\nabla(s-\tau_{ij}(s)))-g_j(\psi_j^\nabla(s-\tau_{ij}(s)))))\nabla s\right\|_{\mathcal{A}}\right\}$$

$$\leqslant \max_{i\in I}\left\{\frac{1}{a_i^-}(a_i^+\delta_i^++\sum_{j=1}^{n}b_{ij}^+L_j^f+\sum_{j=1}^{n}c_{ij}^+L_j^g)\right\}\|\varphi-\psi\|_{\mathbb{E}}$$

$$=\max_{i\in I}\left\{\frac{Q_i}{a_i^-}\right\}\|\varphi-\psi\|_{\mathbb{E}},$$

$$\sup_{t\in\mathbb{T}}\|(\Xi\varphi)^{\nabla}(t)-(\Xi\psi)^{\nabla}(t)\|_{\mathcal{A}^n}$$

$$=\max_{i\in I}\left\{\sup_{t\in\mathbb{T}}\left\|a_i(t)\int_{t-\delta_i(t)}^{t}(\varphi_i^{\nabla}(u)-\psi_i^{\nabla}(u))\nabla u+\sum_{j=1}^{n}b_{ij}(t)(f_j(\varphi_j(t-\eta_{ij}(t)))-\right.\right.$$

$$f_j(\psi_j(t-\eta_{ij}(t))))+\sum_{j=1}^{n}c_{ij}(t)(g_j(\varphi_j^{\nabla}(t-\tau_{ij}(t)))-g_j(\psi_j^{\nabla}(t-\tau_{ij}(t))))-$$

$$a_i(t)\int_{-\infty}^{t}\hat{e}_{-a_i}(t,\rho(s))(a_i(s)\int_{s-\delta_i(s)}^{s}(\varphi_i^{\nabla}(u)-\psi_i^{\nabla}(u))\nabla u+$$

$$\sum_{j=1}^{n}b_{ij}(s)(f_j(\varphi_j(s-\eta_{ij}(s)))-f_j(\psi_j(s-\eta_{ij}(s))))+$$

$$\left.\left.\sum_{j=1}^{n}c_{ij}(s)(g_j(\varphi_j^{\nabla}(s-\tau_{ij}(s)))-g_j(\psi_j^{\nabla}(s-\tau_{ij}(s)))))\nabla s\right\|_{\mathcal{A}}\right\}$$

$$=\max_{i\in I}\left\{Q_i+\frac{a_i^+Q_i}{a_i^-}\right\}\|\varphi-\psi\|_{\mathbb{E}}.$$

由条件(H_3)，可得

$$\|\Xi\varphi-\Xi\psi\|_{\mathbb{E}}\leqslant\kappa\|\varphi-\psi\|_{\mathbb{E}}.$$

故，Ξ 是一个压缩映射. 因此，由 Banach 不动点定理知：Ξ 在$\mathbb{E}_0$中有唯一不动点，即系统(6.2.8)在$\mathbb{E}_0$中有唯一加权伪概周期解. 证毕.

定义 6.2 设系统(6.2.8)满足初值条件 $\varphi(s)=(\varphi_1(s),\varphi_2(s),\cdots,\varphi_n(s))^T$ 的解 $x(t)=(x_1(t),x_2(t),\cdots,x_n(t))^T$，并且 $y(t)=(y_1(t),y_2(t),\cdots,y_n(t))^T$ 为系统(6.2.8)满足初值条件 $\psi(s)=(\psi_1(s),\psi_2(s),\cdots,\psi_n(s))^T$ 的任意解. 若存在正常数 ζ 满足$\ominus_\nu\zeta\in\mathcal{R}_\nu^+$ 和 $K_0>1$ 使得

$$\|x(t)-y(t)\|_1\leqslant K_0\hat{e}_{\ominus_\nu}(t,t_0)\|\bar{\omega}\|_0,t\in(0,+\infty)_{\mathbb{T}},$$

其中

$$\|x(t)-y(t)\|_1=\|x(t)-y(t)\|_{\mathcal{A}^n},$$

$$\|\bar{\omega}\|_0=\|\varphi-\psi\|_0=\max_{i\in I}\left\{\sup_{s\in[t_0-\vartheta,t_0]_{\mathbb{T}}}\|\varphi_i(s)-\psi_i(s)\|_{\mathcal{A}}\right\}.$$

则系统(6.2.8)解 x 称为全局指数稳定的.

定理 6.2　假设(A_1)—(A_3)成立，则系统(6.2.8)在区域$\mathbb{E}_0$中的加权伪概周期解 $x(t)$是全局指数稳定的.

证明　由定理 6.1,可得系统(6.2.8)有一个满足初值条件 $\varphi(s)$的加权伪概周期解 $x(t)$. 假设 $y(t)$为系统(6.2.8)满足初值条件 $\psi(s)$的任意一个解. 则由系统(6.2.8)可推得对任意 $i\in I$，有

$$(x_i(t)-y_i(t))^\nabla = -a_i(t)(x_i(t)-y_i(t))+a_i(t)\int_{t-\delta_i(t)}^{t}(x_i^\nabla(u)-y_i^\nabla(u))\nabla u+$$
$$\sum_{j=1}^{n}b_{ij}(t)(f_j(x_j(t-\eta_{ij}(t)))-f_j(y_j(t-\eta_{ij}(t))))+$$
$$\sum_{j=1}^{n}c_{ij}(t)(g_j(x_j^\nabla(t-\tau_{ij}(t)))-g_j(y_j^\nabla(t-\tau_{ij}(t)))). \tag{6.3.1}$$

用 $\hat{e}_{-a_i}(t_0,\rho(t))$同时乘以等式(6.3.1)的两边，并在$[t_0,t]_{\mathbb{T}}$上积分，可得

$$x_i(t)-y_i(t)=(x_i(t_0)-y_i(t_0))\hat{e}_{-a_i}(t,t_0)+\int_{t_0}^{t}\hat{e}_{-a_i}(t,\rho(s))\times$$
$$(a_i(s)\int_{s-\delta_i(s)}^{s}(x_i^\nabla(u)-y_i^\nabla(u))\nabla u+$$
$$\sum_{j=1}^{n}b_{ij}(s)(f_j(x_j(s-\eta_{ij}(s)))-f_j(y_j(s-\eta_{ij}(s))))+$$
$$\sum_{j=1}^{n}c_{ij}(s)(g_j(x_j^\nabla(s-\tau_{ij}(s)))-g_j(y_j^\nabla(s-\tau_{ij}(s)))))\nabla s. \tag{6.3.2}$$

记

$$W_i(\omega)=a_i^- -\omega-\exp\Big(\omega\sup_{s\in\mathbb{T}}\nu(s)\Big)(a_i^+\delta_i^+\exp(\omega\delta_i^+)+$$
$$\sum_{j=1}^{n}b_{ij}^+L_j^f\exp(\omega\eta_{ij}^+)+\sum_{j=1}^{n}c_{ij}^+L_j^g\exp(\omega\tau_{ij}^+)),$$
$$W_i^*(\omega)=a_i^- -\omega-\Big(a_i^+\exp\Big(\omega\sup_{s\in\mathbb{T}}\nu(s)\Big)+a_i^-\Big)\Big(a_i^+\delta_i^+\exp(\omega\delta_i^+)+$$
$$\sum_{j=1}^{n}b_{ij}^+L_j^f\exp(\omega\eta_{ij}^+)+\sum_{j=1}^{n}c_{ij}^+L_j^g\exp(\omega\tau_{ij}^+)\Big).$$

由条件(A_3)对 $i\in I$，有

$$W_i(0)=a_i^- -Q_i>0,$$

$$W_i^*(0)=a_i^- -(a_i^- +a_i^+)Q_i>0.$$

因为 W_i 和 W_i^* 在$[0,+\infty)$上连续，当 $\omega\to+\infty$时，有 $W_i(\omega),W_i^*(\omega)\to-\infty$. 所以存在 ξ_i，ξ_i^* 使得 $W_i(\xi_i)=W_i^*(\xi_i^*)=0$. 且当 $\omega\in(0,\xi_i)$时，对任意 $i\in I$ 有 $W_i(\omega)>0$. 当 $\omega\in(0,\xi_i^*)$时，对任意 $i\in I$ 有 $W_i^*(\omega)>0$. 取 $c=\min\limits_{i\in I}\{\xi_i,\xi_i^*\}$，有 $W_i(c)\geqslant0,W_i^*(c)\geqslant0,i\in I$. 因此，可选取一个正常数 $0<\zeta<\min\left\{c,\min\limits_{i\in I}\{a_i^-\}\right\}$满足其中$\ominus_\nu\zeta\in\mathcal{R}_\nu^+$ 使得

$$W_i(\zeta)>0,W_i^*(\zeta)>0,i\in I,$$

由此可得

$$\frac{\exp(\zeta\sup\limits_{s\in\mathbb{T}}\nu(s))}{a_i^--\zeta}\left(a_i^+\delta_i^+\exp(\zeta\delta_i^+)+\sum_{j=1}^n b_{ij}^+L_j^f\exp(\zeta\eta_{ij}^+)+\right.$$

$$\left.\sum_{j=1}^n c_{ij}^+L_j^g\exp(\zeta\tau_{ij}^+)\right)<1,$$

$$\left(1+\frac{a_i^+\exp(\zeta\sup\limits_{s\in\mathbb{T}}\nu(s))}{a_i^--\zeta}\right)(a_i^+\delta_i^+\exp(\zeta\delta_i^+)+\sum_{j=1}^n b_{ij}^+L_j^f\exp(\zeta\eta_{ij}^+)+$$

$$\sum_{j=1}^n c_{ij}^+L_j^g\exp(\zeta\tau_{ij}^+))<1,i\in I.$$

记 $K_0=\max\limits_{i\in I}\left\{\frac{a_i^-}{Q_i}\right\}$，则由条件$(A_3)$，有 $K_0>1$. 因此

$$\frac{1}{K_0}<\frac{\exp\left(\zeta\sup\limits_{s\in\mathbb{T}}\nu(s)\right)}{a_i^--\zeta}(a_i^+\delta_i^+\exp(\zeta\delta_i^+)+\sum_{j=1}^n b_{ij}^+L_j^f\exp(\zeta\eta_{ij}^+)+$$

$$\sum_{j=1}^n c_{ij}^+L_j^g\exp(\zeta\tau_{ij}^+)),i\in I.$$

另外，因为 $\hat{e}_{\ominus_\nu\zeta}(t,t_0)>1$ 对任意 $t\in[t_0-\vartheta,t_0]_{\mathbb{T}}$. 我们断言下式成立：

$$\|x(t)-y(t)\|_1\leqslant K_0\hat{e}_{\ominus_\nu\zeta}(t,t_0)\|\tilde{\omega}\|_0,\forall t\in[t_0-\vartheta,t_0]_{\mathbb{T}}.$$

我们声称

$$\|x(t)-y(t)\|_1\leqslant K_0\hat{e}_{\ominus_\nu\zeta}(t,t_0)\|\tilde{\omega}\|_0,\forall t\in(t_0,+\infty)_{\mathbb{T}}.\quad(6.3.3)$$

为了证明不等式(6.3.3)，首先证明对任意 $\xi>1$，以下不等式成立：

$$\| x(t)-y(t) \|_1<\xi K_0 \hat{e}_{\ominus_\nu \zeta}(t,t_0) \| \tilde{\omega} \|_0, \forall t\in(t_0,+\infty)_{\mathbb{T}}. \quad (6.3.4)$$

用反证法证明上式不等式，若不等式(6.3.4)不成立，则必存在某个 $t_1\in(t_0,+\infty)_{\mathbb{T}}$ 使得

$$\| x(t_1)-y(t_1) \|_1\geqslant\xi K_0 \| \tilde{\omega} \|_0 \hat{e}_{\ominus_\nu \zeta}(t_1,t_0),$$

$$\| x(t)-y(t) \|_1<\xi K_0 \| \tilde{\omega} \|_0 \hat{e}_{\ominus_\nu \zeta}(t,t_0),t\in(t_0,t_1)_{\mathbb{T}}.$$

因此，必存在常数 $c\geqslant1$ 使得

$$\| x(t_1)-y(t_1) \|_1=c\xi K_0 \| \tilde{\omega} \|_0 \hat{e}_{\ominus_\nu \zeta}(t_1,t_0), \quad (6.3.5)$$

$$\| x(t)-y(t) \|_1<c\xi K_0 \| \tilde{\omega} \|_0 \hat{e}_{\ominus_\nu \zeta}(t,t_0),t\in(t_0,t_1)_{\mathbb{T}}. \quad (6.3.6)$$

由式(6.3.5)、不等式(6.3.6)、式(6.3.2)和 $K_0>1$，有

$$\begin{aligned}
&\| x_i(t_1)-y_i(t_1) \|_{\mathcal{A}^n}\\
&=\max_{i\in I}\Big\{\Big\|(x_i(t_0)-y_i(t_0))\hat{e}_{-a_i}(t_1,t_0)+\int_{t_0}^{t_1}\hat{e}_{-a_i}(t_1,\rho(s))\times\\
&\quad(a_i(s)\int_{s-\delta_i(s)}^{s}(x_i^{\nabla}(u)-y_i^{\nabla}(u))\nabla u+\\
&\quad\sum_{j=1}^{n}b_{ij}(s)(f_j(x_j(s-\eta_{ij}(s)))-f_j(y_j(s-\eta_{ij}(s))))+\\
&\quad\sum_{j=1}^{n}c_{ij}(s)(g_j(x_j^{\nabla}(s-\tau_{ij}(s)))-g_j(y_j^{\nabla}(s-\tau_{ij}(s)))))\nabla s\Big\|_{\mathcal{A}}\Big\}\\
&<\max_{i\in I}\Big\{\|x_i(t_0)-y_i(t_0)\|_{\mathcal{A}}\hat{e}_{-a_i}(t_1,t_0)+c\xi K_0\|\tilde{\omega}\|_0\hat{e}_{\ominus_\nu\zeta}(t_1,t_0)\int_{t_0}^{t_1}\hat{e}_{-a_i}(t_1,\rho(s))\times\\
&\quad\hat{e}_{\zeta}(t_1,\rho(s))\Big(a_i^{+}\int_{s-\delta_i(s)}^{s}\hat{e}_{\zeta}(\rho(s),u)\nabla u+\sum_{j=1}^{n}b_{ij}^{+}L_j^{f}\hat{e}_{\zeta}(\rho(s),s-\eta_{ij}(s))+\\
&\quad\sum_{j=1}^{n}c_{ij}^{+}L_j^{g}\hat{e}_{\zeta}(\rho(s),s-\tau_{ij}(s))\Big)\nabla s\Big\}\\
&=\max_{i\in I}\Big\{\|x_i(t_0)-y_i(t_0)\|_{\mathcal{A}}\hat{e}_{-a_i}(t_1,t_0)+c\xi K_0\|\tilde{\omega}\|_0\hat{e}_{\ominus_\nu\zeta}(t_1,t_0)\int_{t_0}^{t_1}\hat{e}_{-a_i\oplus_\nu\zeta}(t_1,\rho(s))\times\\
&\quad(a_i^{+}\delta_i^{+}\hat{e}_{\zeta}(\rho(s),s-\delta_i(s))+\sum_{j=1}^{n}b_{ij}^{+}L_j^{f}\hat{e}_{\zeta}(\rho(s),s-\eta_{ij}(s))+
\end{aligned}$$

$$
\begin{aligned}
&\sum_{j=1}^{n}c_{ij}^{+}L_{j}^{g}\hat{e}_{\zeta}(\rho(s),s-\tau_{ij}(s)))\nabla s\Big\}\\
&\leqslant\max_{i\in I}\Big\{\|x_i(t_0)-y_i(t_0)\|_{\mathcal{A}}\,\hat{e}_{-a_i}(t_1,t_0)+c\xi K_0\|\tilde{\omega}\|_0\hat{e}_{\ominus_\nu\zeta}(t_1,t_0)\int_{t_0}^{t_1}\hat{e}_{-a_i\oplus_\nu\zeta}(t_1,\rho(s))\times\\
&\Big(a_i^{+}\delta_i^{+}\exp\Big(\zeta\Big(\delta_i^{+}+\sup_{s\in\mathbb{T}}\nu(s)\Big)\Big)+\sum_{j=1}^{n}b_{ij}^{+}L_j^{f}\exp\Big(\zeta\Big(\eta_{ij}^{+}+\sup_{s\in\mathbb{T}}\nu(s)\Big)\Big)+\\
&\sum_{j=1}^{n}c_{ij}^{+}L_j^{g}\exp\Big(\zeta\Big(\tau_{ij}^{+}+\sup_{s\in\mathbb{T}}\nu(s)\Big)\Big)\Big)\nabla s\Big\}\\
&\leqslant\max_{i\in I}\Big\{\frac{\hat{e}_{-a_i\oplus_\nu\zeta}(t_1,t_0)}{c\xi K_0}+\exp\Big(\zeta\sup_{s\in\mathbb{T}}\nu(s)\Big)(a_i^{+}\delta_i^{+}\exp(\zeta\delta_i^{+})+\sum_{j=1}^{n}b_{ij}^{+}L_j^{f}\exp(\zeta\eta_{ij}^{+})+\\
&\sum_{j=1}^{n}c_{ij}^{+}L_j^{g}\exp(\zeta\tau_{ij}^{+}))\int_{t_0}^{t_1}\hat{e}_{-a_i\oplus_\nu\zeta}(t_1,\rho(s))\nabla s\Big\}c\xi K_0\|\tilde{\omega}\|_0\hat{e}_{\ominus_\nu\zeta}(t_1,t_0)\\
&\leqslant\max_{i\in I}\Big\{\frac{\hat{e}_{-a_i\oplus_\nu\zeta}(t_1,t_0)}{c\xi K_0}+\exp\Big(\zeta\sup_{s\in\mathbb{T}}\nu(s)\Big)(a_i^{+}\delta_i^{+}\exp(\zeta\delta_i^{+})+\sum_{j=1}^{n}b_{ij}^{+}L_j^{f}\exp(\zeta\eta_{ij}^{+})+\\
&\sum_{j=1}^{n}c_{ij}^{+}L_j^{g}\exp(\zeta\tau_{ij}^{+}))\,\frac{1-\hat{e}_{-a_i\oplus_\nu\zeta}(t_1,t_0)}{a_i^{-}-\zeta}\Big\}c\xi K_0\|\tilde{\omega}\|_0\hat{e}_{\ominus_\nu\zeta}(t_1,t_0)\\
&<\max_{i\in I}\Big\{\Big[\frac{1}{K_0}-\frac{\exp\Big(\zeta\sup_{s\in\mathbb{T}}\nu(s)\Big)}{a_i^{-}-\zeta}(a_i^{+}\delta_i^{+}\exp(\zeta\delta_i^{+})+\\
&\sum_{j=1}^{n}b_{ij}^{+}L_j^{f}\exp(\zeta\eta_{ij}^{+})+\sum_{j=1}^{n}c_{ij}^{+}L_j^{g}\exp(\zeta\tau_{ij}^{+}))\Big]\hat{e}_{-a_i\oplus_\nu\zeta}(t_1,t_0)+\\
&\frac{\exp\Big(\zeta\sup_{s\in\mathbb{T}}\nu(s)\Big)}{a_i^{-}-\zeta}(a_i^{+}\delta_i^{+}\exp(\zeta\delta_i^{+})+\sum_{j=1}^{n}b_{ij}^{+}L_j^{f}\exp(\zeta\eta_{ij}^{+})+\\
&\sum_{j=1}^{n}c_{ij}^{+}L_j^{g}\exp(\zeta\tau_{ij}^{+}))\Big\}c\xi K_0\|\tilde{\omega}\|_0\hat{e}_{\ominus_\nu\zeta}(t_1,t_0)\\
&<c\xi K_0\|\tilde{\omega}\|_0\hat{e}_{\ominus_\nu\zeta}(t_1,t_0).
\end{aligned}
$$

类似地，由式(6.3.2)，有

$$
\begin{aligned}
&\|x_i^{\nabla}(t_1)-y_i^{\nabla}(t_1)\|_{\mathcal{A}^n}\\
&<\max_{i\in I}\Big\{a_i^{+}\|\tilde{\omega}\|_0\hat{e}_{-a_i}(t_1,t_0)+c\xi K_0\|\tilde{\omega}\|_0\hat{e}_{\ominus_\nu\zeta}(t_1,t_0)\Big(a_i^{+}\int_{t_1-\delta_i(t_1)}^{t_1}\hat{e}_{\zeta}(t_1,u)\nabla u+
\end{aligned}
$$

$$
\sum_{j=1}^{n} b_{ij}^{+} L_j^f \hat{e}_\zeta(t_1, t_1 - \eta_{ij}(t_1)) + \sum_{j=1}^{n} c_{ij}^{+} L_j^g \hat{e}_\zeta(t_1, t_1 - \tau_{ij}(t_1))\Big) +
$$

$$
a_i^{+} c \xi K_0 \| \tilde{\omega} \|_0 \hat{e}_{\ominus_\nu \zeta}(t_1, t_0) \int_{t_0}^{t_1} \hat{e}_{-a_i \oplus_\nu \zeta}(t_1, \rho(s)) (a_i^{+} \delta_i^{+} \hat{e}_\zeta(\rho(s), s - \delta_i(s)) +
$$

$$
\sum_{j=1}^{n} b_{ij}^{+} L_j^f \hat{e}_\zeta(\rho(s), s - \eta_{ij}(s)) + \sum_{j=1}^{n} c_{ij}^{+} L_j^g \hat{e}_\zeta(\rho(s), s - \tau_{ij}(s))) \nabla s \Big\}
$$

$$
\leqslant \max_{i \in I} \Big\{ a_i^{+} \| \tilde{\omega} \|_0 \hat{e}_{-a_i}(t_1, t_0) + c \xi K_0 \| \tilde{\omega} \|_0 \hat{e}_{\ominus_\nu \zeta}(t_1, t_0) (a_i^{+} \delta_i^{+} \exp(\zeta \delta_i^{+}) +
$$

$$
\sum_{j=1}^{n} b_{ij}^{+} L_j^f \exp(\zeta \eta_{ij}^{+}) + \sum_{j=1}^{n} c_{ij}^{+} L_j^g \exp(\zeta \tau_{ij}^{+})) \times
$$

$$
(1 + a_i^{+} \exp\Big(\zeta \sup_{s \in \mathbb{T}} \nu(s)\Big) \int_{t_0}^{t_1} \hat{e}_{-a_i \oplus_\nu \zeta}(t_1, \rho(s)) \nabla s) \Big\}
$$

$$
< \max_{i \in I} \Big\{ \Big[\frac{1}{K_0} - \frac{\exp\Big(\zeta \sup_{s \in \mathbb{T}} \nu(s)\Big)}{a_i^{-} - \zeta} (a_i^{+} \delta_i^{+} \exp(\zeta \delta_i^{+}) + \sum_{j=1}^{n} b_{ij}^{+} L_j^f \exp(\zeta \eta_{ij}^{+}) +
$$

$$
\sum_{j=1}^{n} c_{ij}^{+} L_j^g \exp(\zeta \tau_{ij}^{+})) \Big] \hat{e}_{-a_i \oplus_\nu \zeta}(t_1, t_0) + \left(1 + \frac{a_i^{+} \exp\Big(\zeta \sup_{s \in \mathbb{T}} \nu(s)\Big)}{a_i^{-} - \zeta} \right) \times
$$

$$
(a_i^{+} \delta_i^{+} \exp(\zeta \delta_i^{+}) + \sum_{j=1}^{n} b_{ij}^{+} L_j^f \exp(\zeta \eta_{ij}^{+}) +
$$

$$
\sum_{j=1}^{n} c_{ij}^{+} L_j^g \exp(\zeta \tau_{ij}^{+})) \Big\} c \xi K_0 \| \tilde{\omega} \|_0 \hat{e}_{\ominus_\nu \zeta}(t_1, t_0)
$$

$$
< c \xi K_0 \| \tilde{\omega} \|_0 \hat{e}_{\ominus_\nu \zeta}(t_1, t_0).
$$

因此

$$
\| Z(t_1) \|_1 < c \xi K_0 \| \tilde{\omega} \|_0 \hat{e}_{\ominus_\nu \zeta}(t_1, t_0),
$$

这与式(6.3.5)矛盾,因此式(6.3.4)成立.令 $\xi \to 1$,则有式(6.3.3)成立.因此根据定义 6.2,系统(6.2.8)的加权伪概周期解是全局指数稳定的.证毕.

6.4　数值例子

本节给出了一个数值例子说明已得结果的有效性.

例 6.1 在系统(6.2.8)中，令 $\tilde{m}=3$，$n=2$，权函数$\varrho(t)=e^{-|t|}$并取系数如下：

$$f_j(x)=g_j(x)=\frac{1}{120}e_0\sin(x^2+x^0)+\frac{3}{400}\cos(x^1+x^{12})e_1+\frac{1}{150}e_2\tanh x^{12}+\frac{1}{130}e_3\sin(x^{13}+x^1)+\frac{\sqrt{3}}{210}e_{12}\sin\sqrt{3}x^{12}+\frac{3}{500}\cos(x^2+x^{13})e_{13}+\frac{1}{185}e_{23}\tanh x^{23}+\frac{1}{150}e_{123}\sin(x^{123}+x^3),$$

$$u_1(t)=0.3e_0\cos 2t+0.35e_1\cos 3t+0.25e_2\sin 4t+0.45e_3\cos\sqrt{3}t+0.15e_{12}\cos 2t+0.4e_{13}\cos 2t+0.5e_{23}\sin\sqrt{2}t+0.2e_{123}\sin\sqrt{2}t,$$

$$u_2(t)=0.25e_0\cos 2t+0.3e_1\sin 3t+0.2e_2\cos 2t+0.35e_3\sin\sqrt{3}t+0.4e_{12}\cos 3t+0.3e_{13}\sin 2t+0.25e_{23}\sin\sqrt{2}t+0.3e_{123}\sin\sqrt{2}t,$$

$$b_{11}(t)=b_{12}(t)=0.001e_0\cos\sqrt{2}t+0.003e_1\sin 3t+0.003e_3\cos\sqrt{3}t+0.0015e_{12}\sin 2t+0.004e_{13}\cos 4t+0.004e_{23}\cos\sqrt{5}t+0.001e_{123}\sin\sqrt{7}t,$$

$$b_{21}(t)=b_{22}(t)=0.002e_0\sin 3t+0.003e_2\cos\sqrt{3}t+0.0015e_{12}\cos 2t+0.003e_{13}\sin 5t+0.001e_{123}\cos\sqrt{2}t,$$

$$c_{11}(t)=c_{22}(t)=0.0015e_0\cos 3t+0.003e_3\sin 9t+0.005e_{12}\cos 2t+0.004e_{23}\sin\sqrt{2}t+0.001e_{123}\sin\sqrt{2}t,$$

$$c_{12}(t)=c_{21}(t)=0.002e_0\cos 3t+0.003e_2\sin\sqrt{5}t+0.001e_3\sin 2t+0.0015e_{12}\cos 2t+0.004e_{13}\cos 4t,$$

$$a_1(t)=0.95-0.01\sin\sqrt{2}t,a_2(t)=0.9+0.03\cos 3t,\tau_{ij}(t)=2e^{-2\left|\cos\left(\pi t+\frac{3\pi}{2}\right)\right|},$$

$$\delta_i(t)=\frac{1}{3}\left|\cos\left(\pi t+\frac{\pi}{2}\right)\right|,\eta_{ij}(t)=e^{-|\sin 2\pi t|},i,j=1,2.$$

显然，(A_1)成立. 通过计算，有 $a_1^-=0.94,a_2^-=0.87,a_1^+=0.96,a_2^+=0.93$，

$L_1^f=L_2^f=L_1^g=L_2^g=\frac{1}{70}$，$\|f(0)\|_{\mathcal{A}}=\|g(0)\|_{\mathcal{A}}=\frac{3}{400}$，$b_{11}^+=b_{12}^+=0.004$，

$b_{21}^{+}=b_{22}^{+}=0.003$，$c_{11}^{+}=c_{22}^{+}=0.005$，$c_{12}^{+}=c_{21}^{+}=0.004$，$u_{1}^{+}=0.5$，$u_{2}^{+}=0.4$.

对于 $i,j=1,2$，当$\mathbb{T}=\mathbb{R}$时，得

$$\delta_i^{+}=\frac{1}{3},P_1\approx 1.4609,P_2\approx 1.3308,Q_1\approx 0.3202,Q_2\approx 0.3102,$$

$$\max\left\{\frac{P_1}{a_1^{-}},\frac{P_2}{a_2^{-}},P_1\left(1+\frac{a_1^{+}}{a_1^{-}}\right),P_2\left(1+\frac{a_2^{+}}{a_2^{-}}\right)\right\}$$

$$\approx\max\{1.5541,1.5297,2.9529,2.7534\}=2.9529<\Upsilon=3$$

和

$$\max\left\{\frac{Q_1}{a_1^{-}},\frac{Q_2}{a_2^{-}},Q_1\left(1+\frac{a_1^{+}}{a_1^{-}}\right),Q_2\left(1+\frac{a_2^{+}}{a_2^{-}}\right)\right\}$$

$$\approx\max\{0.3406,0.3566,0.6472,0.6418\}=0.6472=\kappa<1,$$

当$\mathbb{T}=\mathbb{Z}$时，得

$$\delta_i^{+}=0,P_1\approx 0.8009,P_2\approx 0.4008,Q_1=Q_2\approx 0.0002,$$

$$\max\left\{\frac{P_1}{a_1^{-}},\frac{P_2}{a_2^{-}},P_1\left(1+\frac{a_1^{+}}{a_1^{-}}\right),P_2\left(1+\frac{a_2^{+}}{a_2^{-}}\right)\right\}$$

$$\approx\max\{0.8520,0.4607,1.6188,0.8292\}=1.6188<\Upsilon=3,$$

$$\max\left\{\frac{Q_1}{a_1^{-}},\frac{Q_2}{a_2^{-}},Q_1\left(1+\frac{a_1^{+}}{a_1^{-}}\right),Q_2\left(1+\frac{a_2^{+}}{a_2^{-}}\right)\right\}$$

$$\approx\max\{0.00021,0.00023,0.00040,0.00041\}=0.00041=\kappa<1.$$

因此，无论$\mathbb{T}=\mathbb{R}$还是$\mathbb{T}=\mathbb{Z}$，都有$-a_i\in\mathcal{R}_{\nu}^{+}$，$i=1,2$ 且容易验证定理 6.2 中的所有条件都成立. 因此，例 6.1 在系统(6.2.8)中存在唯一几乎自守解，该解是指数稳定的. 通过 MATLAB 进行仿真，图 6.1 至 6.8 显示了系统(6.2.8)的状态轨迹变量 $x_1(t)$、$x_2(t)$、$x_1(n)$ 和 $x_2(n)$的时间响应.

图 6.1 具有初始值

$$(x_1^0(0),x_2^0(0))^{\mathrm{T}}=(0.1,-0.2)^{\mathrm{T}},(-0.4,0.3)^{\mathrm{T}},(0.7,-0.8)^{\mathrm{T}},$$

$$(x_1^1(0),x_2^1(0))^{\mathrm{T}}=(-0.3,0.4)^{\mathrm{T}},(0.2,-0.5)^{\mathrm{T}},(-0.1,0.5)^{\mathrm{T}}.$$

图 6.2 具有初始值

$$(x_1^2(0),x_2^2(0))^{\mathrm{T}}=(-0.2,-0.3)^{\mathrm{T}},(0.1,0.25)^{\mathrm{T}},(0.2,-0.1)^{\mathrm{T}},$$

$$(x_1^3(0),x_2^3(0))^{\mathrm{T}}=(0.1,-0.5)^{\mathrm{T}},(0.5,1)^{\mathrm{T}},(-0.7,-0.3)^{\mathrm{T}}.$$

图 6.3 具有初始值

$$(x_1^{12}(0),x_2^{12}(0))^{\mathrm{T}}=(0.3,-0.4)^{\mathrm{T}},(0.6,0.4)^{\mathrm{T}},(-0.1,-0.7)^{\mathrm{T}},$$

$$(x_1^{13}(0),x_2^{13}(0))^{\mathrm{T}}=(-0.1,0.2)^{\mathrm{T}},(-0.5,0.4)^{\mathrm{T}},(-0.2,0.5)^{\mathrm{T}}.$$

图 6.4 具有初始值

$$(x_1^{23}(0),x_2^{23}(0))^{\mathrm{T}}=(0.3,1)^{\mathrm{T}},(-0.7,0.7)^{\mathrm{T}},(-1,-0.3)^{\mathrm{T}},$$

$$(x_1^{123}(0),x_2^{123}(0))^{\mathrm{T}}=(0.4,-0.5)^{\mathrm{T}},(0.6,0.2)^{\mathrm{T}},(-0.1,-0.3)^{\mathrm{T}}.$$

图 6.5 具有初始值

$$(x_1^0(0),x_2^0(0))^{\mathrm{T}}=(0.2,-0.1)^{\mathrm{T}},(-0.3,0.3)^{\mathrm{T}},(0.5,-0.4)^{\mathrm{T}},$$

$$(x_1^1(0),x_2^1(0))^{\mathrm{T}}=(-0.4,0.2)^{\mathrm{T}},(0.5,-0.5)^{\mathrm{T}},(-0.6,-0.1)^{\mathrm{T}}.$$

图 6.6 具有初始值

$$(x_1^2(0),x_2^2(0))^{\mathrm{T}}=(0.2,-0.1)^{\mathrm{T}},(-0.25,0.15)^{\mathrm{T}},(0.1,-0.2)^{\mathrm{T}},$$

$$(x_1^3(0),x_2^3(0))^{\mathrm{T}}=(0.1,0.5)^{\mathrm{T}},(-0.5,-0.2)^{\mathrm{T}},(0.3,-0.4)^{\mathrm{T}}.$$

图 6.7 具有初始值

$$(x_1^{12}(0),x_2^{12}(0))^{\mathrm{T}}=(0.3,-0.2)^{\mathrm{T}},(-0.6,0.5)^{\mathrm{T}},(-0.1,-0.3)^{\mathrm{T}},$$

$$(x_1^{13}(0),x_2^{13}(0))^{\mathrm{T}}=(0.1,0.3)^{\mathrm{T}},(-0.2,-0.15)^{\mathrm{T}},(-0.5,-0.1)^{\mathrm{T}}.$$

图 6.8 具有初始值

$$(x_1^{23}(0),x_2^{23}(0))^{\mathrm{T}}=(0.2,-0.3)^{\mathrm{T}},(-0.7,-0.5)^{\mathrm{T}},(0.5,0.7)^{\mathrm{T}},$$

$$(x_1^{123}(0),x_2^{123}(0))^{\mathrm{T}}=(0.4,0.2)^{\mathrm{T}},(-0.05,-0.3)^{\mathrm{T}},(-0.4,0.25)^{\mathrm{T}}.$$

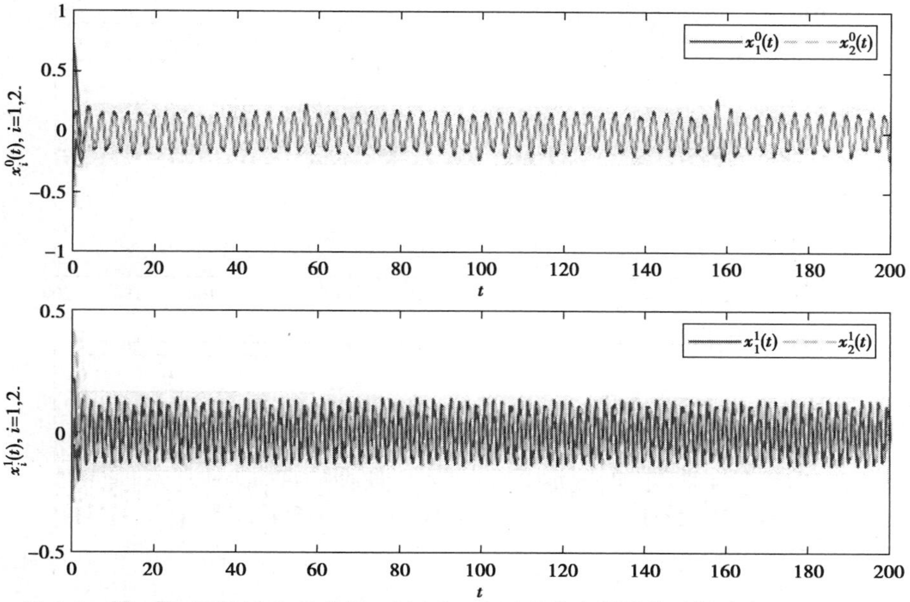

图 6.1　$\mathbb{T}=\mathbb{R}$. 系统(6.2.8)的解 $x_i^0(t)$和 $x_i^1(t)$的状态轨线的时间响应，($i=1,2$)

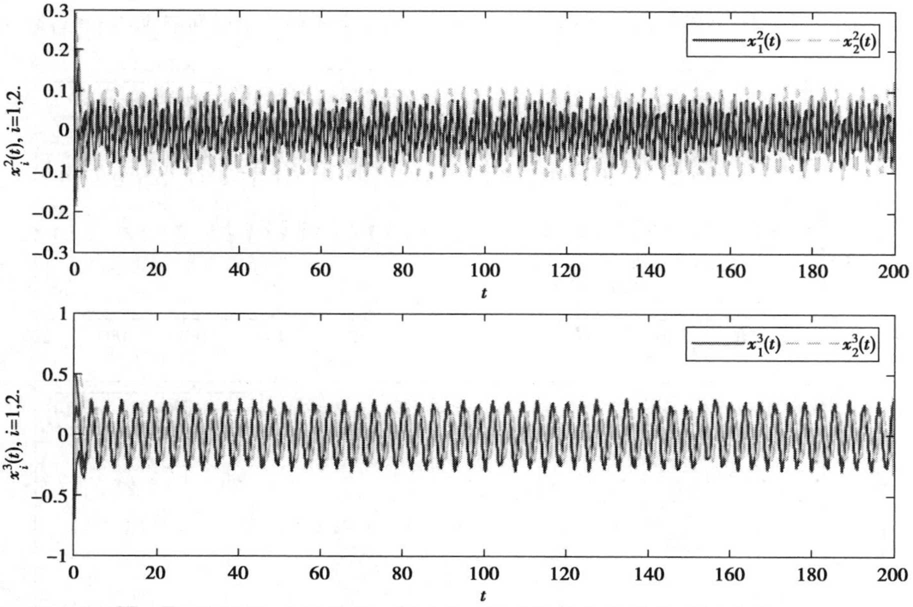

图 6.2　$\mathbb{T}=\mathbb{R}$. 系统(6.2.8)的解 $x_i^2(t)$和 $x_i^3(t)$的状态轨线的时间响应，($i=1,2$)

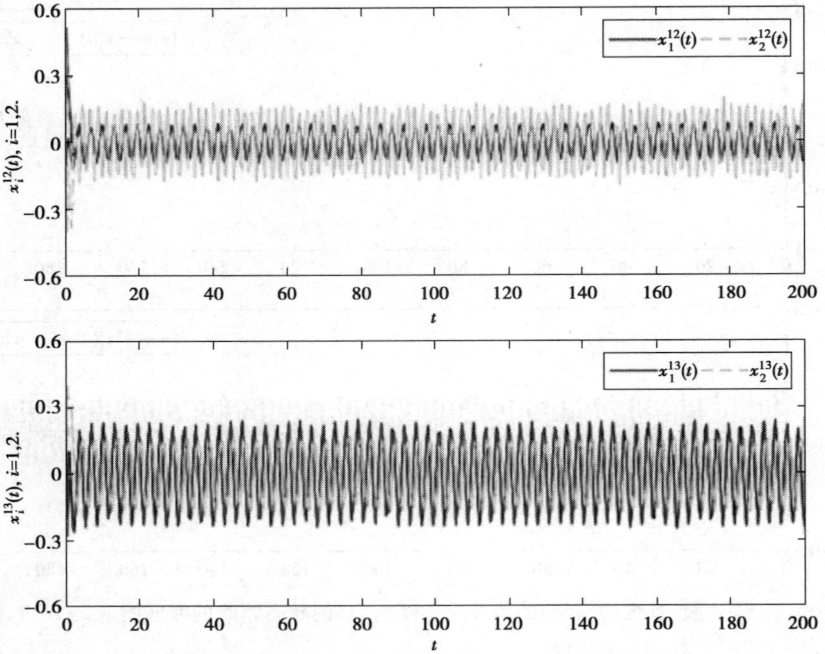

图 6.3 $\mathbb{T}=\mathbb{R}$. 系统(6.2.8)的解 $x_i^{12}(t)$ 和 $x_i^{13}(t)$ 的状态轨线的时间响应，$(i=1,2)$

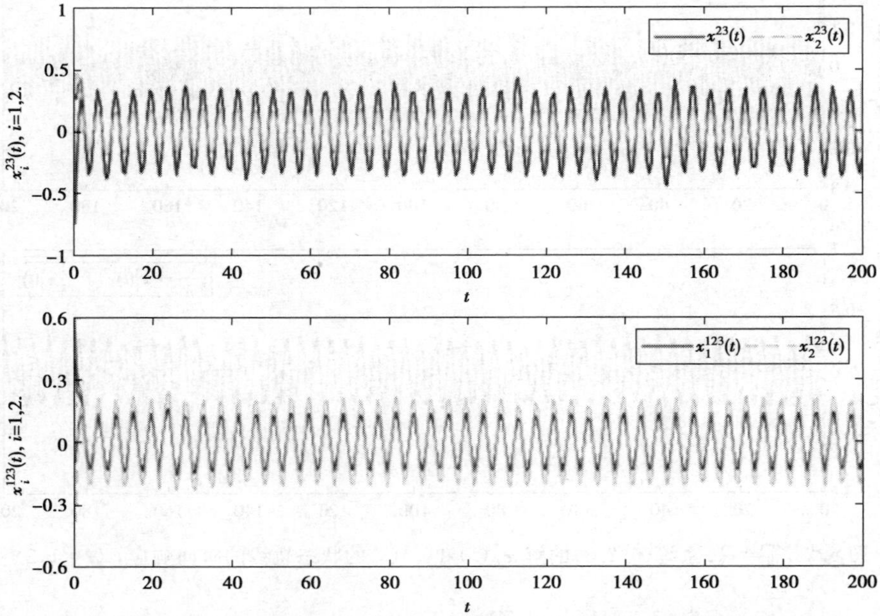

图 6.4 $\mathbb{T}=\mathbb{R}$. 系统(6.2.8)的解 $x_i^{23}(t)$ 和 $x_i^{123}(t)$ 的状态轨线的时间响应，$(i=1,2)$

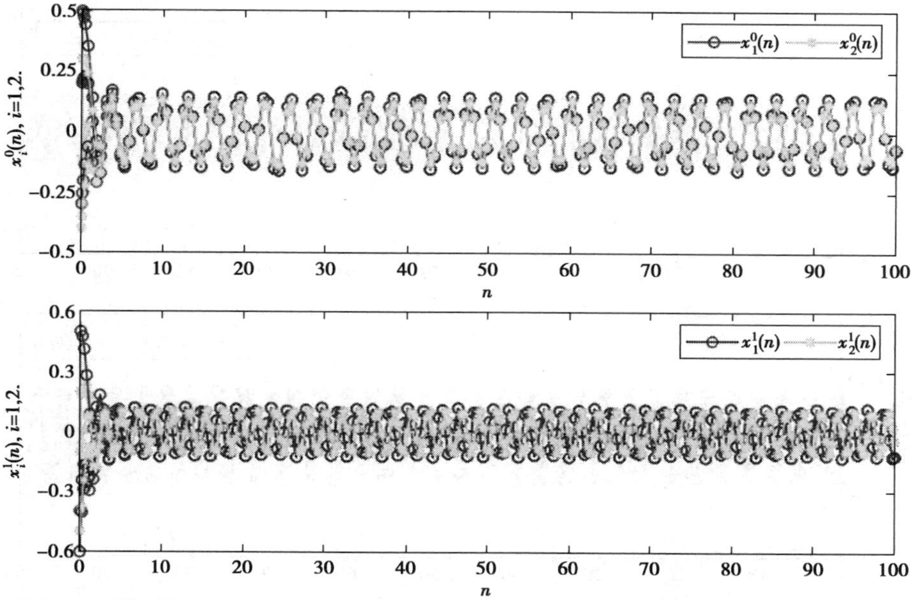

图 6.5 $\mathbb{T}=\mathbb{Z}$. 系统(6.2.8)的解 $x_i^0(n)$和 $x_i^1(n)$的状态轨线的时间响应，$(i=1,2)$

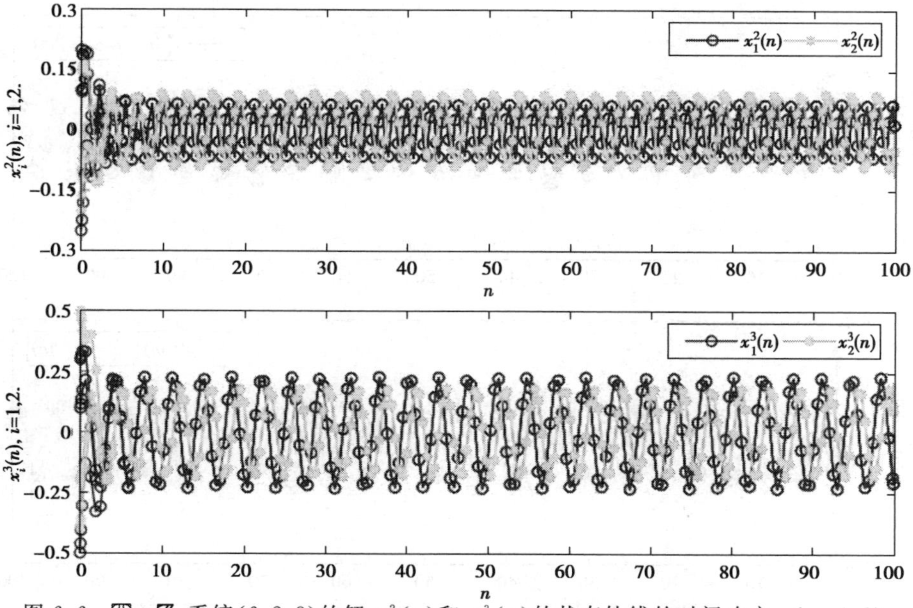

图 6.6 $\mathbb{T}=\mathbb{Z}$. 系统(6.2.8)的解 $x_i^2(n)$和 $x_i^3(n)$的状态轨线的时间响应，$(i=1,2)$

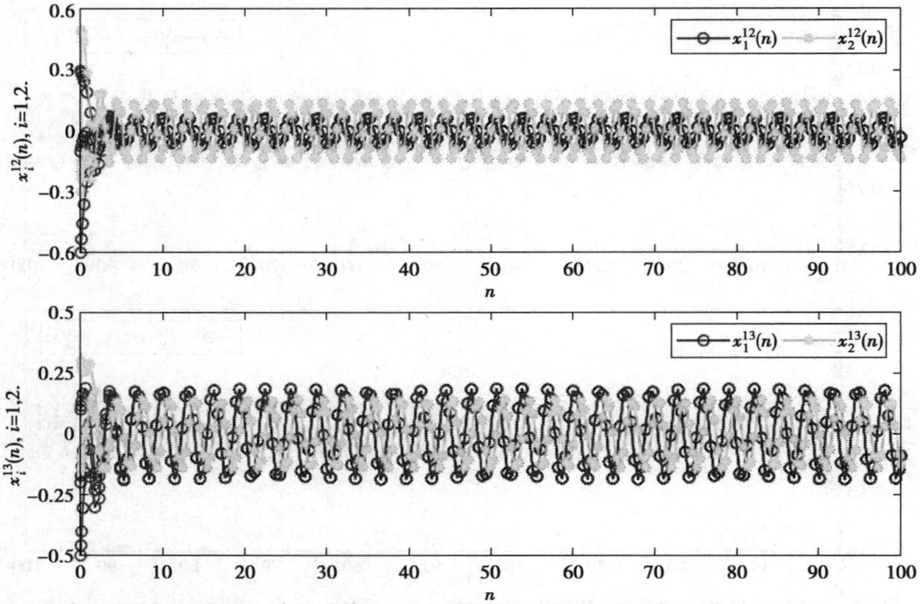

图 6.7 $\mathbb{T}=\mathbb{Z}$. 系统(6.2.8)的解 $x_i^{12}(n)$和 $x_i^{13}(n)$的状态轨线的时间响应，($i=1,2$)

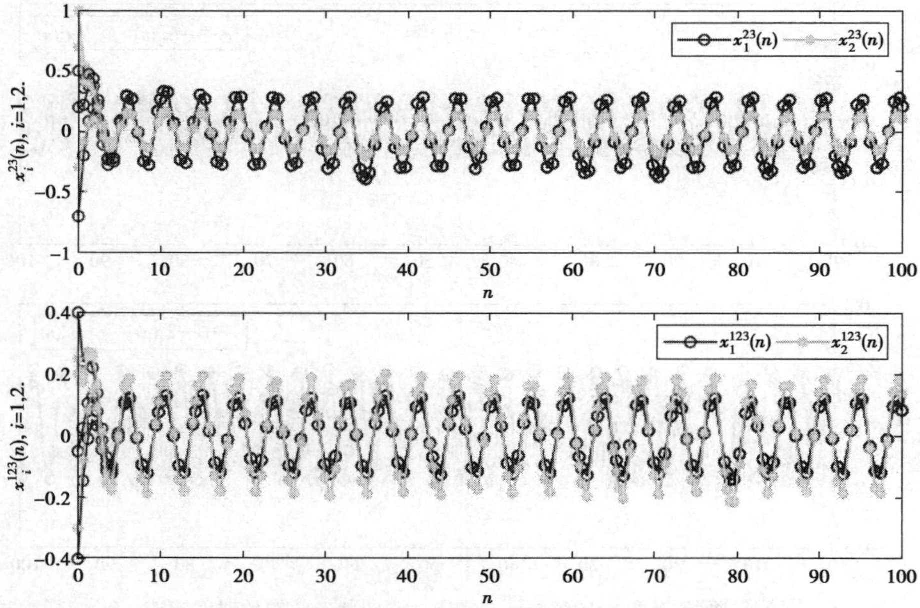

图 6.8 $\mathbb{T}=\mathbb{Z}$. 系统(6.2.8)的解 $x_i^{23}(n)$和 $x_i^{123}(n)$的状态轨线的时间响应，($i=1,2$)

6.5 小　结

本章考虑了时标上一类具有连接项时滞的中立型 Clifford 值细胞神经网络. 首先,介绍了各种类型的时滞对神经网络的动力学行为的影响，时标上 Clifford 值加权伪概周期函数基本理论,包括定义、运算和性质等以及研究模型;其次,通过 Banach 不动点定理和时标上的微积分理论,结合不分解的方法直接得到了时标上该类 Clifford 值神经网络的加权伪概周期解的存在性；再次，在不对 Clifford 值神经网络进行实分解的情况下，通过反证法获得了能保证时标上该 Clifford 值神经网络的加权伪概周期解的指数稳定性的充分判据；最后，通过一个数值例子验证了我们的结果的可行和有效性.

第 7 章　时标上具连接项时滞的中立型 Clifford 值模糊细胞神经网络的几乎自守解

7.1　引　言

在神经网络的设计，实现和应用中，神经网络的动力学具有重要意义. 周期性和概周期性是连接项时滞的细胞神经网络的非常重要的动力学行为. 在现实世界里，几乎自守性比周期性和概周期性更为普遍，并且在更好地理解概周期性方面起着非常重要的作用. 因此，研究神经网络的几乎自守振荡具有重要的理论和实际意义. 目前，有一些关于连续时间神经网络几乎自守性振荡的成果. 但是，关于离散时间神经网络的几乎自守性振荡的成果还很少. 据了解，时标上 Clifford 值模糊细胞神经网络的几乎自守性振荡的成果还没有.

基于以上的讨论，本章主要是在时标上提出了一类非 D 算子型中立型的 Clifford 值模糊细胞神经网络模型，并研究了该 Clifford 值神经网络的几乎自守解的存在性和稳定性问题.

本章的结构如下：在第 7.2 节中，介绍了研究的模型和预备知识，为后面的小节做准备. 在第 7.3 节中，得到了系统(7.2.4)几乎自守解的存在性和全局指数稳定性的一些充分条件. 在第 7.4 节中，举了一个例子来证明我们的结果的可行性. 最后，在第 7.5 节得出结论.

7.2　模型描述和预备知识

对任意 $x=\sum_{A}x^{A}\in\mathcal{A}$ 定义其范数为 $\|x\|=\max_{A\in\Lambda}\{|x^{A}|\}$；对任意 $x=(x_1,x_2,\cdots,x_n)^{\mathrm{T}}\in\mathcal{A}^n$ 定义其范数为 $\|x\|_{\mathcal{A}^n}=\max_{p\in\mathcal{I}_n}\{\|x_p\|\}$，其中 $\mathcal{I}_n:=\{1,2,\cdots,n\}$.

对于 $f\in BC(\mathbb{T},\mathcal{A}^n)$，定义 $\|f\|_{\infty}=\sup_{t\in\mathbb{T}}\{\|f\|_{\mathcal{A}^n}\}$，然后具有范数 $\|\cdot\|_{\infty}$ 的 $BC(\mathbb{T},\mathcal{A}^n)$ 为 Banach 空间.

类似文献[140]中定义 4.2，可定义：

定义 7.1　称函数 $f\in BC(\mathbb{T},\mathbb{R})$ 是几乎自守的，若对任意序列 $\{\alpha_n'\}\subset\Pi$，存在子序列 $\{\alpha_n\}\subset\{\alpha_n'\}$，使得

$$f^*(t):=\lim_{n\to\infty}f(t+\alpha_n)$$

对任意 $t\in\mathbb{T}$ 为良定义，且

$$\lim_{n\to\infty}f^*(t-\alpha_n)=f(t)$$

对任意 $t\in\mathbb{T}$ 成立.

记时标 $\mathbb{T}$ 上所有几乎自守函数的集合为 $AA(\mathbb{T},\mathcal{A}^n)$.

引理 7.1[141,142]　若 $c\in\mathbb{R}$，$f,g\in AA(\mathbb{T},\mathcal{A}^n)$，则 $cf,f+g,f\cdot g\in AA(\mathbb{T},\mathcal{A}^n)$.

引理 7.2[141,142]　若函数 $f\in C(\mathcal{A}^n,\mathcal{A}^n)$ 满足李普希茨条件，$g\in AA(\mathbb{T},\mathcal{A}^n)$，则 $f(g(\cdot))\in AA(\mathbb{T},\mathcal{A}^n)$.

引理 7.3[140]　$(AA(\mathbb{T},\mathcal{A}^n),\|\cdot\|_{\infty})$ 是 Banach 空间.

引理 7.4　若 $x\in C^1(\mathbb{T},\mathcal{A})$，$x,x^{\Delta}\in AA(\mathbb{T},\mathcal{A})$，$\tau\in UC(\mathbb{T},\mathbb{R})\cap AA(\mathbb{T},\Pi)$，则 $x(\cdot-\tau(\cdot))\in AA(\mathbb{T},\mathcal{A})$.

证明　在引理假设下，易得 $x(t-\tau(t))$ 在时标 $\mathbb{T}$ 上是一致连续的. 因此，对

任意给定的$\epsilon>0$，存在$\delta=\frac{\epsilon}{2}$使得若$t_1,t_2\in\mathbb{T}$，且$|t_1-t_2|<\delta$，则

$$\|x(t_1)-x(t_2)\|<\frac{\epsilon}{2}.$$

由$x\in AA(\mathbb{T},\mathcal{A})$和$\tau\in AA(\mathbb{T},\Pi)$，对任意序列$\{s_n\}\subset\Pi$，存在子序列$\{s'_n\}\subset\{s_n\}$使得

$$x^*(t):=\lim_{n\to\infty}x(t+s'_n)\text{和}\lim_{n\to\infty}x^*(t-s'_n)=x(t),$$

对任意$t\in\mathbb{T}$为良定义，且

$$\tau^*(t):=\lim_{n\to\infty}\tau(t+s'_n)\text{和}\lim_{n\to\infty}\tau^*(t-s'_n)=\tau(t)$$

对任意$t\in\mathbb{T}$成立. 因此，对任意$t\in\mathbb{T}$，存在自然数N使得

$$\|x(t+s'_n)-x^*(t)\|<\frac{\epsilon}{2}\text{和}|\tau(t+s'_n)-\tau^*(t)|<\frac{\epsilon}{2}$$

对于$N>n$. 从而，对于$N>n$，有

$$\begin{aligned}&\|x(t+s'_n-\tau(t+s'_n))-x^*(t-\tau^*(t))\|\\ \leqslant&\|x(t+s'_n-\tau(t+s'_n))-x^*(t+s'_n-\tau^*(t))\|+\\ &\|x(t+s'_n-\tau^*(t))-\bar{x}(t-\tau^*(t))\|<\epsilon,\end{aligned}$$

由此可得$\{x(t+s'_n-\tau(t+s'_n))\}$收敛于$x^*(t-\tau^*(t))$对任意$t\in\mathbb{T}$成立. 同理可证$\{x^*(t-s'_n-\tau^*(t-s'_n))\}$收敛于$x(t-\tau(t))$对任意$t\in\mathbb{T}$成立. 因此，$x(\cdot-\tau(\cdot))\in AA(\mathbb{T},\mathcal{A})$. 证毕.

引理 7.5 若$\alpha_i,\beta_i\in AA(\mathbb{T},\mathcal{A}),i\in\mathcal{I}_n$，则$\bigwedge_{i=1}^{n}\alpha_i(\cdot)\beta_i(\cdot),\bigvee_{i=1}^{n}\alpha_i(\cdot)\beta_i(\cdot)\in AA(\mathbb{T},\mathcal{A})$.

证明 因为$\alpha_i,\beta_i\in AA(\mathbb{T},\mathcal{A}),i\in\mathcal{I}_n$，所以对任意序列$\{s_n\}\subset\Pi$，存在子序列$\{s'_n\}\subset\{s_n\}$使得

$$\alpha_i^*(t):=\lim_{n\to\infty}\alpha_i(t+s'_n)\text{和}\beta_i^*(t):=\lim_{n\to\infty}\beta_i(t+s'_n)$$

对任意$t\in\mathbb{T}$为良定义，且

$$\lim_{n\to\infty}\alpha_i^*(t-s'_n)=\alpha_i(t)\text{和}\lim_{n\to\infty}\beta_i^*(t-s'_n)=\beta_i(t)$$

对任意$t\in\mathbb{T}$成立.

令

$$A(t)=\bigwedge_{i=1}^{n}\alpha_i(t)\beta_i(t)$$

和

$$A^*(t)=\bigwedge_{i=1}^{n}\alpha_i^*(t)\beta_i^*(t),$$

可得

$$\begin{aligned}
&\| A(t+s_n')-A^*(t)\| \\
&\| \bigwedge_{i=1}^{n}\alpha_i(t+s_n')\beta_i(t+s_n')-\bigwedge_{i=1}^{n}\alpha_i^*(t)\beta_i^*(t)\| \\
\leqslant &\| \bigwedge_{i=1}^{n}\alpha_i(t+s_n')\beta_i(t+s_n')-\bigwedge_{i=1}^{n}\alpha_i^*(t)\beta_i(t+s_n')\| + \\
&\| \bigwedge_{i=1}^{n}\alpha_i^*(t)\beta_i(t+s_n')-\bigwedge_{i=1}^{n}\alpha_i^*(t)\beta_i^*(t)\| \\
\leqslant &\sum_{i=1}^{n}\|\beta_i(t+s_n')\|\ \|\alpha_i(t+s_n')-\alpha_i^*(t)\| + \\
&\sum_{i=1}^{n}\|\alpha_i^*(t)\|\ \|\beta_i(t+s_n')-\beta_i^*(t)\|. \qquad (7.2.1)
\end{aligned}$$

并且,因为 $\alpha_i, i\in\mathcal{I}_n$ 是概自守函数，所以 $\alpha_i^*2, i\in\mathcal{I}_n$ 有界. 对式(7.2.1)两边求极限，可得

$$\lim_{n\to\infty}A(t+s_n')=A^*(t)$$

对任意 $t\in\mathbb{T}$成立,类似可证

$$\lim_{n\to\infty}A^*(t-s_n')=A(t)$$

对任意 $t\in\mathbb{T}$成立. 因此,

$$\bigwedge_{i=1}^{n}\alpha_i(\cdot)\beta_i(\cdot)\in AA(\mathbb{T},\mathcal{A}).$$

类似地,可得

$$\bigvee_{i=1}^{n}\alpha_i(\cdot)\beta_i(\cdot)\in AA(\mathbb{T},\mathcal{A}).$$

证毕.

引理 7.6　若 $a,b\in C(\mathbb{T},\mathbb{R}^+)$，$-a,-b\in\mathcal{R}^+$ 和 $t,s\in\mathbb{T},\eta\in\Pi$,则 $e_{-a}(t+\eta,\sigma(s+\eta))-e_{-b}(t,\sigma(s))=\int_{\sigma(s)}^{t}e_{-b}(t,\sigma(\theta))(b(\theta)-a(\theta+\eta))e_{-a}(\theta+\eta,\sigma(s+$

$\eta))\Delta\theta$ 成立.

证明 根据$(e_{-a}(t,s))^{\Delta}=-a(t)e_{-a}(t,s)$,有下列成立:

$$(e_{-a}(t+\eta,\sigma(s+\eta)))^{\Delta}+b(t)e_{-a}(t+\eta,\sigma(s+\eta))$$
$$=(b(t)-a(t+\eta))e_{-a}(t+\eta,\sigma(s+\eta)). \tag{7.2.2}$$

然后,用$e_{-b}(\sigma(s),\sigma(t))$同时乘以等式(7.2.2)的两边,并在$[\sigma(s),t]_{\mathbb{T}}$上积分,可得

$$\int_{\sigma(s)}^{t}(e_{-a}(\theta+\eta,\sigma(s+\eta)))^{\Delta}e_{-b}(\sigma(s),\sigma(\theta))\Delta\theta+$$
$$\int_{\sigma(s)}^{t}b(\theta)e_{-a}(\theta+\eta,\sigma(s+\eta))e_{-b}(\sigma(s),\sigma(\theta))\Delta\theta$$
$$=\int_{\sigma(s)}^{t}e_{-b}(\sigma(s),\sigma(\theta))(b(\theta)-a(\theta+\eta))e_{-a}(\theta+\eta,\sigma(s+\eta))\Delta\theta.$$

由$[e_p(c,\cdot)]^{\Delta}=-p[e_p(c,\cdot)]^{\sigma}$ 和$\sigma(s+\eta)=\sigma(s)+\eta$,有

$$\int_{\sigma(s)}^{t}e_{-b}(\sigma(s),\sigma(\theta))(b(\theta)-a(\theta+\eta))e_{-a}(\theta+\eta,\sigma(s+\eta))\Delta\theta$$
$$=\int_{\sigma(s)}^{t}((e_{-a}(\theta+\eta,\sigma(s+\eta)))^{\Delta}e_{-b}(\sigma(s),\sigma(\theta))+$$
$$e_{-a}(\theta+\eta,\sigma(s+\eta))(e_{-b}(\sigma(s),\theta))^{\Delta})\Delta\theta$$
$$=\int_{\sigma(s)}^{t}(e_{-a}(\theta+\eta,\sigma(s+\eta))e_{-b}(\sigma(s),\theta))^{\Delta}\Delta\theta$$
$$=e_{-a}(t+\eta,\sigma(s+\eta))e_{-b}(\sigma(s),t)-1. \tag{7.2.3}$$

然后,用$e_{-b}(t,\sigma(s))$同时乘以等式(7.2.3)两边,可得

$$e_{-a}(t+\eta,\sigma(s+\eta))-e_{-b}(t,\sigma(s))$$
$$=\int_{\sigma(s)}^{t}e_{-b}(t,\sigma(s))e_{-b}(\sigma(s),\sigma(\theta))(b(\theta)-a(\theta+\eta))e_{-a}(\theta+\eta,\sigma(s+\eta))\Delta\theta$$
$$=\int_{\sigma(s)}^{t}e_{-b}(t,\sigma(\theta))(b(\theta)-a(\theta+\eta))e_{-a}(\theta+\eta,\sigma(s+\eta))\Delta\theta.$$

证毕.

引理 7.7 设$f\in AA(\mathbb{R},\mathbb{R}^{+})$且$\inf\limits_{t\in\mathbb{T}}\{1-f(t)\mu(t)\}>0$,则$-f,-f^{*}\in\mathcal{R}^{+}$,其中$f^{*}$由定义 7.1 所给出.

本章主要考虑了以下时标上具有连接项时滞的中立型的 Clifford 值模糊细胞神经网络：

$$
\begin{aligned}
x_i^{\Delta}(t) = & -a_i(t)x_i(t-\delta_i(t)) + \sum_{j=1}^{n} b_{ij}(t)f_j(x_j(t-\sigma_{ij}(t))) + \\
& \sum_{j=1}^{n} \widetilde{b}_{ij}(t)\widetilde{f}_j(x_j^{\Delta}(t-\widetilde{\sigma}_{ij}(t))) + \bigwedge_{j=1}^{n} \alpha_{ij}(t)g_j(x_j(t-\tau_{ij}(t))) + \\
& \bigvee_{j=1}^{n} \widetilde{\alpha}_{ij}(t)\widetilde{g}_j(x_j(t-\widetilde{\tau}_{ij}(t))) + \bigwedge_{j=1}^{n} \beta_{ij}(t)h_j(x_j^{\Delta}(t-\zeta_{ij}(t))) + \\
& \bigvee_{j=1}^{n} \widetilde{\beta}_{ij}(t)\widetilde{h}_j(x_j^{\Delta}(t-\widetilde{\zeta}_{ij}(t))) + \sum_{j=1}^{n} d_{ij}(t)\mu_j(t) + \bigwedge_{j=1}^{n} T_{ij}(t)\mu_j(t) + \\
& \bigvee_{j=1}^{n} S_{ij}(t)\mu_j(t) + I_i(t), t \in \mathbb{T}, i \in \mathcal{I}_n, \qquad (7.2.4)
\end{aligned}
$$

其中$\mathbb{T}$是一个概周期时标，n 是神经元的条数；$x_i(t)\in\mathcal{A}$，$\mu_j(t)\in\mathcal{A}$与 $I_i(t)\in\mathcal{A}$分别表示在 t 时刻的第 i 条神经元状态变量，输入变量和偏差量；$a_i>0$ 表示在时间 t 时刻第 i 条神经元断开与网络和外部输入的连接时 i 条神经元将其电位单独重置为静止状态的速率；$\alpha_{ij}(t)\in\mathcal{A}$与 $\beta_{ij}(t)\in\mathcal{A}$表示模糊反馈 MIN 模板；$\widetilde{\alpha}_{ij}(t)\in\mathcal{A}$与 $\widetilde{\beta}_{ij}(t)\in\mathcal{A}$表示模糊反馈 MAX 模板；$T_{ij}(t)\in\mathcal{A}$和 $S_{ij}(t)\in\mathcal{A}$分别表示模糊前馈 MIN 模板和模糊前馈 MAX 模板；$b_{ij}(t)\in\mathcal{A}$和 $\widetilde{b}_{ij}(t)\in\mathcal{A}$表示反馈模板；$d_{ij}(t)\in\mathcal{A}$表示前馈模板；$\wedge$，$\vee$ 分别表示模糊 AND 和模糊 OR 运算；f_j，$\widetilde{f}_j$，g_j，$\widetilde{g}_j$，h_j 和 $\widetilde{h}_j$：$\mathcal{A}\to\mathcal{A}$表示激活函数；$\delta_i(t)\geqslant 0$ 满足 $t-\delta_i(t)\in\mathbb{T}$对 $t\in\mathbb{T}$成立的连接项时滞；$\sigma_{ij}(t)$，$\widetilde{\sigma}_{ij}(t)$，$\tau_{ij}(t)$，$\widetilde{\tau}_{ij}(t)$，$\zeta_{ij}(t)$ 和 $\widetilde{\zeta}_{ij}(t)$为 $t\in\mathbb{T}$满足 $t-\sigma_{ij}(t)$，$t-\widetilde{\sigma}_{ij}(t)$，$t-\tau_{ij}(t)$，$t-\widetilde{\tau}_{ij}(t)$，$t-\zeta_{ij}(t)$和 $t-\widetilde{\zeta}_{ij}(t)\in\mathbb{T}$的传输时滞.

本章中，引入以下记号：

$$
a_i^- = \inf_{t\in\mathbb{T}} a_i(t), a_i^+ = \sup_{t\in\mathbb{T}} a_i(t), b_{ij}^+ = \sup_{t\in\mathbb{T}} \| b_{ij}(t) \|, \widetilde{b}_{ij}^+ = \sup_{t\in\mathbb{T}} \| \widetilde{b}_{ij}(t) \|
$$

$$
\alpha_{ij}^+ = \sup_{t\in\mathbb{T}} \| \alpha_{ij}(t) \|, \widetilde{\alpha}_{ij}^+ = \sup_{t\in\mathbb{T}} \| \widetilde{\alpha}_{ij}(t) \|, \beta_{ij}^+ = \sup_{t\in\mathbb{T}} \| \beta_{ij}(t) \|,
$$

$$
\widetilde{\beta}_{ij}^+ = \sup_{t\in\mathbb{T}} \| \widetilde{\beta}_{ij}(t) \|, \delta_i^+ = \sup_{t\in\mathbb{T}} \delta_i(t), \sigma_{ij}^+ = \sup_{t\in\mathbb{T}} \sigma_{ij}(t), \widetilde{\sigma}_{ij}^+ = \sup_{t\in\mathbb{T}} \widetilde{\sigma}_{ij}(t),
$$

$$\tau_{ij}^{+}=\sup_{t\in\mathbb{T}}\tau_{ij}(t),\tilde{\tau}_{ij}^{+}=\sup_{t\in\mathbb{T}}\tilde{\tau}_{ij}(t),\zeta_{ij}^{+}=\sup_{t\in\mathbb{T}}\zeta_{ij}(t),\tilde{\zeta}_{ij}^{+}=\sup_{t\in\mathbb{T}}\tilde{\zeta}_{ij}(t),$$

$$\bar{\omega}=\max_{i,j\in I}\{\delta_i^{+},\sigma_{ij}^{+},\tilde{\sigma}_{ij}^{+},\tau_{ij}^{+},\tilde{\tau}_{ij}^{+},\zeta_{ij}^{+},\tilde{\zeta}_{ij}^{+}\}.$$

系统(7.2.4)初始条件是：

$$x_i(s)=\varphi_i(s),x_i^{\Delta}(s)=\varphi_i^{\Delta}(s)\in\mathcal{A},s\in[t_0-\bar{\omega},t_0]_{\mathbb{T}},$$

其中 $\varphi_i\in C_{\Delta}^1([t_0-\bar{\omega},t_0]_{\mathbb{T}},\mathcal{A}),i\in\mathcal{I}_n$.

在本节中，假设以下条件成立：

(S_1) 对任意 $i,j\in\mathcal{I}_n$，$a_i\in AA(\mathbb{R},\mathbb{R}^+)$满足$-a_i\in\mathcal{R}^+$和$\inf_{t\in\mathbb{T}}\{1-c(t)\mu(t)\}>0$，$\delta_i,\sigma_{ij},\tilde{\sigma}_{ij},\tau_{ij},\tilde{\tau}_{ij},\zeta_{ij},\tilde{\zeta}_{ij}\in UC(\mathbb{R},\mathbb{R}^+)\cap AA(\mathbb{R},\Pi)$，$b_{ij},\tilde{b}_{ij},\alpha_{ij},\tilde{\alpha}_{ij},\beta_{ij},\tilde{\beta}_{ij},\mu_j,d_{ij},S_{ij},T_{ij},I_i\in AA(\mathbb{T},\mathcal{A})$.

(S_2) 函数 $f_j,\tilde{f}_j,g_j,\tilde{g}_j,h_j,\tilde{h}_j\in C(\mathcal{A},\mathcal{A})$，且存在正常数 $L_j^f,L_j^{\tilde{f}},L_j^g,L_j^{\tilde{g}},L_j^h,L_j^{\tilde{h}}$ 对所有的 $u,v\in\mathcal{A}$，满足

$$\|f_j(u)-f_j(\nu)\|\leqslant L_j^f\|u-\nu\|,\|\tilde{f}_j(u)-\tilde{f}_j(\nu)\|\leqslant L_j^{\tilde{f}}\|u-\nu\|,$$

$$\|g_j(u)-g_j(\nu)\|\leqslant L_j^g\|u-\nu\|,\|\tilde{g}_j(u)-\tilde{g}_j(\nu)\|\leqslant L_j^{\tilde{g}}\|u-\nu\|,$$

$$\|h_j(u)-h_j(\nu)\|\leqslant L_j^h\|u-\nu\|,\|\tilde{h}_j(u)-\tilde{h}_j(\nu)\|\leqslant L_j^{\tilde{h}}\|u-\nu\|$$

且 $f_j(0)=\tilde{f}_j(0)=g_j(0)=\tilde{g}_j(0)=h_j(0)=\tilde{h}_j(0)=0$，其中 $j\in\mathcal{I}_n$.

(S_3) 存在一个正常数

$$\rho=\max_{i\in\mathcal{I}_n}\left\{\frac{\Xi_i}{a_i^-},\Xi_i\left(1+\frac{a_i^+}{a_i^-}\right)\right\}<1,$$

其中

$$\Xi_i=a_i^+\delta_i^+ +\sum_{j=1}^{n}(b_{ij}^+L_j^f+\tilde{b}_{ij}^+L_j^{\tilde{f}}+\alpha_{ij}^+L_j^g+\tilde{\alpha}_{ij}^+L_j^{\tilde{g}}+\beta_{ij}^+L_j^h+\tilde{\beta}_{ij}^+L_j^{\tilde{h}}).$$

7.3 几乎自守解的存在性与全局指数稳定性

令空间$\mathbb{B}=\{f\in C_{\Delta}^1(\mathbb{T},\mathcal{A}^n)\mid f,f^{\Delta}\in AA(\mathbb{T},\mathcal{A}^n)\}$赋予范数

$$\| f \|_{\mathbb{B}} = \max\left\{ \sup_{t\in\mathbb{T}} \| f(t) \|_{\mathcal{A}^n}, \sup_{t\in\mathbb{T}} \| f^{\Delta}(t) \|_{\mathcal{A}^n} \right\},$$

则$\mathbb{B}$为 Banach 空间.

令 $\varphi_0=(\varphi_0^1,\varphi_0^2,\cdots,\varphi_0^n)^{\mathrm{T}}$，其中

$$\varphi_0^i(t)=\int_{-\infty}^{t} e_{-a_i}(t,\sigma(s))\Big(\sum_{j=1}^{n} d_{ij}(s)\mu_j(s)+\bigwedge_{j=1}^{n} T_{ij}(s)\mu_j(s)+\bigvee_{j=1}^{n} S_{ij}(s)\mu_j(s)+I_i(s)\Big)\Delta s$$

和存在一个正常数 κ 满足 $\kappa \geqslant \| \varphi_0 \|_{\mathbb{B}}$.

定理 7.1　假设条件$(S_1)-(S_3)$成立. 那么系统(7.2.4)在区域$\mathbb{B}_0=\left\{\varphi=(\varphi_1,\varphi_2,\cdots,\varphi_n)^{\mathrm{T}}\in\mathbb{B} \mid \| \varphi-\varphi_0 \|_{\mathbb{B}} \leqslant \frac{\rho\kappa}{1-\rho}\right\}$中有唯一的几乎自守解.

证明　分三个步骤证明这个定理.

第一步，我们定义算子 $\Psi:\mathbb{B}\to BC(\mathbb{T},\mathcal{A}^n)$如下：

$$\Psi\varphi=(\Psi_1\varphi,\Psi_2\varphi,\cdots,\Psi_n\varphi)^{\mathrm{T}},$$

其中 $\varphi\in\mathbb{B}$且

$$\begin{aligned}(\Psi_i\varphi)(t)=&\int_{-\infty}^{t} e_{-a_i}(t,\sigma(s))\Big(a_i(s)\int_{s-\delta_i(s)}^{s} x_i^{\Delta}(u)\Delta u+\sum_{j=1}^{n} b_{ij}(s)f_j(x_j(s-\sigma_{ij}(s)))+\\&\sum_{j=1}^{n}\tilde{b}_{ij}(s)\tilde{f}_j(x_j^{\Delta}(s-\tilde{\sigma}_{ij}(s)))+\bigwedge_{j=1}^{n}\alpha_{ij}(s)g_j(x_j(s-\tau_{ij}(s)))+\\&\bigvee_{j=1}^{n}\tilde{\alpha}_{ij}(s)\tilde{g}_j(x_j(s-\tilde{\tau}_{ij}(s)))+\bigwedge_{j=1}^{n}\beta_{ij}(s)h_j(x_j^{\Delta}(s-\zeta_{ij}(s)))+\\&\bigvee_{j=1}^{n}\tilde{\beta}_{ij}(s)\tilde{h}_j(x_j^{\Delta}(s-\tilde{\zeta}_{ij}(s)))+\sum_{j=1}^{n} d_{ij}(s)\mu_j(s)+\\&\bigwedge_{j=1}^{n} T_{ij}(s)\mu_j(s)+\bigvee_{j=1}^{n} S_{ij}(s)\mu_j(s)+I_i(s)\Big)\Delta s, i\in\mathcal{I}_n.\end{aligned}$$

我们将证明算子 Ψ 是从$\mathbb{B}$到$\mathbb{B}$的一个自映射. 为此，设

$$\begin{aligned}F_i^{\varphi}(s)=&a_i(s)\int_{s-\delta_i(s)}^{s}\varphi_i^{\Delta}(u)\Delta u+\sum_{j=1}^{n} b_{ij}(s)f_j(x_j(s-\sigma_{ij}(s)))+\\&\sum_{j=1}^{n}\tilde{b}_{ij}(s)\tilde{f}_j(x_j^{\Delta}(s-\tilde{\sigma}_{ij}(s)))+\bigwedge_{j=1}^{n}\alpha_{ij}(s)g_j(x_j(s-\tau_{ij}(s)))+\end{aligned}$$

$$\bigvee_{j=1}^{n}\tilde{\alpha}_{ij}(s)\tilde{g}_j(x_j(s-\tilde{\tau}_{ij}(s)))+\bigwedge_{j=1}^{n}\beta_{ij}(s)h_j(x_j^{\Delta}(s-\zeta_{ij}(s)))+$$
$$\bigvee_{j=1}^{n}\tilde{\beta}_{ij}(s)\tilde{h}_j(x_j^{\Delta}(s-\tilde{\zeta}_{ij}(s)))+\sum_{j=1}^{n}d_{ij}(s)\mu_j(s)+$$
$$\bigwedge_{j=1}^{n}T_{ij}(s)\mu_j(s)+\bigvee_{j=1}^{n}S_{ij}(s)\mu_j(s)+I_i(s),i\in\mathcal{I}_n.$$

事实上,根据引理 7.1,7.2,7.4 和 7.5,有 $F_i^{\varphi}\in AA(\mathbb{T},\mathcal{A}),i\in\mathcal{I}_n$. 为了证明第一步,需要函数

$$(\Psi_i\varphi)(t)=\int_{-\infty}^{t}e_{-a_i}(t,\sigma(s))F_i^{\varphi}(s)\Delta s,i\in\mathcal{I}_n$$

是几乎自守的. 事实上,因为 $a_i\in AA(\mathbb{T},\mathbb{R}^+)$ 和 $F_i^{\varphi}\in AA(\mathbb{T},\mathcal{A})$,所以对任意序列 $\{s_n\}\subset\Pi$,存在子序列 $\{s_n'\}\subset\{s_n\}$ 使得对于 $i\in\mathcal{I}_n$

$$a_i^*(t):=\lim_{n\to\infty}a_i(t+s_n')\text{和}(F_i^{\varphi})^*(t):=\lim_{n\to\infty}F_i^{\varphi}(t+s_n'),$$

对任意 $t\in\mathbb{T}$为良定义,且

$$\lim_{n\to\infty}a_i^*(t-s_n')=a_i(t)\text{和}\lim_{n\to\infty}(F_i^{\varphi})^*(t-s_n')=F_i^{\varphi}(t)$$

对任意 $t\in\mathbb{T}$成立. 记

$$(\Psi\varphi)_i^*(t)=\int_{-\infty}^{t}e_{-a_i^*}(t,\sigma(s))(F_i^{\varphi})^*(s)\Delta s,t\in\mathbb{T}.$$

因此,对任意 $t\in\mathbb{T}$有

$$\begin{aligned}
&\|(\Psi_i\varphi)(t+s_n')-(\Psi_i\varphi)^*(t)\|\\
=&\left\|\int_{-\infty}^{t+s_n'}e_{-a_i}(t+s_n',\sigma(s))F_i^{\varphi}(s)\Delta s-\int_{-\infty}^{t}e_{-a_i^*}(t,\sigma(s))(F_i^{\varphi})^*(s)\Delta s\right\|\\
=&\left\|\int_{-\infty}^{t}e_{-a_i}(t+s_n',\sigma(s+s_n'))F_i^{\varphi}(s+s_n')\Delta s-\int_{-\infty}^{t}e_{-a_i^*}(t,\sigma(s))(F_i^{\varphi})^*(s)\Delta s\right\|\\
\leqslant&\left\|\int_{-\infty}^{t}e_{-a_i}(t+s_n',\sigma(s+s_n'))F_i^{\varphi}(s+s_n')\Delta s-\right.\\
&\left.\int_{-\infty}^{t}e_{-a_i}(t+s_n',\sigma(s+s_n'))(F_i^{\varphi})^*(s)\Delta s\right\|+\\
&\left\|\int_{-\infty}^{t}e_{-a_i}(t+s_n',\sigma(s+s_n'))(F_i^{\varphi})^*(s)\Delta s-\int_{-\infty}^{t}e_{-a_i^*}(t,\sigma(s))(F_i^{\varphi})^*(s)\Delta s\right\|\\
\leqslant&\int_{-\infty}^{t}|e_{-a_i}(t+s_n',\sigma(s+s_n'))|\ \|F_i^{\varphi}(s+s_n')-(F_i^{\varphi})^*(s)\|\Delta s+
\end{aligned}$$

$$\int_{-\infty}^{t} | e_{-a_i}(t+s'_n,\sigma(s+s'_n)) - e_{-a_i^*}(t,\sigma(s)) | \, \| (F_i^{\varphi})^*(s) \| \Delta s$$

$$< \int_{-\infty}^{t} | e_{-a_i}(t+s'_n,\sigma(s+s'_n)) | \, \| F_i^{\varphi}(s+s'_n) - (F_i^{\varphi})^*(s) \| \Delta s +$$

$$\int_{-\infty}^{t} \left| \int_{t}^{\sigma(s)} e_{-a_i^*}(t,\sigma(\theta))(a_i(\theta+s_n) - a_i^*(\theta))\Delta\theta \right| \, \| (F_i^{\varphi})^*(s) \| \Delta s, i \in \mathcal{I}_n.$$

根据勒贝格控制收敛定理，可得$(\Psi\varphi)_i^*(t) := \lim\limits_{n\to\infty}(\Psi\varphi)_i(t+s'_n)$ 对任意 $t\in\mathbb{T}$成立，$i\in\mathcal{I}_n$. 类似可证$\lim\limits_{n\to\infty}(\Psi\varphi)_i^*(t-s'_n)=(\Psi\varphi)_i(t)$ 对任意 $t\in\mathbb{T}$成立，$i\in\mathcal{I}_n$. 因此 $\Psi\varphi_i\in AA(\mathbb{T},\mathcal{A})$，$i\in\mathcal{I}_n$.

第二步，我们将验证 Ψ 是从$\mathbb{B}_0$ 到$\mathbb{B}_0$ 的一个自映射. 事实上，对任意给定的 $\varphi\in\mathbb{B}_0$，有

$$\|\varphi\|_{\mathbb{B}} \leqslant \|\varphi-\varphi_0\|_{\mathbb{B}} + \|\varphi_0\|_{\mathbb{B}} \leqslant \frac{\rho\kappa}{1-\rho} + \kappa = \frac{\kappa}{1-\rho}.$$

因此，对任意给定的 $\varphi\in\mathbb{B}_0$，有

$$\begin{aligned}
&\sup_{t\in\mathbb{T}} \|(\Psi\varphi-\varphi_0)(t)\|_{\mathcal{A}^n}\\
&= \max_{i\in\mathcal{I}_n}\Big\{\sup_{t\in\mathbb{T}}\Big\|\int_{-\infty}^{t} e_{-a_i}(t,\sigma(s))\Big(a_i(s)\int_{s-\delta_i(s)}^{s}\varphi_i^{\Delta}(u)\Delta u +\\
&\quad \sum_{j=1}^{n} b_{ij}(s)f_j(x_j(s-\sigma_{ij}(s)))\Big) + \sum_{j=1}^{n}\tilde{b}_{ij}(s)\tilde{f}_j(x_j^{\Delta}(s-\tilde{\sigma}_{ij}(s))) +\\
&\quad \bigwedge_{j=1}^{n}\alpha_{ij}(s)g_j(x_j(s-\tau_{ij}(s))) + \bigvee_{j=1}^{n}\tilde{\alpha}_{ij}(s)\tilde{g}_j(x_j(s-\tilde{\tau}_{ij}(s))) +\\
&\quad \bigwedge_{j=1}^{n}\beta_{ij}(s)h_j(x_j^{\Delta}(s-\zeta_{ij}(s))) + \bigvee_{j=1}^{n}\tilde{\beta}_{ij}(s)\tilde{h}_j(x_j^{\Delta}(s-\tilde{\zeta}_{ij}(s))))\Delta s\Big\|\Big\}\\
&\leqslant \max_{i\in\mathcal{I}_n}\Big\{\sup_{t\in\mathbb{T}}\Big[\int_{-\infty}^{t} e_{-a_i}(t,\sigma(s))(a_i^+\delta_i^+\|\varphi_i^{\Delta}(s)\| +\\
&\quad \sum_{j=1}^{n} b_{ij}^+L_j^f\|x_j(s-\sigma_{ij}(s))\| + \sum_{j=1}^{n}\tilde{b}_{ij}^+L_j^{\tilde{f}}\|x_j^{\Delta}(s-\tilde{\sigma}_{ij}(s))\| +\\
&\quad \bigwedge_{j=1}^{n}\alpha_{ij}^+L_j^g\|x_j(s-\tau_{ij}(s))\| + \bigvee_{j=1}^{n}\tilde{\alpha}_{ij}^+L_j^{\tilde{g}}\|x_j(s-\tilde{\tau}_{ij}(s))\| +\\
&\quad \bigwedge_{j=1}^{n}\beta_{ij}^+L_j^h\|x_j^{\Delta}(s-\zeta_{ij}(s))\| + \bigvee_{j=1}^{n}\tilde{\beta}_{ij}^+L_j^{\tilde{h}}\|x_j^{\Delta}(s-\tilde{\zeta}_{ij}(s))\|)\Delta s\Big]\Big\}
\end{aligned}$$

$$\leqslant \max_{i\in\mathcal{I}_n}\left\{\frac{1}{a_i^-}\Big(a_i^+\delta_i^+ + \sum_{j=1}^n (b_{ij}^+L_j^f + \widetilde{b}_{ij}^+L_j^{\widetilde{f}} + \alpha_{ij}^+L_j^g + \widetilde{\alpha}_{ij}^+L_j^{\widetilde{g}} + \beta_{ij}^+L_j^h + \widetilde{\beta}_{ij}^+L_j^{\widetilde{h}})\Big)\frac{\kappa}{1-\rho}\right\} = \max_{i\in\mathcal{I}_n}\left\{\frac{\Xi_i}{a_i^-}\frac{\kappa}{1-\rho}\right\}$$

和

$$\begin{aligned}
&\sup_{t\in\mathbb{T}}\|(\Psi\varphi-\varphi_0)^{\Delta}(t)\|_{\mathcal{A}^n}\\
&= \max_{i\in\mathcal{I}_n}\left\{\sup_{t\in\mathbb{T}}\left\| a_i(t)\int_{t-\delta_i(t)}^t \varphi_i^{\Delta}(u)\Delta u + \sum_{j=1}^n b_{ij}(t)f_j(x_j(t-\sigma_{ij}(t))) + \right.\right.\\
&\sum_{j=1}^n \widetilde{b}_{ij}(t)\widetilde{f}_j(x_j^{\Delta}(t-\widetilde{\sigma}_{ij}(t))) + \bigwedge_{j=1}^n \alpha_{ij}(t)g_j(x_j(t-\tau_{ij}(t))) + \\
&\bigvee_{j=1}^n \widetilde{\alpha}_{ij}(t)\widetilde{g}_j(x_j(t-\widetilde{\tau}_{ij}(t))) + \bigwedge_{j=1}^n \beta_{ij}(t)h_j(x_j^{\Delta}(t-\zeta_{ij}(t))) + \\
&\bigvee_{j=1}^n \widetilde{\beta}_{ij}(t)\widetilde{h}_j(x_j^{\Delta}(t-\widetilde{\zeta}_{ij}(t))) - a_i(t)\int_{-\infty}^t e_{-a_i}(t,\sigma(s))\times\\
&\Big[a_i(s)\int_{s-\delta_i(s)}^s \varphi_i^{\Delta}(u)\Delta u + \sum_{j=1}^n b_{ij}(s)f_j(x_j(s-\sigma_{ij}(s))) + \\
&\sum_{j=1}^n \widetilde{b}_{ij}(s)\widetilde{f}_j(x_j^{\Delta}(s-\widetilde{\sigma}_{ij}(s))) + \bigwedge_{j=1}^n \alpha_{ij}(s)g_j(x_j(s-\tau_{ij}(s))) + \\
&\bigvee_{j=1}^n \widetilde{\alpha}_{ij}(s)\widetilde{g}_j(x_j(s-\widetilde{\tau}_{ij}(s))) + \bigwedge_{j=1}^n \beta_{ij}(s)h_j(x_j^{\Delta}(s-\zeta_{ij}(s))) + \\
&\left.\left.\bigvee_{j=1}^n \widetilde{\beta}_{ij}(s)\widetilde{h}_j(x_j^{\Delta}(s-\widetilde{\zeta}_{ij}(s)))\Big]\Delta s\right\|\right\}\\
&\leqslant \max_{i\in\mathcal{I}_n}\left\{\Big[a_i^+\delta_i^+ + \sum_{j=1}^n (b_{ij}^+L_j^f + \widetilde{b}_{ij}^+L_j^{\widetilde{f}} + \alpha_{ij}^+L_j^g + \widetilde{\alpha}_{ij}^+L_j^{\widetilde{g}} + \right.\\
&\beta_{ij}^+L_j^h + \widetilde{\beta}_{ij}^+L_j^{\widetilde{h}}) + \frac{a_i^+}{a_i^-}(a_i^+\delta_i^+ + \sum_{j=1}^n (b_{ij}^+L_j^f + \widetilde{b}_{ij}^+L_j^{\widetilde{f}} + \\
&\left.\alpha_{ij}^+L_j^g + \widetilde{\alpha}_{ij}^+L_j^{\widetilde{g}} + \beta_{ij}^+L_j^h + \widetilde{\beta}_{ij}^+L_j^{\widetilde{h}}))\Big]\frac{\kappa}{1-\rho}\right\}\\
&= \max_{i\in\mathcal{I}_n}\left\{\Xi_i\left(1+\frac{a_i^+}{a_i^-}\right)\frac{\kappa}{1-\rho}\right\}.
\end{aligned}$$

因此，由条件(S_3)，有

$$\|\Psi\varphi-\varphi_0\|_{\mathbb{B}}\leqslant\frac{\rho\kappa}{1-\rho},$$

即，$\Psi(\mathbb{B}_0)\subset\mathbb{B}_0$.

第三步，我们将证明 Ψ 是压缩映射. 事实上，对任意的

$$\varphi=(\varphi_1,\varphi_2,\cdots,\varphi_n)^{\mathrm{T}},\psi=(\psi_1,\psi_2,\cdots,\psi_n)^{\mathrm{T}}\in\mathbb{B}_0,$$

可得

$$\begin{aligned}
&\sup_{t\in\mathbb{T}}\|(\Psi\varphi)(t)-(\Psi\psi)(t)\|_{\mathcal{A}^n}\\
&=\max_{i\in\mathcal{I}_n}\left\{\sup_{t\in\mathbb{T}}\left\|\int_{-\infty}^{t}e_{-a_i}(t,\sigma(s))\left(a_i(s)\int_{s-\delta_i(s)}^{s}(\varphi_i^{\Delta}(u)-\psi_i^{\Delta}(u))\Delta u+\right.\right.\right.\\
&\quad\sum_{j=1}^{n}b_{ij}(s)(f_j(\varphi_j(s-\sigma_{ij}(s)))-f_j(\psi_j(s-\sigma_{ij}(s))))+\\
&\quad\sum_{j=1}^{n}\tilde{b}_{ij}(s)(\tilde{f}_j(\varphi_j^{\Delta}(s-\tilde{\sigma}_{ij}(s)))-\tilde{f}_j(\psi_j^{\Delta}(s-\tilde{\sigma}_{ij}(s))))+\\
&\quad\bigwedge_{j=1}^{n}\alpha_{ij}(s)(g_j(\varphi_j(s-\tau_{ij}(s)))-g_j(\psi_j(s-\tau_{ij}(s))))+\\
&\quad\bigvee_{j=1}^{n}\tilde{\alpha}_{ij}(s)(\tilde{g}_j(\varphi_j(s-\tilde{\tau}_{ij}(s)))-\tilde{g}_j(\psi_j(s-\tilde{\tau}_{ij}(s))))+\\
&\quad\bigwedge_{j=1}^{n}\beta_{ij}(s)(h_j(\varphi_j^{\Delta}(s-\zeta_{ij}(s)))-h_j(\psi_j^{\Delta}(s-\zeta_{ij}(s))))+\\
&\quad\left.\left.\left.\bigvee_{j=1}^{n}\tilde{\beta}_{ij}(s)(\tilde{h}_j(\varphi_j^{\Delta}(s-\tilde{\zeta}_{ij}(s)))-\tilde{h}_j(\psi_j^{\Delta}(s-\tilde{\zeta}_{ij}(s))))\right)\Delta s\right\|\right\}\\
&\leqslant\max_{i\in\mathcal{I}_n}\left\{\frac{1}{a_i^-}\left(a_i^+\delta_i^++\sum_{j=1}^{n}(b_{ij}^+L_j^f+\tilde{b}_{ij}^+L_j^{\tilde{f}}+\alpha_{ij}^+L_j^g+\right.\right.\\
&\quad\left.\left.\tilde{\alpha}_{ij}^+L_j^{\tilde{g}}+\beta_{ij}^+L_j^h+\tilde{\beta}_{ij}^+L_j^{\tilde{h}})\right)\right\}\|\varphi-\psi\|_{\mathbb{B}}=\max_{i\in\mathcal{I}_n}\left\{\frac{\Xi_i}{a_i^-}\right\}\|\varphi-\psi\|_{\mathbb{B}}
\end{aligned}$$

和

$$\begin{aligned}
&\sup_{t\in\mathbb{T}}\|(\Psi\varphi)^{\Delta}(t)-(\Psi\psi)^{\Delta}(t)\|_{\mathcal{A}^n}\\
&=\max_{i\in\mathcal{I}_n}\left\{\sup_{t\in\mathbb{T}}\left\|a_i(t)\int_{t-\delta_i(t)}^{t}(\varphi_i^{\Delta}(u)-\psi_i^{\Delta}(u))\Delta u+\right.\right.\\
&\quad\sum_{j=1}^{n}b_{ij}(s)(f_j(\varphi_j(s-\sigma_{ij}(s)))-f_j(\psi_j(s-\sigma_{ij}(s))))+
\end{aligned}$$

$$
\begin{aligned}
&\sum_{j=1}^{n}\widetilde{b}_{ij}(s)(\widetilde{f}_j(\varphi_j^{\Delta}(s-\widetilde{\sigma}_{ij}(s)))-\widetilde{f}_j(\psi_j^{\Delta}(s-\widetilde{\sigma}_{ij}(s))))+\\
&\bigwedge_{j=1}^{n}\alpha_{ij}(s)(g_j(\varphi_j(s-\tau_{ij}(s)))-g_j(\psi_j(s-\tau_{ij}(s))))+\\
&\bigvee_{j=1}^{n}\widetilde{\alpha}_{ij}(s)(\widetilde{g}_j(\varphi_j(s-\widetilde{\tau}_{ij}(s)))-\widetilde{g}_j(\psi_j(s-\widetilde{\tau}_{ij}(s))))+\\
&\bigwedge_{j=1}^{n}\beta_{ij}(s)(h_j(\varphi_j^{\Delta}(s-\zeta_{ij}(s)))-h_j(\psi_j^{\Delta}(s-\zeta_{ij}(s))))+\\
&\bigvee_{j=1}^{n}\widetilde{\beta}_{ij}(s)(\widetilde{h}_j(\varphi_j^{\Delta}(s-\widetilde{\zeta}_{ij}(s)))-\widetilde{h}_j(\psi_j^{\Delta}(s-\widetilde{\zeta}_{ij}(s))))-\\
&a_i(t)\int_{-\infty}^{t}e_{-a_i}(t,\sigma(s))(a_i(s)\int_{s-\delta_i(s)}^{s}(\varphi_i^{\Delta}(u)-\psi_i^{\Delta}(u))\Delta u+\\
&\sum_{j=1}^{n}b_{ij}(s)(f_j(\varphi_j(s-\sigma_{ij}(s)))-f_j(\psi_j(s-\sigma_{ij}(s))))+\\
&\sum_{j=1}^{n}\widetilde{b}_{ij}(s)(\widetilde{f}_j(\varphi_j^{\Delta}(s-\widetilde{\sigma}_{ij}(s)))-\widetilde{f}_j(\psi_j^{\Delta}(s-\widetilde{\sigma}_{ij}(s))))+\\
&\bigwedge_{j=1}^{n}\alpha_{ij}(s)(g_j(\varphi_j(s-\tau_{ij}(s)))-g_j(\psi_j(s-\tau_{ij}(s))))+\\
&\bigvee_{j=1}^{n}\widetilde{\alpha}_{ij}(s)(\widetilde{g}_j(\varphi_j(s-\widetilde{\tau}_{ij}(s)))-\widetilde{g}_j(\psi_j(s-\widetilde{\tau}_{ij}(s))))+\\
&\bigwedge_{j=1}^{n}\beta_{ij}(s)(h_j(\varphi_j^{\Delta}(s-\zeta_{ij}(s)))-h_j(\psi_j^{\Delta}(s-\zeta_{ij}(s))))+\\
&\bigvee_{j=1}^{n}\widetilde{\beta}_{ij}(s)(\widetilde{h}_j(\varphi_j^{\Delta}(s-\widetilde{\zeta}_{ij}(s)))-\widetilde{h}_j(\psi_j^{\Delta}(s-\widetilde{\zeta}_{ij}(s)))))\Delta s\Big\|\Big\}\\
\leqslant&\max_{i\in\mathcal{I}_n}\Big\{a_i^+\delta_i^+ +\sum_{j=1}^{n}(b_{ij}^+L_j^f+\widetilde{b}_{ij}^+L_j^{\widetilde{f}}+\alpha_{ij}^+L_j^g+\widetilde{\alpha}_{ij}^+L_j^{\widetilde{g}}+\beta_{ij}^+L_j^h+\widetilde{\beta}_{ij}^+L_j^{\widetilde{h}})+\\
&\frac{a_i^+}{a_i^-}\Big(a_i^+\delta_i^+ +\sum_{j=1}^{n}(b_{ij}^+L_j^f+\widetilde{b}_{ij}^+L_j^{\widetilde{f}}+\alpha_{ij}^+L_j^g+\widetilde{\alpha}_{ij}^+L_j^{\widetilde{g}}+\\
&\beta_{ij}^+L_j^h+\widetilde{\beta}_{ij}^+L_j^{\widetilde{h}})\Big)\Big\}\|\varphi-\psi\|_{\mathbb{B}}\\
=&\max_{i\in\mathcal{I}_n}\Big\{\varXi_i+\frac{a_i^+\varXi_i}{a_i^-}\Big\}\|\varphi-\psi\|_{\mathbb{B}}.
\end{aligned}
$$

由条件(S_3),可得

$$
\|\Psi\varphi-\Psi\psi\|_{\mathbb{B}}\leqslant\rho\|\varphi-\psi\|_{\mathbb{B}}.
$$

从而得出 Ψ 是一个压缩映射. 然后，系统（7.2.4）在 $\mathbb{B}_0=\left\{\varphi\in\mathbb{B}:\|\varphi-\varphi_0\|_{\mathbb{B}}\leqslant\frac{\rho\kappa}{1-\rho}\right\}$ 中有唯一的几乎自守解. 证毕.

定理 7.2　假设$(S_1)-(S_3)$成立，则系统(7.2.4)有唯一的全局指数稳定的几乎自守解.

证明　设系统(7.2.4)有一个满足初值条件 $\varphi(s)$的加权伪概周期解 $x(t)$，并且 $\bar{x}(t)$为系统(7.2.4)满足初值条件 $\bar{\varphi}(s)$的任意一个解. 则由系统(7.2.4)，有

$$
\begin{aligned}
&(x_i(t)-\bar{x}_i(t))^{\Delta}=-a_i(t)(x_i(t)-\bar{x}_i(t))+a_i(t)\int_{t-\delta_i(t)}^{t}(x_i^{\Delta}(u)-\bar{x}_i^{\Delta}(u))\Delta u+\\
&\sum_{j=1}^{n}b_{ij}(t)(f_j(x_j(t-\sigma_{ij}(t)))-f_j(\bar{x}_j(t-\sigma_{ij}(t))))+\\
&\sum_{j=1}^{n}\tilde{b}_{ij}(t)(\tilde{f}_j(x_j^{\Delta}(t-\tilde{\sigma}_{ij}(t)))-\tilde{f}_j(\bar{x}_j^{\Delta}(t-\tilde{\sigma}_{ij}(t))))+\\
&\bigwedge_{j=1}^{n}\alpha_{ij}(t)(g_j(x_j(t-\tau_{ij}(t)))-g_j(\bar{x}_j(t-\tau_{ij}(t))))+\\
&\bigvee_{j=1}^{n}\tilde{\alpha}_{ij}(t)(\tilde{g}_j(x_j(t-\tilde{\tau}_{ij}(t)))-\tilde{g}_j(\bar{x}_j(t-\tilde{\tau}_{ij}(t))))+\\
&\bigwedge_{j=1}^{n}\beta_{ij}(t)(h_j(x_j^{\Delta}(t-\zeta_{ij}(t)))-h_j(\bar{x}_j^{\Delta}(t-\zeta_{ij}(t))))+\\
&\bigvee_{j=1}^{n}\tilde{\beta}_{ij}(t)(\tilde{h}_j(x_j^{\Delta}(t-\tilde{\zeta}_{ij}(t)))-\tilde{h}_j(\bar{x}_j^{\Delta}(t-\tilde{\zeta}_{ij}(t)))).
\end{aligned}
\tag{7.3.1}
$$

用 $e_{-a_i}(t_0,\sigma(t))$同时乘以等式(7.3.1)两边，并在$[t_0,t]_{\mathbb{T}}$上积分，对于 $i\in\mathcal{I}_n$ 可得

$$
\begin{aligned}
&x_i(t)-\bar{x}_i(t)=(x_i(t_0)-\bar{x}_i(t_0))e_{-a_i}(t,t_0)+\int_{t_0}^{t}e_{-a_i}(t,\sigma(s))\times\\
&(a_i(s)\int_{s-\delta_i(s)}^{s}(x_i^{\Delta}(u)-\bar{x}_i^{\Delta}(u))\Delta u+\\
&\sum_{j=1}^{n}b_{ij}(s)(f_j(x_j(s-\sigma_{ij}(s)))-f_j(\bar{x}_j(s-\sigma_{ij}(s))))+\\
&\sum_{j=1}^{n}\tilde{b}_{ij}(s)(\tilde{f}_j(x_j^{\Delta}(s-\tilde{\sigma}_{ij}(s)))-\tilde{f}_j(\bar{x}_j^{\Delta}(s-\tilde{\sigma}_{ij}(s))))+
\end{aligned}
$$

$$\bigwedge_{j=1}^{n} \alpha_{ij}(s)(g_j(x_j(s-\tau_{ij}(s))) - g_j(\bar{x}_j(s-\tau_{ij}(s)))) +$$

$$\bigvee_{j=1}^{n} \widetilde{\alpha}_{ij}(s)(\widetilde{g}_j(x_j(s-\widetilde{\tau}_{ij}(s))) - \widetilde{g}_j(\bar{x}_j(s-\widetilde{\tau}_{ij}(s)))) +$$

$$\bigwedge_{j=1}^{n} \beta_{ij}(s)(h_j(x_j^{\Delta}(s-\zeta_{ij}(s))) - h_j(\bar{x}_j^{\Delta}(s-\zeta_{ij}(s)))) +$$

$$\bigvee_{j=1}^{n} \widetilde{\beta}_{ij}(s)(\widetilde{h}_j(x_j^{\Delta}(s-\widetilde{\zeta}_{ij}(s))) - \widetilde{h}_j(\bar{x}_j^{\Delta}(s-\widetilde{\zeta}_{ij}(s)))))\Delta s. \tag{7.3.2}$$

对于任意 $i\in\mathcal{I}_n$，令

$$Q_i(\omega) = a_i^- - \omega - \exp\Big(\omega \sup_{s\in\mathbb{T}}\mu(s)\Big)(a_i^+\delta_i^+\exp(\omega\delta_i^+) + \sum_{j=1}^{n}(b_{ij}^+L_j^f\exp(\omega\sigma_{ij}^+) +$$
$$\widetilde{b}_{ij}^+L_j^{\widetilde{f}}\exp(\omega\widetilde{\sigma}_{ij}^+) + \alpha_{ij}^+L_j^g\exp(\omega\tau_{ij}^+) + \widetilde{\alpha}_{ij}^+L_j^{\widetilde{g}}\exp(\omega\widetilde{\tau}_{ij}^+) +$$
$$\beta_{ij}^+L_j^h\exp(\omega\zeta_{ij}^+) + \widetilde{\beta}_{ij}^+L_j^{\widetilde{h}}\exp(\omega\widetilde{\zeta}_{ij}^+)))$$

和

$$Q_i^*(\omega) = a_i^- - \omega - (a_i^+\exp\Big(\omega \sup_{s\in\mathbb{T}}\mu(s)\Big) + a_i^-)\times$$
$$(a_i^+\delta_i^+\exp(\omega\delta_i^+) + \sum_{j=1}^{n}(b_{ij}^+L_j^f\exp(\omega\sigma_{ij}^+) +$$
$$\widetilde{b}_{ij}^+L_j^{\widetilde{f}}\exp(\omega\widetilde{\sigma}_{ij}^+) + \alpha_{ij}^+L_j^g\exp(\omega\tau_{ij}^+) + \widetilde{\alpha}_{ij}^+L_j^{\widetilde{g}}\exp(\omega\widetilde{\tau}_{ij}^+) +$$
$$\beta_{ij}^+L_j^h\exp(\omega\zeta_{ij}^+) + \widetilde{\beta}_{ij}^+L_j^{\widetilde{h}}\exp(\omega\widetilde{\zeta}_{ij}^+))),$$

由条件(S_3)，对于 $i\in\mathcal{I}_n$，可得

$$Q_i(0) = a_i^- - P_i > 0,$$
$$Q_i^*(0) = a_i^- - (a_i^- + a_i^+)P_i > 0.$$

因为 Q_i 和 Q_i^* 在$[0,+\infty)$上连续，当 $\omega\to+\infty$时，有 $Q_i(\omega),Q_i^*(\omega)\to-\infty$，所以存在 ζ_i,ζ_i^* 使得$Q_i(\zeta_i)=Q_i^*(\zeta_i^*)=0$，且当$\omega\in(0,\zeta_i)$时，对任意 $i\in\mathcal{I}_n$ 有 $Q_i(\omega)>0$. 当 $\omega\in(0,\zeta_i^*)$时，对任意 $i\in\mathcal{I}_n$ 有 $Q_i^*(\omega)>0$. 取 $c=\min\limits_{i\in\mathcal{I}_n}\{\zeta_i,\zeta_i^*\}$，有 $Q_i(c)\geqslant 0$，$Q_i^*(c)\geqslant 0$，$i\in\mathcal{I}_n$. 因此，可选取一个正常数 $0<\xi<\min\Big\{c,\min\limits_{i\in\mathcal{I}_n}\{a_i^-\}\Big\}$满足$\ominus\xi\in\mathcal{R}^+$使得

$$Q_i(\xi)>0, Q_i^*(\xi)>0, i\in\mathcal{I}_n,$$

由此可知

$$\frac{\exp\left(\xi\sup\limits_{s\in\mathbb{T}}\mu(s)\right)}{a_i^- -\xi}(a_i^+\delta_i^+\exp(\xi\delta_i^+)+\sum_{j=1}^n(b_{ij}^+L_j^f\exp(\xi\sigma_{ij}^+)+$$
$$\widetilde{b}_{ij}^+L_j^{\widetilde{f}}\exp(\xi\widetilde{\sigma}_{ij}^+)+\alpha_{ij}^+L_j^g\exp(\xi\tau_{ij}^+)+\widetilde{\alpha}_{ij}^+L_j^{\widetilde{g}}\exp(\xi\widetilde{\tau}_{ij}^+)+$$
$$\beta_{ij}^+L_j^h\exp(\xi\zeta_{ij}^+)+\widetilde{\beta}_{ij}^+L_j^{\widetilde{h}}\exp(\xi\widetilde{\zeta}_{ij}^+)))<1$$

和

$$\left(1+\frac{a_i^+\exp\left(\xi\sup\limits_{s\in\mathbb{T}}\mu(s)\right)}{a_i^- -\xi}\right)(a_i^+\delta_i^+\exp(\xi\delta_i^+)+\sum_{j=1}^n(b_{ij}^+L_j^f\exp(\xi\sigma_{ij}^+)+$$
$$\widetilde{b}_{ij}^+L_j^{\widetilde{f}}\exp(\xi\widetilde{\sigma}_{ij}^+)+\alpha_{ij}^+L_j^g\exp(\xi\tau_{ij}^+)+\widetilde{\alpha}_{ij}^+L_j^{\widetilde{g}}\exp(\xi\widetilde{\tau}_{ij}^+)+$$
$$\beta_{ij}^+L_j^h\exp(\xi\zeta_{ij}^+)+\widetilde{\beta}_{ij}^+L_j^{\widetilde{h}}\exp(\xi\widetilde{\zeta}_{ij}^+)))<1, i\in\mathcal{I}_n.$$

令 $C_0=\max\limits_{i\in\mathcal{I}_n}\left\{\dfrac{a_i^-}{\Xi_i}\right\}$，则由条件$(S_3)$可知 $C_0>1$. 因此

$$\frac{1}{C_0}<\frac{\exp\left(\xi\sup\limits_{s\in\mathbb{T}}\mu(s)\right)}{a_i^- -\xi}(a_i^+\delta_i^+\exp(\xi\delta_i^+)+\sum_{j=1}^n(b_{ij}^+L_j^f\exp(\xi\sigma_{ij}^+)+$$
$$\widetilde{b}_{ij}^+L_j^{\widetilde{f}}\exp(\xi\widetilde{\sigma}_{ij}^+)+\alpha_{ij}^+L_j^g\exp(\xi\tau_{ij}^+)+\widetilde{\alpha}_{ij}^+L_j^{\widetilde{g}}\exp(\xi\widetilde{\tau}_{ij}^+)+$$
$$\beta_{ij}^+L_j^h\exp(\xi\zeta_{ij}^+)+\widetilde{\beta}_{ij}^+L_j^{\widetilde{h}}\exp(\xi\widetilde{\zeta}_{ij}^+))).$$

令

$$\|x(t)-\bar{x}(t)\|_1=\max\{\|x(t)-\bar{x}(t)\|_{\mathcal{A}^n},\|x^\Delta(t)-\bar{x}^\Delta(t)\|_{\mathcal{A}^n}\},$$

$$\|\varphi-\bar{\varphi}\|_{\tilde{\omega}}=\max\left\{\sup_{s\in[t_0-\tilde{\omega},t_0]_{\mathbb{T}}}\|\varphi(s)-\bar{\varphi}(s)\|_{\mathcal{A}^n},\sup_{s\in[t_0-\tilde{\omega},t_0]_{\mathbb{T}}}\|\varphi^\Delta(s)-\bar{\varphi}^\Delta(s)\|_{\mathcal{A}^n}\right\}.$$

另外，因为 $e_{\ominus\xi}(t,t_0)>1$，对任意 $t\in[t_0-\tilde{\omega},t_0]_{\mathbb{T}}$. 我们断言下式成立：

$$\|x(t)-\bar{x}(t)\|_1\leqslant C_0e_{\ominus\xi}(t,t_0)\|\varphi-\bar{\varphi}\|_{\tilde{\omega}},\ \forall t\in[t_0-\tilde{\omega},t_0]_{\mathbb{T}}.$$

将证明下列不等式成立

$$\|x(t)-\bar{x}(t)\|_1\leqslant C_0e_{\ominus\xi}(t,t_0)\|\varphi-\bar{\varphi}\|_{\tilde{\omega}},\ \forall t\in(t_0,+\infty)_{\mathbb{T}}.\quad(7.3.3)$$

为了证明不等式(7.3.3)，首先证明对任意 $\zeta>1$，以下不等式成立：

$$\|x(t)-\bar{x}(t)\|_1<\zeta C_0 e_{\ominus\xi}(t,t_0)\|\varphi-\bar{\varphi}\|_{\tilde{\omega}},\forall t\in(t_0,+\infty)_{\mathbb{T}}.\tag{7.3.4}$$

用反证法证明上式不等式，若不等式(7.3.4)不成立，则必存在某个 $t_1\in(t_0,+\infty)_{\mathbb{T}}$ 使得

$$\|x(t_1)-\bar{x}(t_1)\|_1\geqslant\zeta C_0\|\varphi-\bar{\varphi}\|_{\tilde{\omega}}e_{\ominus\xi}(t_1,t_0),$$

$$\|x(t)-\bar{x}(t)\|_{\mathcal{A}^n}<\zeta C_0\|\varphi-\bar{\varphi}\|_{\tilde{\omega}}e_{\ominus\xi}(t,t_0),t\in(t_0,t_1)_{\mathbb{T}}.$$

因此，必存在常数 $c\geqslant 1$ 使得

$$\|x(t_1)-\bar{x}(t_1)\|_{\mathcal{A}^n}=c\zeta C_0\|\varphi-\bar{\varphi}\|_{\tilde{\omega}}e_{\ominus\xi}(t_1,t_0),\tag{7.3.5}$$

$$\|x(t)-\bar{x}(t)\|_1<c\zeta C_0\|\varphi-\bar{\varphi}\|_{\tilde{\omega}}e_{\ominus\xi}(t,t_0),t\in(t_0,t_1)_{\mathbb{T}}.\tag{7.3.6}$$

由式(7.3.5)、不等式(7.3.6)、式(7.3.2)和 $C_0>1$，有

$$\begin{aligned}
&\|x_i(t_1)-\bar{x}_i(t_1)\|_{\mathcal{A}^n}\\
=&\max_{i\in\mathcal{I}_n}\Big\{\Big\|(x_i(t_0)-\bar{x}_i(t_0))e_{-a_i}(t_1,t_0)+\int_{t_0}^{t_1}e_{-a_i}(t_1,\sigma(s))\times\\
&(a_i(s)\int_{s-\delta_i(s)}^{s}(x_i^{\Delta}(u)-\bar{x}_i^{\Delta}(u))\Delta u+\\
&\sum_{j=1}^{n}b_{ij}(s)(f_j(x_j(s-\sigma_{ij}(s)))-f_j(\bar{x}_j(s-\sigma_{ij}(s))))+\\
&\sum_{j=1}^{n}\tilde{b}_{ij}(s)(\tilde{f}_j(x_j^{\Delta}(s-\tilde{\sigma}_{ij}(s)))-\tilde{f}_j(\bar{x}_j^{\Delta}(s-\tilde{\sigma}_{ij}(s))))+\\
&\bigwedge_{j=1}^{n}\alpha_{ij}(s)(g_j(x_j(s-\tau_{ij}(s)))-g_j(\bar{x}_j(s-\tau_{ij}(s))))+\\
&\bigvee_{j=1}^{n}\tilde{\alpha}_{ij}(s)(\tilde{g}_j(x_j(s-\tilde{\tau}_{ij}(s)))-\tilde{g}_j(\bar{x}_j(s-\tilde{\tau}_{ij}(s))))+\\
&\bigwedge_{j=1}^{n}\beta_{ij}(s)(h_j(x_j^{\Delta}(s-\zeta_{ij}(s)))-h_j(\bar{x}_j^{\Delta}(s-\zeta_{ij}(s))))+\\
&\bigvee_{j=1}^{n}\tilde{\beta}_{ij}(s)(\tilde{h}_j(x_j^{\Delta}(s-\tilde{\zeta}_{ij}(s)))-\tilde{h}_j(\bar{x}_j^{\Delta}(s-\tilde{\zeta}_{ij}(s)))))\Delta s\Big\|\Big\}\\
<&\max_{i\in\mathcal{I}_n}\Big\{\|x_i(t_0)-\bar{x}_i(t_0)\|e_{-a_i}(t_1,t_0)+\\
&c\zeta C_0\|\varphi-\bar{\varphi}\|_{\tilde{\omega}}e_{\ominus\xi}(t_1,t_0)\int_{t_0}^{t_1}e_{-a_i}(t_1,\sigma(s))\times
\end{aligned}$$

$$e_{\xi}(t_1,\sigma(s))\Big(a_i^+\int_{s-\delta_i(s)}^{s}e_{\xi}(\sigma(s),u)\Delta u+\sum_{j=1}^{n}(b_{ij}^+L_j^f e_{\xi}(\sigma(s),s-\sigma_{ij}(s))+$$

$$\widetilde{b}_{ij}^+L_j^{\widetilde{f}}e_{\xi}(\sigma(s),s-\widetilde{\sigma}_{ij}(s))+\alpha_{ij}^+L_j^g e_{\xi}(\sigma(s),s-\tau_{ij}(s))+$$

$$\widetilde{\alpha}_{ij}^+L_j^{\widetilde{g}}e_{\xi}(\sigma(s),s-\widetilde{\tau}_{ij}(s))+\beta_{ij}^+L_j^h e_{\xi}(\sigma(s),s-\zeta_{ij}(s))+$$

$$\widetilde{\beta}_{ij}^+L_j^{\widetilde{h}}e_{\xi}(\sigma(s),s-\widetilde{\zeta}_{ij}(s)))\Big)\Delta s\Big\}$$

$$=\max_{i\in\mathcal{I}_n}\Big\{\|x_i(t_0)-\bar{x}_i(t_0)\|e_{-a_i}(t_1,t_0)+$$

$$c\zeta C_0\|\varphi-\bar{\varphi}\|_{\bar{\omega}}e_{\ominus\xi}(t_1,t_0)\int_{t_0}^{t_1}e_{-a_i\oplus\xi}(t_1,\sigma(s))\times$$

$$(a_i^+\delta_i^+\exp(\xi(\delta_i^++\sup_{s\in\mathbb{T}}\mu(s)))+\sum_{j=1}^{n}(b_{ij}^+L_j^f e_{\xi}(\sigma(s),s-\sigma_{ij}(s))+$$

$$\widetilde{b}_{ij}^+L_j^{\widetilde{f}}e_{\xi}(\sigma(s),s-\widetilde{\sigma}_{ij}(s))+\alpha_{ij}^+L_j^g e_{\xi}(\sigma(s),s-\tau_{ij}(s))+$$

$$\widetilde{\alpha}_{ij}^+L_j^{\widetilde{g}}e_{\xi}(\sigma(s),s-\widetilde{\tau}_{ij}(s))+\beta_{ij}^+L_j^h e_{\xi}(\sigma(s),s-\zeta_{ij}(s))+$$

$$\widetilde{\beta}_{ij}^+L_j^{\widetilde{h}}e_{\xi}(\sigma(s),s-\widetilde{\zeta}_{ij}(s)))\Delta s\Big\}$$

$$\leqslant\max_{i\in\mathcal{I}_n}\Big\{\|x_i(t_0)-\bar{x}_i(t_0)\|e_{-a_i}(t_1,t_0)+$$

$$c\zeta C_0\|\varphi-\bar{\varphi}\|_{\bar{\omega}}e_{\ominus\xi}(t_1,t_0)\int_{t_0}^{t_1}e_{-a_i\oplus\xi}(t_1,\sigma(s))\times$$

$$\Big(a_i^+\delta_i^+\exp\Big(\xi\Big(\delta_i^++\sup_{s\in\mathbb{T}}\mu(s)\Big)\Big)+\sum_{j=1}^{n}\Big(b_{ij}^+L_j^f\exp\Big(\xi\Big(\sigma_{ij}^++\sup_{s\in\mathbb{T}}\mu(s)\Big)\Big)+$$

$$\widetilde{b}_{ij}^+L_j^{\widetilde{f}}\exp\Big(\xi\Big(\widetilde{\sigma}_{ij}^++\sup_{s\in\mathbb{T}}\mu(s)\Big)\Big)+\alpha_{ij}^+L_j^g\exp\Big(\xi\Big(\tau_{ij}^++\sup_{s\in\mathbb{T}}\mu(s)\Big)\Big)+$$

$$\widetilde{\alpha}_{ij}^+L_j^{\widetilde{g}}\exp\Big(\xi\Big(\widetilde{\tau}_{ij}^++\sup_{s\in\mathbb{T}}\mu(s)\Big)\Big)+\beta_{ij}^+L_j^h\exp\Big(\xi\Big(\zeta_{ij}^++\sup_{s\in\mathbb{T}}\mu(s)\Big)\Big)+$$

$$\widetilde{\beta}_{ij}^+L_j^{\widetilde{h}}\exp\Big(\xi\Big(\widetilde{\zeta}_{ij}^++\sup_{s\in\mathbb{T}}\mu(s)\Big)\Big)\Big)\Big)\Delta s\Big\}$$

$$\leqslant\max_{i\in\mathcal{I}_n}\Big\{\frac{e_{-a_i\oplus\xi}(t_1,t_0)}{c\zeta C_0}+\exp\Big(\xi\sup_{s\in\mathbb{T}}\mu(s)\Big)(a_i^+\delta_i^+\exp(\xi\delta_i^+)+$$

$$\sum_{j=1}^{n}(b_{ij}^+L_j^f\exp(\xi\sigma_{ij}^+)+\widetilde{b}_{ij}^+L_j^{\widetilde{f}}\exp(\xi\widetilde{\sigma}_{ij}^+)+\alpha_{ij}^+L_j^g\exp(\xi\tau_{ij}^+)+$$

$$\widetilde{\alpha}_{ij}^{+}L_j^{\widetilde{g}}\exp(\xi\widetilde{\tau}_{ij}^{+})+\beta_{ij}^{+}L_j^{h}\exp(\xi\zeta_{ij}^{+})+\widetilde{\beta}_{ij}^{+}L_j^{\widetilde{h}}\exp(\xi\widetilde{\zeta}_{ij}^{+}))) \times$$

$$\int_{t_0}^{t_1} e_{-a_i\oplus\xi}(t_1,\sigma(s))\Delta s\Big\}c\zeta C_0\|\varphi-\bar{\varphi}\|_{\bar{\omega}}e_{\ominus\xi}(t_1,t_0)$$

$$\leqslant \max_{i\in\mathcal{I}_n}\Big\{\frac{e_{-a_i\oplus\xi}(t_1,t_0)}{c\zeta C_0}+\exp\Big(\xi\sup_{s\in\mathbb{T}}\mu(s)\Big)(a_i^{+}\delta_i^{+}\exp(\xi\delta_i^{+})+$$

$$\sum_{j=1}^{n}(b_{ij}^{+}L_j^{f}\exp(\xi\sigma_{ij}^{+})+\widetilde{b}_{ij}^{+}L_j^{\widetilde{f}}\exp(\xi\widetilde{\sigma}_{ij}^{+})+\alpha_{ij}^{+}L_j^{g}\exp(\xi\tau_{ij}^{+})+$$

$$\widetilde{\alpha}_{ij}^{+}L_j^{\widetilde{g}}\exp(\xi\widetilde{\tau}_{ij}^{+})+\beta_{ij}^{+}L_j^{h}\exp(\xi\zeta_{ij}^{+})+\widetilde{\beta}_{ij}^{+}L_j^{\widetilde{h}}\exp(\xi\widetilde{\zeta}_{ij}^{+}))) \times$$

$$\frac{1-e_{-a_i\oplus\xi}(t_1,t_0)}{a_i^{-}-\xi}\Big\}c\zeta C_0\|\varphi-\bar{\varphi}\|_{\bar{\omega}}e_{\ominus\xi}(t_1,t_0)$$

$$<\max_{i\in\mathcal{I}_n}\Big\{\Big[\frac{1}{C_0}-\frac{\exp\Big(\xi\sup\limits_{s\in\mathbb{T}}\mu(s)\Big)}{a_i^{-}-\xi}(a_i^{+}\delta_i^{+}\exp(\xi\delta_i^{+})+$$

$$\sum_{j=1}^{n}(b_{ij}^{+}L_j^{f}\exp(\xi\sigma_{ij}^{+})+\widetilde{b}_{ij}^{+}L_j^{\widetilde{f}}\exp(\xi\widetilde{\sigma}_{ij}^{+})+\alpha_{ij}^{+}L_j^{g}\exp(\xi\tau_{ij}^{+})+$$

$$\widetilde{\alpha}_{ij}^{+}L_j^{\widetilde{g}}\exp(\xi\widetilde{\tau}_{ij}^{+})+\beta_{ij}^{+}L_j^{h}\exp(\xi\zeta_{ij}^{+})+\widetilde{\beta}_{ij}^{+}L_j^{\widetilde{h}}\exp(\xi\widetilde{\zeta}_{ij}^{+})))\Big] \times$$

$$e_{-a_i\oplus\xi}(t_1,t_0)+\frac{\exp\Big(\xi\sup\limits_{s\in\mathbb{T}}\mu(s)\Big)}{a_i^{-}-\xi}(a_i^{+}\delta_i^{+}\exp(\xi\delta_i^{+})+$$

$$\sum_{j=1}^{n}(b_{ij}^{+}L_j^{f}\exp(\xi\sigma_{ij}^{+})+\widetilde{b}_{ij}^{+}L_j^{\widetilde{f}}\exp(\xi\widetilde{\sigma}_{ij}^{+})+\alpha_{ij}^{+}L_j^{g}\exp(\xi\tau_{ij}^{+})+$$

$$\widetilde{\alpha}_{ij}^{+}L_j^{\widetilde{g}}\exp(\xi\widetilde{\tau}_{ij}^{+})+\beta_{ij}^{+}L_j^{h}\exp(\xi\zeta_{ij}^{+})+$$

$$\widetilde{\beta}_{ij}^{+}L_j^{\widetilde{h}}\exp(\xi\widetilde{\zeta}_{ij}^{+})))\Big\}c\zeta C_0\|\varphi-\bar{\varphi}\|_{\bar{\omega}}e_{\ominus\xi}(t_1,t_0)$$

$$<c\zeta C_0\|\varphi-\bar{\varphi}\|_{\bar{\omega}}e_{\ominus\xi}(t_1,t_0).$$

类似地，由式(7.3.2)，有

$$\|x_i^{\Delta}(t_1)-\bar{x}_i^{\Delta}(t_1)\|_{\mathcal{A}^n}$$

$$<\max_{i\in\mathcal{I}_n}\{a_i^{+}\|\varphi-\bar{\varphi}\|_{\bar{\omega}}e_{-a_i}(t_1,t_0)+c\zeta C_0\|\varphi-\bar{\varphi}\|_{\bar{\omega}}$$

$$e_{\ominus\xi}(t_1,t_0)\Big(a_i^{+}\int_{t_1-\delta_i(t_1)}^{t_1}e_{\xi}(t_1,u)\Delta u+$$

$$
\begin{aligned}
&\sum_{j=1}^{n}(b_{ij}^{+}L_{j}^{f}e_{\xi}(\sigma(t_1),t_1-\sigma_{ij}(t_1))+\tilde{b}_{ij}^{+}L_{j}^{\tilde{f}}e_{\xi}(\sigma(t_1),t_1-\tilde{\sigma}_{ij}(t_1))+\\
&\alpha_{ij}^{+}L_{j}^{g}e_{\xi}(\sigma(t_1),t_1-\tau_{ij}(t_1))+\tilde{\alpha}_{ij}^{+}L_{j}^{\tilde{g}}e_{\xi}(\sigma(t_1),t_1-\tilde{\tau}_{ij}(t_1))+\\
&\beta_{ij}^{+}L_{j}^{h}e_{\xi}(\sigma(t_1),t_1-\zeta_{ij}(t_1))+\tilde{\beta}_{ij}^{+}L_{j}^{\tilde{h}}e_{\xi}(\sigma(t_1),t_1-\tilde{\zeta}_{ij}(t_1)))\Big)+\\
&a_i^{+}c\zeta C_0\|\varphi-\bar{\varphi}\|_{\tilde{\omega}}e_{\ominus\xi}(t_1,t_0)\int_{t_0}^{t_1}e_{-a_i\oplus\xi}(t_1,\sigma(s))(a_i^{+}\delta_i^{+}e_{\xi}(\sigma(s),s-\delta_i(s))+\\
&\sum_{j=1}^{n}(b_{ij}^{+}L_{j}^{f}e_{\xi}(\sigma(s),s-\sigma_{ij}(s))+\tilde{b}_{ij}^{+}L_{j}^{\tilde{f}}e_{\xi}(\sigma(s),s-\tilde{\sigma}_{ij}(s))+\\
&\alpha_{ij}^{+}L_{j}^{g}e_{\xi}(\sigma(s),s-\tau_{ij}(s))+\tilde{\alpha}_{ij}^{+}L_{j}^{\tilde{g}}e_{\xi}(\sigma(s),s-\tilde{\tau}_{ij}(s))+\\
&\beta_{ij}^{+}L_{j}^{h}e_{\xi}(\sigma(s),s-\zeta_{ij}(s))+\tilde{\beta}_{ij}^{+}L_{j}^{\tilde{h}}e_{\xi}(\sigma(s),s-\tilde{\zeta}_{ij}(s))))\Delta s\}\\
\leqslant{}&\max_{i\in\mathcal{I}_n}\{a_i^{+}\|\varphi-\bar{\varphi}\|_{\tilde{\omega}}e_{-a_i}(t_1,t_0)+c\zeta C_0\|\varphi-\bar{\varphi}\|_{\tilde{\omega}}e_{\ominus\xi}(t_1,t_0)\times\\
&(a_i^{+}\delta_i^{+}\exp(\xi\delta_i^{+})+\sum_{j=1}^{n}(b_{ij}^{+}L_{j}^{f}\exp(\xi\sigma_{ij}^{+})+\tilde{b}_{ij}^{+}L_{j}^{\tilde{f}}\exp(\xi\tilde{\sigma}_{ij}^{+})+\\
&\alpha_{ij}^{+}L_{j}^{g}\exp(\xi\tau_{ij}^{+})+\tilde{\alpha}_{ij}^{+}L_{j}^{\tilde{g}}\exp(\xi\tilde{\tau}_{ij}^{+})+\beta_{ij}^{+}L_{j}^{h}\exp(\xi\zeta_{ij}^{+})+\\
&\tilde{\beta}_{ij}^{+}L_{j}^{\tilde{h}}\exp(\xi\tilde{\zeta}_{ij}^{+})))\Big(1+a_i^{+}\exp\Big(\xi\sup_{s\in\mathbb{T}}\mu(s)\Big)\int_{t_0}^{t_1}e_{-a_i\oplus\xi}(t_1,\sigma(s))\Delta s\Big)\}\\
<{}&\max_{i\in\mathcal{I}_n}\Big\{\Big[\frac{1}{C_0}-\frac{\exp(\xi\sup_{s\in\mathbb{T}}\mu(s))}{a_i^{-}-\xi}(a_i^{+}\delta_i^{+}\exp(\xi\delta_i^{+})+\sum_{j=1}^{n}(b_{ij}^{+}L_{j}^{f}\exp(\xi\sigma_{ij}^{+})+\\
&\tilde{b}_{ij}^{+}L_{j}^{\tilde{f}}\exp(\xi\tilde{\sigma}_{ij}^{+})+\alpha_{ij}^{+}L_{j}^{g}\exp(\xi\tau_{ij}^{+})+\tilde{\alpha}_{ij}^{+}L_{j}^{\tilde{g}}\exp(\xi\tilde{\tau}_{ij}^{+})+\beta_{ij}^{+}L_{j}^{h}\exp(\xi\zeta_{ij}^{+})+\\
&\tilde{\beta}_{ij}^{+}L_{j}^{\tilde{h}}\exp(\xi\tilde{\zeta}_{ij}^{+})))\Big]e_{-a_i\oplus\xi}(t_1,t_0)+\left(1+\frac{a_i^{+}\exp\Big(\xi\sup_{s\in\mathbb{T}}\mu(s)\Big)}{a_i^{-}-\xi}\right)\times\\
&(a_i^{+}\delta_i^{+}\exp(\xi\delta_i^{+})+\sum_{j=1}^{n}(b_{ij}^{+}L_{j}^{f}\exp(\xi\sigma_{ij}^{+})+\tilde{b}_{ij}^{+}L_{j}^{\tilde{f}}\exp(\xi\tilde{\sigma}_{ij}^{+})+\\
&\alpha_{ij}^{+}L_{j}^{g}\exp(\xi\tau_{ij}^{+})+\tilde{\alpha}_{ij}^{+}L_{j}^{\tilde{g}}\exp(\xi\tilde{\tau}_{ij}^{+})+\beta_{ij}^{+}L_{j}^{h}\exp(\xi\zeta_{ij}^{+})+\\
&\tilde{\beta}_{ij}^{+}L_{j}^{\tilde{h}}\exp(\xi\tilde{\zeta}_{ij}^{+})))\Big\}c\zeta C_0\|\varphi-\bar{\varphi}\|_{\tilde{\omega}}e_{\ominus\xi}(t_1,t_0)\\
<{}&c\zeta C_0\|\varphi-\bar{\varphi}\|_{\tilde{\omega}}e_{\ominus\xi}(t_1,t_0).
\end{aligned}
$$

因此

$$\|x(t_1)-\bar{x}(t_1)\|_1<c\zeta C_0\|\varphi-\bar{\varphi}\|_{\bar{\omega}}e_{\ominus\xi}(t_1,t_0),$$

这与式(7.3.5)矛盾，因此式(7.3.4)成立. 令 $\zeta\to1$，则有式(7.3.3)成立. 因此根据定义 3.3，系统(7.2.4)的几乎自守解是全局指数稳定的. 证毕.

7.4 数值例子

本节我们给出一个数值例子说明定理 7.1 和定理 7.2 的有效性和合理性.

例 7.1 在系统(7.2.4)中，令 $n=2,\tilde{m}=3$. 取系数如下：

$$a_1(t)=0.4+0.3|\sin\sqrt{3}t|,a_2(t)=0.8+0.1|\cos 6t|,f_j(x)=\tilde{f}_j(x)$$

$$=\frac{1}{29}e_0\sin\sqrt{3}x^{123}+\frac{3}{70}\sin(x^2+x^{12})e_1+\frac{1}{25}e_2\tanh 0.4x^3+$$

$$\frac{1}{34}e_3\sin(x^{12}+x^{13})+\frac{1}{36}e_{12}\sin^2x^{23}+\frac{1}{30}\sin(x^0+x^1)e_{13}+$$

$$\frac{1}{33}e_{23}\tanh x^2+\frac{1}{35}e_{123}\sin(x^{12}+x^{123}),j=1,2,$$

$$g_j(x)=\tilde{g}_j(x)=\frac{\sqrt{2}}{40}e_0\sin\sqrt{2}x^{23}+\frac{2}{29}|x^0+x^1|e_1+\frac{1}{36}e_2\tanh x^3+$$

$$\frac{5}{57}e_3\sin(x^{123}+x^{23})+\frac{1}{39}(|x^1+1|-|x^3-1|)e_{12}+e_{13}\sin\frac{\sqrt{2}}{50}(x^0+x^{12})-$$

$$\frac{2}{101}e_{23}\sin x^{23}+\frac{1}{34}e_{123}\tanh(x^0+x^2+x^3),j=1,2,$$

$$h_j(x)=\tilde{h}_j(x)=\frac{\sqrt{3}}{100}e_0\sin\sqrt{3}x^0+\frac{2}{59}|x^1+x^{13}|e_1+\frac{1}{48}e_2\tanh x^2+$$

$$\frac{4}{97}e_3\sin(x^3+x^{12})+\frac{1}{57}(|x^{12}|)e_{12}+e_{13}\sin\frac{\sqrt{2}}{98}(x^0+x^{13})+$$

$$e_{23}\frac{2}{97}\tanh x^{23}+\frac{1}{34}e_{123}\sin(x^{23}+x^3+x^{123}),j=1,2,$$

$$I_1(t)=0.05e_0\sin\sqrt{3}t+\left(0.005+0.05\sin\sqrt{5}t\right)e_1+0.07e_2\cos 3t+0.04e_3\cos\sqrt{7}t+$$

$0.09e_{12}\cos 4t+\left(0.01+0.06\cos\sqrt{5}t\right)e_{13}+0.06e_{23}\sin 2t+0.04e_{123}\sin 2t,$

$I_2(t)=0.07e_0\cos\sqrt{5}t+0.06e_1\sin 2t+0.08e_2\cos 5t+0.08e_3\sin\sqrt{5}t+$

$0.05e_{12}\cos 3t+0.07e_{13}\sin\sqrt{7}t+0.06e_{23}\sin 2t+0.09e_{123}\cos 3t,$

$b_{11}(t)=0.03e_0\sin 2t+0.01e_3\cos 3t+0.01e_{23}\sin 6t+0.03e_{123}\cos^2 7t,$

$b_{12}(t)=0.04e_0\cos 3t+0.02e_2\sin 5t+0.01e_3\sin 6t+0.03e_{12}\sin^2 3t,$

$b_{21}(t)=0.035e_2\sin 2t+0.01e_3\cos 3t+0.02e_{13}\cos 6t+0.03e_{23}\sin^2 7t,$

$b_{22}(t)=0.04e_3\cos 5t+0.02e_{12}\sin 7t+0.02e_{13}\cos 6t+0.03e_{23}\cos^2 6t,$

$\tilde{b}_{11}(t)=0.02e_0\cos t+0.01e_3\sin 2t+0.01e_{23}\sin 4t+0.03e_{123}\sin^2 5t,$

$\tilde{b}_{12}(t)=0.02e_0\sin 3t+0.02e_2\cos 4t+0.01e_3\cos 3t+0.04e_{12}\cos^2 3t,$

$\tilde{b}_{21}(t)=0.03e_2\sin 5t+0.01e_3\cos 3t+0.035e_{13}\cos 4t+0.02e_{23}\sin^2 7t,$

$\tilde{b}_{22}(t)=0.025e_3\cos 3t+0.01e_{12}\sin^2 5t+0.04e_{13}\sin 3t+0.03e_{23}\cos 2t,$

$d_{11}(t)=0.01e_0\cos 3\sqrt{2}t+0.03e_1\sin\sqrt{7}t+0.01e_3\cos 2t+0.01e_{13}\cos 2\sqrt{7}t,$

$d_{12}(t)=0.01e_0\sin 2\sqrt{5}t+0.03e_1\cos 2\sqrt{5}t+0.02e_{12}\sin 2t+0.01e_{23}\sin\sqrt{2}t,$

$d_{21}(t)=0.02e_2\cos 3\sqrt{2}t+0.03e_3\sin\sqrt{7}t+0.01e_{23}\cos 2t+0.01e_{123}\sin\sqrt{3}t,$

$d_{22}(t)=0.02e_3\sin\sqrt{3}t+0.03e_{12}\cos\sqrt{3}t+0.02e_{13}\sin 2t+0.01e_{23}\cos\sqrt{2}t,$

$\alpha_{11}(t)=\tilde{\alpha}_{11}(t)=0.01e_3\sin 5t+0.02e_{12}\sin 2t+0.02e_{13}\sin 8t+0.01e_{23}\cos^2 2t,$

$\alpha_{12}(t)=\tilde{\alpha}_{12}(t)=0.02e_2\cos 3t+0.04e_3\cos 5t+0.02e_{12}\sin 6t+0.01e_{123}\sin 3t,$

$\alpha_{21}(t)=\tilde{\alpha}_{21}(t)=0.01e_1\cos 3t+0.02e_2\cos 2t+0.02e_3\sin 8t+0.01e_{12}\cos^2 2t,$

$\alpha_{22}(t)=\tilde{\alpha}_{22}(t)=0.02e_0\sin 6t+0.03e_1\sin 7t+0.02e_2\sin 5t+0.01e_{13}\sin^2 5t,$

$\beta_{11}(t)=\tilde{\beta}_{11}(t)=0.03e_0\sin t+0.01e_1\cos 6t+0.02e_2\sin\sqrt{5}t+0.02e_{123}\cos 2t,$

$\beta_{12}(t)=\tilde{\beta}_{12}(t)=0.01e_0\cos 3t+0.03e_1\sin 2t+0.04e_2\cos\sqrt{6}t+0.01e_{23}\sin 3t,$

$\beta_{21}(t)=\tilde{\beta}_{21}(t)=0.03e_0\sin t+0.01e_1\sin t+0.02e_2\cos\sqrt{3}t+0.02e_{12}\sin 3t,$

$\beta_{22}(t)=\tilde{\beta}_{22}(t)=0.02e_1\cos 5t+0.02e_2\cos 3t+0.01e_{12}\sin\sqrt{6}t+0.01e_{123}\cos 7t,$

$T_{11}(t)=(0.02+0.01\cos 2t)e_0+0.01e_{12}\sin^2 3t+0.01e_{23}\sin 5t+0.01e_{123}\cos 3t$,

$T_{12}(t)=(0.02+0.02\sin 3t)e_2+0.01e_3\cos 2t+0.01e_{23}\cos 3t+0.01e_{123}\sin t$,

$T_{21}(t)=(0.02+0.01\sin 2t)e_3+0.01e_{12}\sin^2 2t+0.02e_{13}\sin 5t+0.02e_{23}\cos 2t$,

$T_{22}(t)=(0.02+0.02\cos 5t)e_0+0.01e_1\cos^2 5t+0.02e_3\cos 2t+0.02e_{12}\sin t$,

$S_{11}(t)=0.01e_0\sin 5t+0.01e_1\cos t+0.01e_2\cos 9t+0.01e_{12}\sin 3t$,

$S_{12}(t)=0.01e_0\cos 3t+0.02e_1\cos 3t+0.01e_2\cos 7t+0.02e_{12}\cos t$,

$S_{21}(t)=0.01e_0\sin 5t+0.01e_1\sin t+0.01e_2\sin 9t+0.03e_{12}\sin 2t$,

$S_{22}(t)=0.01e_0\cos 6t+0.02e_1\sin 2t+0.03e_2\sin 5t+0.04e_{12}\cos t$,

$\mu_1(t)=0.02e_2\cos 2t+0.02e_3\cos^2 t+0.02e_{23}\sin 3t+0.01e_{123}\sin\sqrt{2}t$,

$\mu_2(t)=0.01e_1\sin t+0.04e_2\sin^2 t+0.03e_3\cos 5t+0.01e_{12}\cos\sqrt{3}t$.

$\delta_i(t)=0.2|\sin \pi t|,\sigma_{ij}(t)=4\left|\sin\left(3\pi t+\frac{3\pi}{2}\right)\right|,\tilde{\sigma}_{ij}(t)=4|\cos 4\pi t|$,

$\tau_{ij}(t)=2e^{-7\left|\cos(\pi t+\frac{\pi}{2})\right|},\tilde{\tau}_{ij}(t)=2\left|\sin\left(2\pi t+\frac{\pi}{2}\right)\right|,\zeta_{ij}(t)=3e^{-|\sin 3\pi t|}$,

$\tilde{\zeta}_{ij}(t)=3|\cos 4\pi t|,i,j=1,2$.

通过计算,有

$L_j^f=L_j^{\tilde{f}}=\frac{\sqrt{3}}{29},L_j^g=L_j^{\tilde{g}}=\frac{5}{57},L_j^h=L_j^{\tilde{h}}=\frac{4}{97},a_1^+=0.7,a_2^+=0.9$,

$a_1^-=0.4,a_2^-=0.8,b_{11}^+=\tilde{b}_{11}^+=0.03,b_{12}^+=\tilde{b}_{12}^+=b_{22}^+=\tilde{b}_{22}^+=0.04$,

$b_{21}^+=\tilde{b}_{21}^+=0.035,\alpha_{11}^+=\tilde{\alpha}_{11}^+=\alpha_{21}^+=\tilde{\alpha}_{21}^+=0.02,\alpha_{12}^+=\tilde{\alpha}_{12}^+=0.04$,

$\alpha_{22}^+=\tilde{\alpha}_{22}^+=0.03,\beta_{11}^+=\tilde{\beta}_{11}^+=\beta_{21}^+=\tilde{\beta}_{21}^+=0.03,\beta_{12}^+=\tilde{\beta}_{12}^+=0.04,\beta_{22}^+=\tilde{\beta}_{22}^+=0.02$.

对于 $i,j=1,2$,当$\mathbb{T}=\mathbb{R}$时,得

$\delta_i^+=0.2,\Xi_1\approx 0.164\,7,\Xi_2\approx 0.201\,9$,

$$\max\left\{\frac{\Xi_1}{a_1^-},\frac{\Xi_2}{a_2^-},\Xi_1\left(1+\frac{a_1^+}{a_1^-}\right),\Xi_2\left(1+\frac{a_2^+}{a_2^-}\right)\right\}$$

$$\approx\max\{0.411\,8,0.252\,4,0.452\,9,0.429\,0\}=0.452\,9=\rho<1,$$

当$\mathbb{T}=\mathbb{Z}$时,得

$\delta_i^+=0,\Xi_1\approx 0.0247,\Xi_2\approx 0.0219,$

$$\max\left\{\frac{\Xi_1}{a_1^-},\frac{\Xi_2}{a_2^-},\Xi_1\left(1+\frac{a_1^+}{a_1^-}\right),\Xi_2\left(1+\frac{a_2^+}{a_2^-}\right)\right\}$$

$$\approx\max\{0.0616,0.0274,0.0679,0.0465\}=0.0679=\rho<1.$$

因此，无论$\mathbb{T}=\mathbb{R}$还是$\mathbb{T}=\mathbb{Z}$，都有$-a_i\in\mathcal{R}^+,i=1,2$且容易验证定理 7.2 中的所有条件都成立.因此，例 7.1 在系统(7.2.4)中存在唯一几乎自守解，该解是指数稳定的.通过 MATLAB 进行仿真，图 7.1—7.8 显示了系统(7.2.4)的状态轨迹变量 $x_1(t)$，$x_2(t)$，$x_1(n)$ 和 $x_2(n)$的时间响应.

图 7.1 具有初始值

$(x_1^0(0),x_2^0(0))^{\mathrm{T}}=(0.01,-0.03)^{\mathrm{T}},(-0.04,0.05)^{\mathrm{T}},(0.1,-0.08)^{\mathrm{T}},$

$(x_1^1(0),x_2^1(0))^{\mathrm{T}}=(0.02,-0.01)^{\mathrm{T}},(0.05,-0.04)^{\mathrm{T}},(-0.09,0.08)^{\mathrm{T}}.$

图 7.2 具有初始值

$(x_1^2(0),x_2^2(0))^{\mathrm{T}}=(-0.03,0.02)^{\mathrm{T}},(-0.06,0.05)^{\mathrm{T}},(0.09,-0.08)^{\mathrm{T}},$

$(x_1^3(0),x_2^3(0))^{\mathrm{T}}=(0.02,-0.03)^{\mathrm{T}},(-0.07,-0.05)^{\mathrm{T}},(-0.1,0.1)^{\mathrm{T}}.$

图 7.3 具有初始值

$(x_1^{12}(0),x_2^{12}(0))^{\mathrm{T}}=(-0.01,0.03)^{\mathrm{T}},(0.07,0.05)^{\mathrm{T}},(-0.06,-0.09)^{\mathrm{T}},$

$(x_1^{13}(0),x_2^{13}(0))^{\mathrm{T}}=(0.04,-0.02)^{\mathrm{T}},(0.09,-0.06)^{\mathrm{T}},(-0.08,-0.1)^{\mathrm{T}}.$

图 7.4 具有初始值

$(x_1^{23}(0),x_2^{23}(0))^{\mathrm{T}}=(0.05,0.02)^{\mathrm{T}},(-0.02,-0.05)^{\mathrm{T}},(0.07,-0.08)^{\mathrm{T}},$

$(x_1^{123}(0),x_2^{123}(0))^{\mathrm{T}}=(-0.01,0.02)^{\mathrm{T}},(-0.09,0.1)^{\mathrm{T}},(0.05,-0.03)^{\mathrm{T}}.$

图 7.5 具有初始值

$(x_1^0(0),x_2^0(0))^{\mathrm{T}}=(0.01,-0.02)^{\mathrm{T}},(0.05,-0.08)^{\mathrm{T}},(0.08,-0.06)^{\mathrm{T}},$

$(x_1^1(0),x_2^1(0))^{\mathrm{T}}=(0.03,-0.01)^{\mathrm{T}},(-0.06,0.09)^{\mathrm{T}},(-0.1,0.04)^{\mathrm{T}}.$

图 7.6 具有初始值

$(x_1^2(0),x_2^2(0))^{\mathrm{T}}=(-0.02,0.01)^{\mathrm{T}},(-0.07,0.08)^{\mathrm{T}},(-0.09,0.05)^{\mathrm{T}},$

$(x_1^3(0),x_2^3(0))^{\mathrm{T}}=(-0.01,0.02)^{\mathrm{T}},(-0.07,-0.04)^{\mathrm{T}},(0.06,-0.1)^{\mathrm{T}}.$

图 7.7 具有初始值

$(x_1^{12}(0),x_2^{12}(0))^{\mathrm{T}}=(0.05,-0.07)^{\mathrm{T}},(-0.1,-0.03)^{\mathrm{T}},(0.09,0.01)^{\mathrm{T}}$,

$(x_1^{13}(0),x_2^{13}(0))^{\mathrm{T}}=(0.02,-0.03)^{\mathrm{T}},(-0.06,-0.1)^{\mathrm{T}},(0.07,0.1)^{\mathrm{T}}$.

图 7.8 具有初始值

$(x_1^{23}(0),x_2^{23}(0))^{\mathrm{T}}=(-0.01,0.03)^{\mathrm{T}},(-0.09,0.08)^{\mathrm{T}},(-0.05,0.06)^{\mathrm{T}}$,

$(x_1^{123}(0),x_2^{123}(0))^{\mathrm{T}}=(-0.02,0.09)^{\mathrm{T}},(-0.1,0.02)^{\mathrm{T}},(0.05,-0.04)^{\mathrm{T}}$.

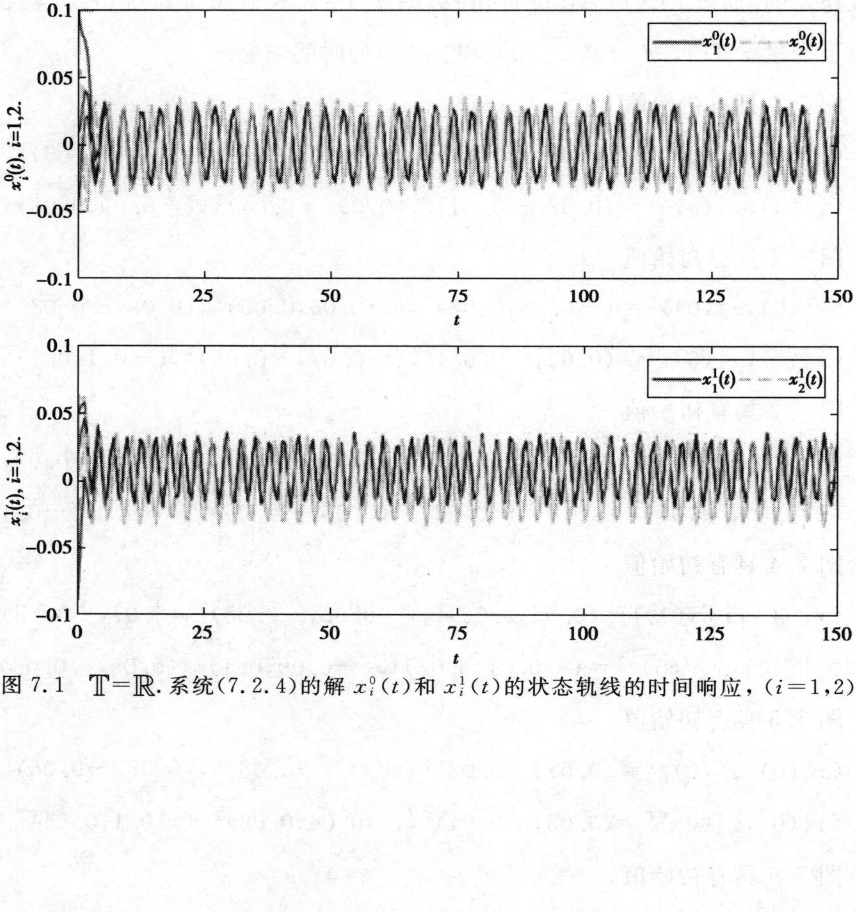

图 7.1 $\mathbb{T}=\mathbb{R}$. 系统(7.2.4)的解 $x_i^0(t)$和 $x_i^1(t)$的状态轨线的时间响应，$(i=1,2)$

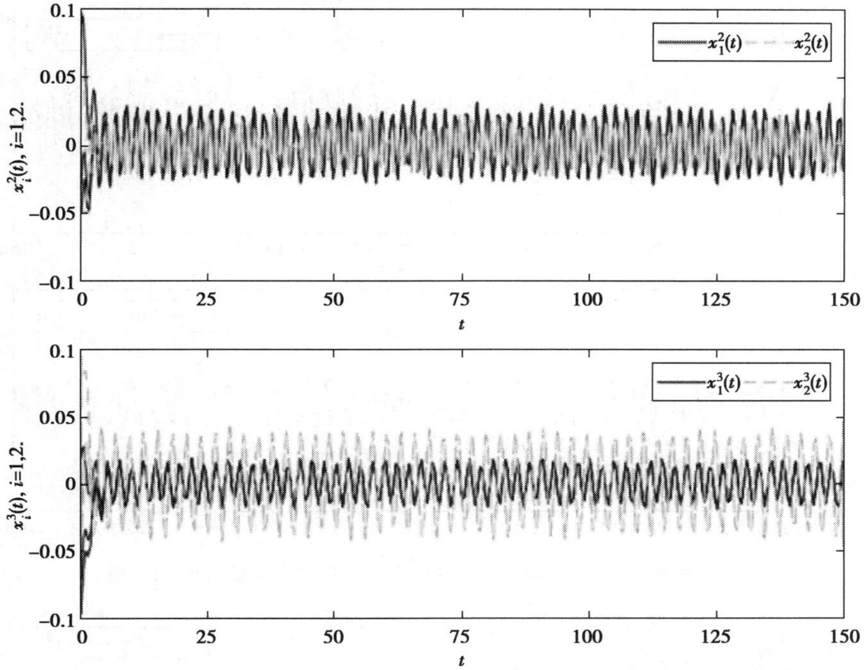

图 7.2　$\mathbb{T}=\mathbb{R}$. 系统(7.2.4)的解 $x_i^2(t)$和 $x_i^3(t)$的状态轨线的时间响应，$(i=1,2)$

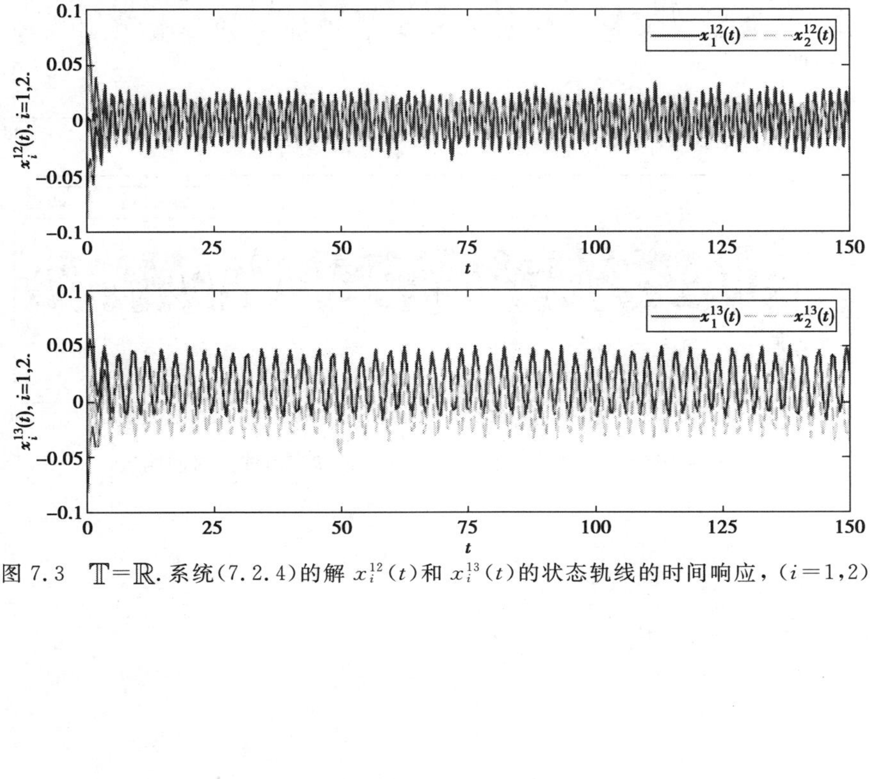

图 7.3　$\mathbb{T}=\mathbb{R}$. 系统(7.2.4)的解 $x_i^{12}(t)$和 $x_i^{13}(t)$的状态轨线的时间响应，$(i=1,2)$

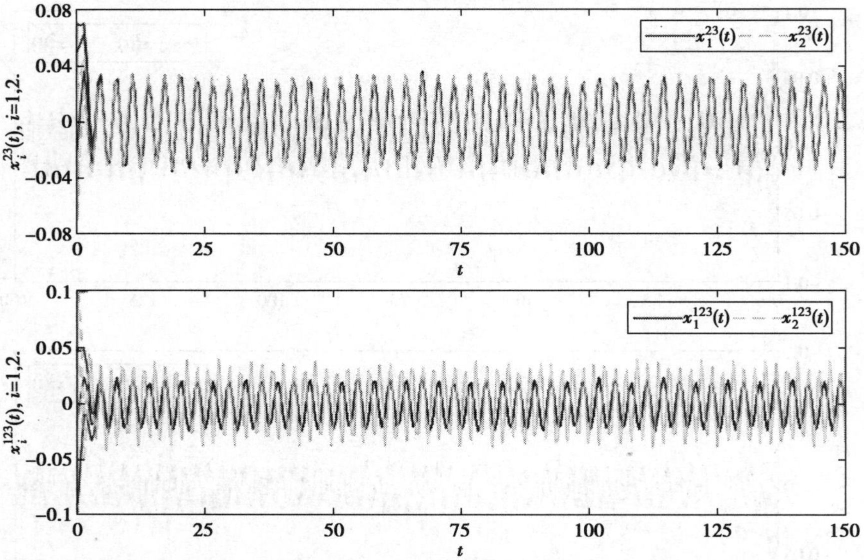

图 7.4 $\mathbb{T}=\mathbb{R}$. 系统(7.2.4)的解 $x_i^{23}(t)$和 $x_i^{123}(t)$的状态轨线的时间响应，$(i=1,2)$

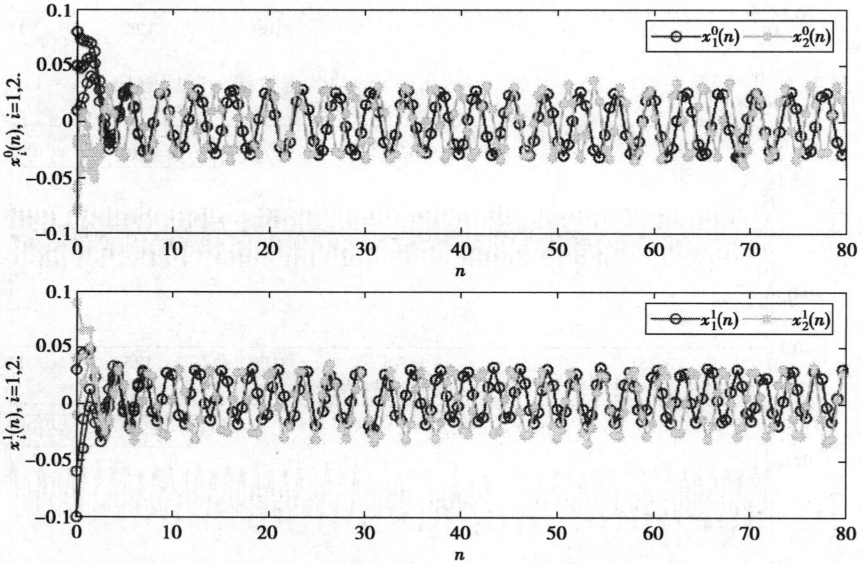

图 7.5 $\mathbb{T}=\mathbb{Z}$. 系统(7.2.4)的解 $x_i^0(n)$和 $x_i^1(n)$的状态轨线的时间响应，$(i=1,2)$

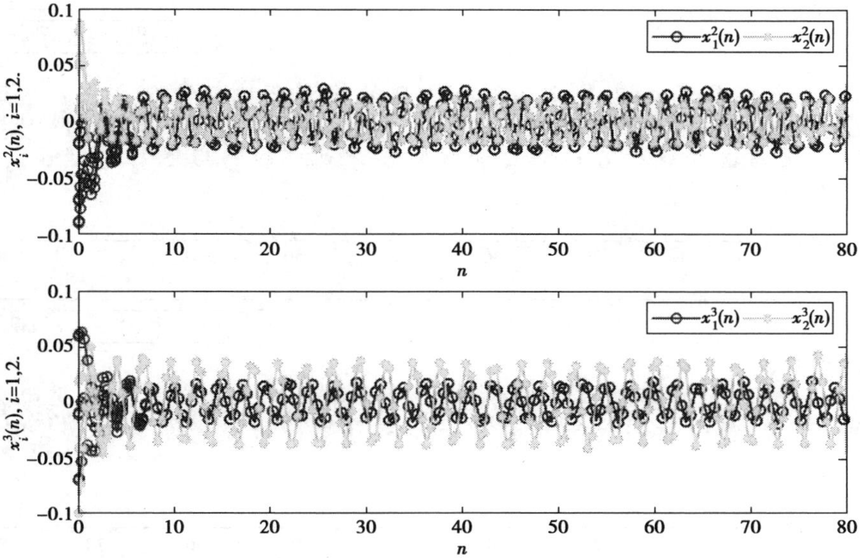

图 7.6　$\mathbb{T}=\mathbb{Z}$. 系统(7.2.4)的解 $x_i^2(n)$和 $x_i^3(n)$的状态轨线的时间响应，$(i=1,2)$

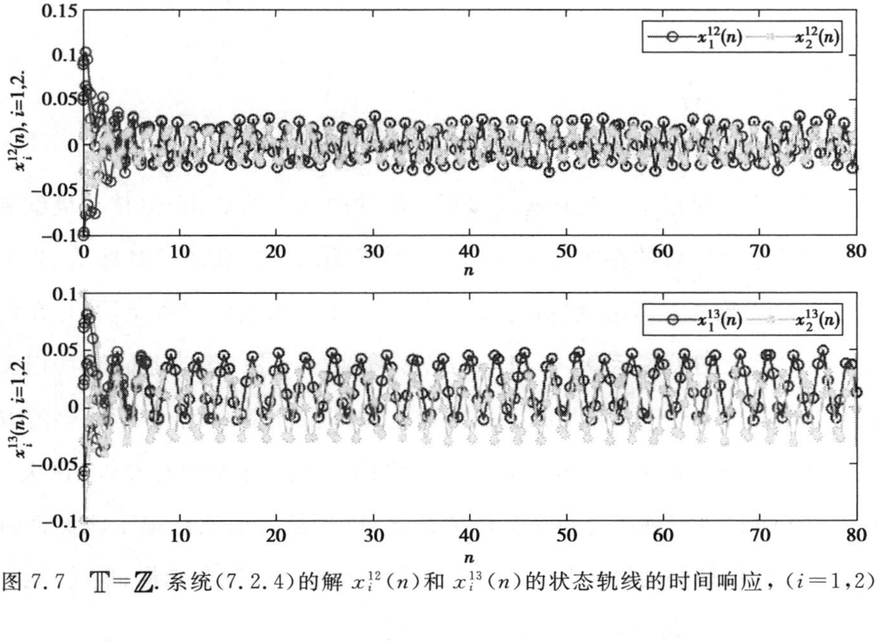

图 7.7　$\mathbb{T}=\mathbb{Z}$. 系统(7.2.4)的解 $x_i^{12}(n)$和 $x_i^{13}(n)$的状态轨线的时间响应，$(i=1,2)$

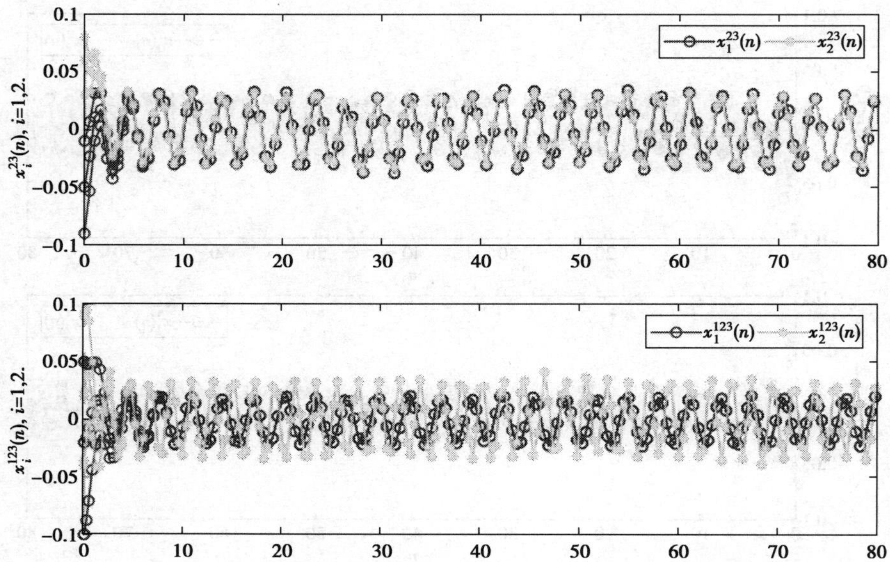

图 7.8　$\mathbb{T}=\mathbb{Z}$. 系统(7.2.4)的解 $x_i^{23}(n)$和 $x_i^{123}(n)$的状态轨线的时间响应，$(i=1,2)$

7.5　小　结

本章研究了时标上一类具有连接项时滞的中立型的 Clifford 值模糊细胞神经网络的几乎自守解的存在性和指数稳定性问题. 首先,介绍了时标上 Clifford 值几乎自守函数基本理论,包括定义、运算和性质等以及研究对象,并且在定义了 Clifford 数上的模糊运算[模糊与(∧)模糊或(∨)]的基础上证明其相关性质;其次,通过 Banach 不动点定理和时标上的微积分理论,结合不分解的方法直接得到了时标上该类 Clifford 值神经网络的几乎自守解的存在性;再次，在不对 Clifford 值神经网络进行实分解的情况下,通过反证法获得了能保证时标上该 Clifford 值神经网络的几乎自守解的指数稳定性的充分判据;最后,通过一个数值例子验证了我们的结果的正确和可行性.

第 8 章　时标上具连接项时滞的中立型 Clifford 值分流抑制细胞神经网络的几乎自守同步

8.1　引　言

自 Bouzerdoum 和 Pinter 在文献[143]中提出了分流抑制细胞神经网络以来，它在信号处理、语音、机器人、感知、模式识别和图像处理等领域中得到了广泛的应用(见文献[144]—[146]). 众所周知，神经网络的动力学行为在其应用中起着至关重要的作用，因此人们研究其动态行为具有重要意义，并且越来越多的学者专注于分流抑制细胞神经网络的动力学研究(见文献[147]—[153]). 特别是有许多学者研究了分流抑制细胞神经网络各种解的存在性和稳定性. 例如，在文献[148]中，Xu 和 Liao 等人探究了具有时变时滞的随机分流抑制细胞神经网络的周期解的存在性和 p-指数稳定性；Cai 和 Zhang 等人在文献[151]中获得了具有时变时滞的分流抑制细胞神经网络的概周期解的存在性和稳定性；在文献[152]中，Li 和 Shu 研究了具有混合时滞的分流抑制细胞神经网络的加权伪概周期解.

据我们所知，目前还没有关于时标上具连接项时滞的中立型 Clifford 值分流抑制细胞神经网络的几乎自守解的同步性的文章发表. 因此，对该 Clifford 值神经网络的研究在理论上和应用上都具有挑战性.

本章的结构如下：在第 8.2 节中，介绍了研究的模型和预备知识，并说明了后面章节中需要的一些初步结果. 在第 8.3 节中，为系统 (8.2.3) 的几乎自守解的存在性建立了一些充分条件. 在第 8.4 节中，研究了几乎自守解的同步性问题. 在第 8.5 节中，给出了一个数值例子来说明我们在前几节中获得的结果的可行性. 最后，在第 8.6 节得出结论.

8.2 模型描述和预备知识

对任意 $x=\sum\limits_{A}x^{A}\in\mathcal{A}$，其范数定义为 $\|x\|=\max\limits_{A\in\Lambda}\{|x^{A}|\}$ 以及定义 $x=(x_{11},x_{12},\cdots,x_{mn})^{T}\in\mathcal{A}^{mn}$ 的范数为 $\|x\|_{\mathcal{A}^{mn}}=\max\limits_{p\in T}\{\|x_{p}\|\}$，其中

$T:=\{11,12,\cdots,1n,\cdots,m1,m2,\cdots,mn\}$.

引理 8.1　若 $x\in C^{1}(\mathbb{T},\mathcal{A})$，$x,x^{\nabla}\in AA(\mathbb{T},\mathcal{A})$，$\tau\in UC(\mathbb{T},\mathbb{R})\cap AA(\mathbb{T},\Pi)$，则 $x(\cdot-\tau(\cdot))\in AA(\mathbb{T},\mathcal{A})$.

引理 8.2　若 $a,b\in BC(\mathbb{T},\mathbb{R}^{+})$，$-a,-b\in R_{\nu}^{+}$ 和 $t,s\in\mathbb{T}$，$\eta\in\Pi$，则 $\hat{e}_{-a}(t+\eta,\rho(s+\eta))-\hat{e}_{-b}(t,\rho(s))=\int_{\rho(s)}^{t}\hat{e}_{-b}(t,\rho(\theta))(b(\theta)-a(\theta+\eta))\hat{e}_{-a}(\theta+\eta,\rho(s+\eta))\nabla\theta$.

证明　根据$(\hat{e}_{-a}(t,s))^{\nabla}=-a(t)\hat{e}_{-a}(t,s)$，有下列成立：

$$(\hat{e}_{-a}(t+\eta,\rho(s+\eta)))^{\nabla}+b(t)\hat{e}_{-a}(t+\eta,\rho(s+\eta))$$
$$=(b(t)-a(t+\eta))\hat{e}_{-a}(t+\eta,\rho(s+\eta)).\tag{8.2.1}$$

然后，用 $\hat{e}_{-b}(\rho(s),\rho(t))$ 同时乘以等式(8.2.1)两边，并在$[\rho(s),t]_{\mathbb{T}}$上积分，可得

$$\int_{\rho(s)}^{t}(\hat{e}_{-a}(\theta+\eta,\rho(s+\eta)))^{\nabla}\hat{e}_{-b}(\rho(s),\rho(\theta))\nabla\theta+$$
$$\int_{\rho(s)}^{t}b(\theta)\hat{e}_{-a}(\theta+\eta,\rho(s+\eta))\hat{e}_{-b}(\rho(s),\rho(\theta))\nabla\theta$$

$$=\int_{\rho(s)}^{t}\hat{e}_{-b}(\rho(s),\rho(\theta))(b(\theta)-a(\theta+\eta))\hat{e}_{-a}(\theta+\eta,\rho(s+\eta))\nabla\theta.$$

由$[\hat{e}_p(c,\cdot)]^{\nabla}=-p[\hat{e}_p(c,\cdot)]^{\rho}$ 和引理 6.2，有

$$\int_{\rho(s)}^{t}\hat{e}_{-b}(\rho(s),\rho(\theta))(b(\theta)-a(\theta+\eta))\hat{e}_{-a}(\theta+\eta,\rho(s+\eta))\nabla\theta$$

$$=\int_{\rho(s)}^{t}((\hat{e}_{-a}(\theta+\eta,\rho(s+\eta)))^{\nabla}\hat{e}_{-b}(\rho(s),\rho(\theta))+$$

$$\hat{e}_{-a}(\theta+\eta,\rho(s+\eta))(\hat{e}_{-b}(\rho(s),\theta))^{\nabla})\nabla\theta$$

$$=\int_{\rho(s)}^{t}(\hat{e}_{-a}(\theta+\eta,\rho(s+\eta))\hat{e}_{-b}(\rho(s),\theta))^{\nabla}\nabla\theta$$

$$=\hat{e}_{-a}(t+\eta,\rho(s+\eta))\hat{e}_{-b}(\rho(s),t)-1. \tag{8.2.2}$$

然后，用$\hat{e}_{-b}(t,\rho(s))$同时乘以等式(8.2.2) 两边，可得

$$\hat{e}_{-a}(t+\eta,\rho(s+\eta))-\hat{e}_{-b}(t,\rho(s))$$

$$=\int_{\rho(s)}^{t}\hat{e}_{-b}(t,\rho(s))\hat{e}_{-b}(\rho(s),\rho(\theta))(b(\theta)-a(\theta+\eta))\hat{e}_{-a}(\theta+\eta,\rho(s+\eta))$$

$$\nabla\theta$$

$$=\int_{\rho(s)}^{t}\hat{e}_{-b}(t,\rho(\theta))(b(\theta)-a(\theta+\eta))\hat{e}_{-a}(\theta+\eta,\rho(s+\eta))\nabla\theta.$$

证毕.

引理 8.3　设 $f\in AA(\mathbb{R},\mathbb{R}^{+})$ 且$\inf\limits_{t\in\mathbb{T}}\{1+f(t)\nu(t)\}>0$，则$-f,-f^{*}\in\mathbb{R}^{+}_{\nu}$，其中 f^{*} 由定义 7.1 所给出.

本章主要考虑了如下时标上具有连接项时滞的中立型 Clifford 值分流抑制细胞神经网络：

$$x_{ij}^{\nabla}(t)=-a_{ij}(t)x_{ij}(t-\sigma_{ij}(t))-\sum_{C_{kl}\in N_{r}(i,j)}C_{ij}^{kl}(t)f(x_{kl}(t-\tau_{kl}(t)))x_{ij}(t)-$$

$$\sum_{C_{kl}\in N_{\widetilde{r}}(i,j)}H_{ij}^{kl}(t)\widetilde{f}(x_{kl}^{\nabla}(t-\eta_{kl}(t)))x_{ij}(t)-$$

$$\sum_{C_{kl}\in N_{q}(i,j)}B_{ij}^{kl}(t)\int_{t-\delta_{kl}(t)}^{t}g(x_{kl}(u))\nabla u x_{ij}(t)+L_{ij}(t),t\in\mathbb{T}, \tag{8.2.3}$$

其中$\mathbb{T}$表示概周期时标，$ij\in T$；nm 表示神经网络中神经元的条数；C_{ij}

表示在格框架下处于位置(i,j)的细胞；C_{ij} 的 $\tilde{r}$ 领域 $N_{\tilde{r}}(i,j)$ 表示为：

$$N_{\tilde{r}}(i,j)=\{C_{kl}:\max(|k-i|,|l-j|)\leqslant \tilde{r},1\leqslant k\leqslant m,1\leqslant l\leqslant n\},$$

可类似定义 $N_r(i,j)$，$N_q(i,j)$；$x_{ij}(t)\in\mathcal{A}$为细胞 C_{ij} 在 t 时刻的活动等级函数；$a_{ij}(t)>0$ 表示 t 时刻细胞活动的被动衰减率；$C_{ij}^{kl}(t)\geqslant 0$，$H_{ij}^{kl}(t)\geqslant 0$ 和 $B_{ij}^{kl}(t)\geqslant 0$ 分别表示 $N_r(i,j)$，$N_{\tilde{r}}(i,j)$ 和 $N_q(i,j)$ 中的细胞传输到细胞 C_{ij} 的突触活动的联结或耦合强度；$L_{ij}(t)\in\mathcal{A}$表示 t 时刻到细胞 C_{ij} 的外部输入；连续函数 $f(\cdot)$，$\tilde{f}(\cdot)$，$g(\cdot):\mathcal{A}\to\mathcal{A}$表示细胞 C_{kl} 的激活函数；$\sigma_{ij}(t)\geqslant 0$ 满足 $t-\sigma_{ij}(t)\in\mathbb{T}$对 $t\in\mathbb{T}$成立的连接项时滞；$\tau_{kl}(t)$，$\eta_{kl}(t)$ 和 $\delta_{kl}(t)$ 为 $t\in\mathbb{T}$ 满足 $t-\tau_{kl}(t)\in\mathbb{T}$，$t-\eta_{kl}(t)\in\mathbb{T}$和 $t-\delta_{kl}(t)\in\mathbb{T}$的传输时滞.

不妨记 $\zeta=\max\limits_{kl\in T}\{\bar{\tau}_{kl},\bar{\eta}_{kl},\bar{\delta}_{kl}\}$，其中 $\bar{\tau}_{kl}=\sup\limits_{t\in\mathbb{T}}\tau_{kl}(t)$，$\bar{\eta}_{kl}=\sup\limits_{t\in\mathbb{T}}\eta_{kl}(t)$，$\bar{\delta}_{kl}=\sup\limits_{t\in\mathbb{T}}\delta_{kl}(t)$.

系统(8.2.3)具有以下形式的初始条件：

$$x_{ij}(s)=\varphi_{ij}(s),x_{ij}^{\nabla}(s)=\varphi_{ij}^{\nabla}(s)\in A,s\in[-\zeta,0]_{\mathbb{T}},$$

其中 $\varphi_{ij}\in C_{\nabla}^{1}([-\zeta,0]_{\mathbb{T}},\mathcal{A}),ij\in T$.

为此，我们将系统(8.2.3)视为驱动系统，并将响应系统设计如下：

$$\begin{aligned}y_{ij}^{\nabla}(t)=&-a_{ij}(t)y_{ij}(t-\sigma_{ij}(t))-\sum_{C_{kl}\in N_r(i,j)}C_{ij}^{kl}(t)f(y_{kl}(t-\tau_{kl}(t)))y_{ij}(t)-\\&\sum_{C_{kl}\in N_{\tilde{r}}(i,j)}H_{ij}^{kl}(t)\tilde{f}(y_{kl}^{\nabla}(t-\eta_{kl}(t)))x_{ij}(t)-\\&\sum_{C_{kl}\in N_q(i,j)}B_{ij}^{kl}(t)\int_{t-\delta_{kl}(t)}^{t}g(y_{kl}(u))\nabla u y_{ij}(t)+L_{ij}(t)+\Theta_{ij}(t),\end{aligned}\tag{8.2.4}$$

其中 $t\in\mathbb{T}$，$ij\in T$，$y_{ij}(t)\in\mathcal{A}$表示响应系统的状态，$\Theta_{ij}(t)$为状态反馈控制器.

系统(8.2.4)的初始条件是

$$y_{ij}(s)=\psi_{ij}(s),y_{ij}^{\nabla}(s)=\psi_{ij}^{\nabla}(s)\in\mathcal{A},s\in[-\zeta,0]_{\mathbb{T}},$$

其中 $\psi_{ij}\in C_{\nabla}^{1}([-\zeta,0]_{\mathbb{T}},\mathcal{A}),ij\in T$.

设 $z(t)=y(t)-x(t)$，用系统(8.2.4)减去系统(8.2.3)，则会产生以下

误差系统：

$$z_{ij}^{\nabla}(t)=-a_{ij}(t)z_{ij}(t-\sigma_{ij}(t))-\sum_{C_{kl}\in N_r(i,j)}C_{ij}^{kl}(t)[f(y_{kl}(t-\tau_{kl}(t)))y_{ij}(t)-$$
$$f(x_{kl}(t-\tau_{kl}(t)))x_{ij}(t)]-\sum_{C_{kl}\in N_{\widetilde{r}}(i,j)}H_{ij}^{kl}(t)[\widetilde{f}(y_{kl}^{\nabla}(t-\eta_{kl}(t)))y_{ij}(t)-$$
$$\widetilde{f}(x_{kl}^{\nabla}(t-\eta_{kl}(t)))x_{ij}(t)]-\sum_{C_{kl}\in N_q(i,j)}B_{ij}^{kl}(t)\bigg[\int_{t-\delta_{kl}(t)}^{t}g(y_{kl}(u))\nabla u y_{ij}(t)-$$
$$\int_{t-\delta_{kl}(t)}^{t}g(x_{kl}(u))\nabla u x_{ij}(t)\bigg]+\Theta_{ij}(t),ij\in T. \tag{8.2.5}$$

为了实现驱动响应系统的紧几乎自守同步，我们选择以下状态反馈控制器

$$\Theta_{ij}(t)=-d_{ij}(t)z_{ij}(t-\sigma_{ij}(t))-\sum_{C_{kl}\in N_p(i,j)}D_{ij}^{kl}(t)[h(y_{kl}(t-\tau_{kl}(t)))y_{ij}(t)-$$
$$h(x_{kl}(t-\tau_{kl}(t)))x_{ij}(t)]-\sum_{C_{kl}\in N_{\widetilde{p}}(i,j)}E_{ij}^{kl}(t)[\widetilde{h}(y_{kl}^{\nabla}(t-\eta_{kl}(t)))y_{ij}(t)-$$
$$\widetilde{h}(x_{kl}^{\nabla}(t-\eta_{kl}(t)))x_{ij}(t)],ij\in T. \tag{8.2.6}$$

为读者方便，给出以下记号：

$\underline{a}_{ij}=\inf\limits_{t\in\mathbb{T}}a_{ij}(t),\bar{a}_{ij}=\sup\limits_{t\in\mathbb{T}}a_{ij}(t),\bar{L}_{ij}=\sup\limits_{t\in\mathbb{T}}\|L_{ij}(t)\|,\underline{d}_{ij}=\inf\limits_{t\in\mathbb{T}}d_{ij}(t),$

$\bar{d}_{ij}=\sup\limits_{t\in\mathbb{T}}d_{ij}(t),\bar{C}_{ij}^{kl}=\sup\limits_{t\in\mathbb{T}}C_{ij}^{kl}(t),\bar{H}_{ij}^{kl}=\sup\limits_{t\in\mathbb{T}}H_{ij}^{kl}(t),\bar{B}_{ij}^{kl}=\sup\limits_{t\in\mathbb{T}}B_{ij}^{kl}(t),$

$\bar{D}_{ij}^{kl}=\sup\limits_{t\in\mathbb{T}}D_{ij}^{kl}(t),\bar{E}_{ij}^{kl}=\sup\limits_{t\in\mathbb{T}}E_{ij}^{kl}(t).$

在本章中，先假设以下条件成立：

(S_1) $a_{ij},d_{ij}\in AA(\mathbb{T},\mathbb{R}^+)$ 满足 $-a_{ij},-(a_{ij}+d_{ij})\in\mathbb{R}_\nu^+,L_{ij}\in AA(\mathbb{T},\mathcal{A})$，$C_{ij}^{kl},H_{ij}^{kl},B_{ij}^{kl},D_{ij}^{kl},E_{ij}^{kl}\in AA(\mathbb{T},\mathbb{R}^+)$，$\sigma_{ij},\tau_{kl},\eta_{kl},\delta_{kl}\in UC(\mathbb{R},\mathbb{R}^+)\cap AA(\mathbb{R},\Pi),ij,kl\in T.$

(S_2) 存在正常数 $M_f,M_{\widetilde{f}},M_g,M_h,M_{\widetilde{h}},L_f,L_{\widetilde{f}},L_g,L_h,L_{\widetilde{h}}$，使得对一切的 $u,v\in\mathcal{A}$，函数

$f,\widetilde{f},g,h,\widetilde{h}\in C(\mathcal{A},\mathcal{A})$ 满足

$\|f(u)-f(v)\|\leqslant L_f\|u-v\|,\|f(u)\|\leqslant M_f,\|\widetilde{f}(u)-\widetilde{f}(v)\|\leqslant L_{\widetilde{f}}\|u-v\|,$

$\|\tilde{f}(u)\| \leqslant M_{\tilde{f}}, \|g(u)-g(v)\| \leqslant L_g \|u-v\|, \|g(u)\| \leqslant M_g$, $\|h(u)\| \leqslant M_h$,

$\|h(u)-h(v)\| \leqslant L_h \|u-v\|, \|\tilde{h}(u)-\tilde{h}(v)\| \leqslant L_{\tilde{h}} \|u-v\|$, $\|\tilde{h}(u)\| \leqslant M_{\tilde{h}}$.

(S_3) 存在一个正常数 $\bar{R}$，使得

$$\max_{ij\in T}\left\{\frac{\Xi_{ij}}{\underline{a}_{ij}}, \Xi_{ij}\left(1+\frac{\bar{a}_{ij}}{\underline{a}_{ij}}\right)\right\} \leqslant \bar{R}, \max_{ij\in T}\left\{\frac{\vartheta_{ij}}{\underline{a}_{ij}}, \vartheta_{ij}\left(1+\frac{\bar{a}_{ij}}{\underline{a}_{ij}}\right)\right\} =: \kappa < 1,$$

其中

$$\Xi_{ij} = \left(\bar{a}_{ij}\bar{\sigma}_{ij} + \sum_{C_{kl}\in N_r(i,j)} M_f \bar{C}_{ij}^{kl} + \sum_{C_{kl}\in N_{\tilde{r}}(i,j)} M_{\tilde{f}} \bar{H}_{ij}^{kl} + \sum_{C_{kl}\in N_q(i,j)} M_g \bar{B}_{ij}^{kl}\bar{\delta}_{kl}\right)\bar{R} + \bar{L}_{ij},$$

$$\vartheta_{ij} = \bar{a}_{ij}\bar{\sigma}_{ij} + \sum_{C_{kl}\in N_r(i,j)} \bar{C}_{ij}^{kl}(M_f + L_f\bar{R}) + \sum_{C_{kl}\in N_{\tilde{r}}(i,j)} \bar{H}_{ij}^{kl}(M_{\tilde{f}} + L_{\tilde{f}}\bar{R}) +$$

$$\sum_{C_{kl}\in N_q(i,j)} \bar{B}_{ij}^{kl}\left(M_g + L_g\bar{R}\right)\bar{\delta}_{kl}.$$

8.3 几乎自守解的存在性

若空间$\mathbb{X}=\{f \mid f, f^{\nabla} \in AA(\mathbb{T}, \mathcal{A}^{mn})\}$ 赋予范数

$$\|f\|_{\mathbb{X}} = \max\{\sup_{t\in\mathbb{T}}\|f(t)\|_{\mathcal{A}^{mn}}, \sup_{t\in\mathbb{T}}\|f^{\nabla}(t)\|_{\mathcal{A}^{mn}}\},$$

则$\mathbb{X}$为 Banach 空间.

定理 8.1　假设条件(S_1)－(S_3) 成立. 那么系统(8.2.3) 在区域$\mathbb{E}=\{\varphi = (\varphi_{11}, \varphi_{12}, \cdots, \varphi_{nm})^T \in \mathbb{X} \mid \|\varphi\|_{\mathbb{X}} \leqslant \bar{R}\}$ 中有唯一的几乎自守解.

证明　分三个步骤证明这个定理.

第一步，我们定义算子 $\Phi: \mathbb{X} \to BC(\mathbb{T}, \mathcal{A}^{mn})$ 如下：

$$\Phi\varphi = (\Phi_{11}\varphi, \Phi_{12}\varphi, \cdots, \Phi_{mn}\varphi)^T,$$

其中 $\varphi \in \mathbb{X}$且

$$(\Phi_{ij}\varphi)(t)=\int_{-\infty}^{t}\hat{e}_{-a_{ij}}(t,\rho(s))\Big(a_{ij}(s)\int_{s-\sigma_{ij}(s)}^{s}\varphi_i^{\nabla}(u)\nabla u-$$

$$\sum_{C_{kl}\in N_r(i,j)}C_{ij}^{kl}(s)f(x_{kl}(s-\tau_{kl}(s)))x_{ij}(s)-$$

$$\sum_{C_{kl}\in N_{\tilde{r}}(i,j)}H_{ij}^{kl}(s)\tilde{f}(x_{kl}^{\nabla}(s-\eta_{kl}(s)))x_{ij}(s)-$$

$$\sum_{C_{kl}\in N_q(i,j)}B_{ij}^{kl}(s)\int_{s-\delta_{kl}(s)}^{s}g(x_{kl}(u))\nabla u x_{ij}(s)+L_{ij}(s)\Big)\nabla s,ij\in T,$$

我们将证明算子 Φ 是从$\mathbb{X}$到$\mathbb{X}$的一个自映射. 为此，设

$$\Gamma_{ij}^{\varphi}(s)=a_{ij}(s)\int_{s-\sigma_{ij}(s)}^{s}\varphi_i^{\nabla}(u)\nabla u-\sum_{C_{kl}\in N_r(i,j)}C_{ij}^{kl}(s)f(\varphi_{kl}(s-\tau_{kl}(s)))x_{ij}(s)-$$

$$\sum_{C_{kl}\in N_{\tilde{r}}(i,j)}H_{ij}^{kl}(s)\tilde{f}(x_{kl}^{\nabla}(s-\eta_{kl}(s)))x_{ij}(s)-$$

$$\sum_{C_{kl}\in N_q(i,j)}B_{ij}^{kl}(s)\int_{s-\delta_{kl}(s)}^{s}g(\varphi_{kl}(u))\nabla u x_{ij}(s)+L_{ij}(s),ij\in T.$$

事实上，根据引理 7.1,7.2,8.1，易得 $\Gamma_{ij}^{\varphi}\in AA(\mathbb{T},\mathcal{A})$. 为了证明第一步，需要函数

$$(\Phi_{ij}\varphi)(t)=\int_{-\infty}^{t}\hat{e}_{-a_{ij}}(t,\rho(s))\Gamma_{ij}^{\varphi}(s)\nabla s,ij\in T$$

是几乎自守的. 事实上，因为 $a_{ij}\in AA(\mathbb{T},\mathbb{R}^{+})$ 和 $\Gamma_{ij}^{\varphi}\in AA(\mathbb{T},\mathcal{A})$，所以对任意序列$\{s_n\}\subset\Pi$，存在子序列$\{s_n'\}\subset\{s_n\}$，使得对于 $ij\in T$

$$a_{ij}^{*}(t):=\lim_{n\to\infty}a_{ij}(t+s_n')\text{ 和 }(\Gamma_{ij}^{\varphi})^{*}(t):=\lim_{n\to\infty}\Gamma_{ij}^{\varphi}(t+s_n'),$$

对任意 $t\in\mathbb{T}$为良定义，且

$$\lim_{n\to\infty}a_{ij}^{*}(t-s_n')=a_{ij}(t)\text{ 和 }\lim_{n\to\infty}(\Gamma_{ij}^{\varphi})^{*}(t-s_n')=\Gamma_{ij}^{\varphi}(t)$$

对任意 $t\in\mathbb{T}$成立. 其中 $ij\in T$. 根据引理 8.3，设对于 $t\in\mathbb{T}$

$$(\Phi\varphi)_{ij}^{*}(t)=\int_{-\infty}^{t}\hat{e}_{-a_{ij}^{*}}(t,\rho(s))(\Gamma_{ij}^{\varphi})^{*}(s)\nabla s.$$

则由引理 8.2 对任意 $t\in\mathbb{T}$，有

$$\|(\Phi_{ij}\varphi)(t+s_n')-(\Phi_{ij}\varphi)^{*}(t)\|$$

$$=\left\|\int_{-\infty}^{t+s_n'}\hat{e}_{-a_{ij}}(t+s_n',\rho(s))\Gamma_{ij}^{\varphi}(s)\nabla s-\int_{-\infty}^{t}\hat{e}_{-a_{ij}^{*}}(t,\rho(s))(\Gamma_{ij}^{\varphi})^{*}(s)\nabla s\right\|$$

$$= \left\| \int_{-\infty}^{t} \hat{e}_{-a_{ij}}(t+s_n',\rho(s+s_n'))\Gamma_{ij}^{\varphi}(s+s_n')\nabla s - \int_{-\infty}^{t} \hat{e}_{-a_{ij}^*}(t,\rho(s))(\Gamma_{ij}^{\varphi})^*(s)\nabla s \right\|$$

$$\leqslant \left\| \int_{-\infty}^{t} \hat{e}_{-a_{ij}}(t+s_n',\rho(s+s_n'))\Gamma_{ij}^{\varphi}(s+s_n')\nabla s - \right.$$

$$\left. \int_{-\infty}^{t} \hat{e}_{-a_{ij}}(t+s_n',\rho(s+s_n'))(\Gamma_{ij}^{\varphi})^*(s)\nabla s \right\| +$$

$$\left\| \int_{-\infty}^{t} \hat{e}_{-a_{ij}}(t+s_n',\rho(s+s_n'))(\Gamma_{ij}^{\varphi})^*(s)\nabla s - \int_{-\infty}^{t} \hat{e}_{-a_{ij}^*}(t,\rho(s))(\Gamma_{ij}^{\varphi})^*(s)\nabla s \right\|$$

$$\leqslant \int_{-\infty}^{t} |\hat{e}_{-a_{ij}}(t+s_n',\rho(s+s_n'))| \, \|\Gamma_{ij}^{\varphi}(s+s_n') - (\Gamma_{ij}^{\varphi})^*(s)\| \, \nabla s +$$

$$\int_{-\infty}^{t} |\hat{e}_{-a_{ij}}(t+s_n',\rho(s+s_n')) - \hat{e}_{-a_{ij}^*}(t,\rho(s))| \, \|(\Gamma_{ij}^{\varphi})^*(s)\| \, \nabla s$$

$$< \int_{-\infty}^{t} |\hat{e}_{-a_{ij}}(t+s_n',\rho(s+s_n'))| \, \|\Gamma_{ij}^{\varphi}(s+s_n') - (\Gamma_{ij}^{\varphi})^*(s)\| \, \nabla s +$$

$$\int_{-\infty}^{t} \left| \int_{t}^{\sigma(s)} \hat{e}_{-a_{ij}^*}(t,\rho(\theta))(a_{ij}(\theta+s_n) - a_{ij}^*(\theta))\nabla\theta \right| \, \|(\Gamma_{ij}^{\varphi})^*(s)\| \, \nabla s, ij \in T.$$

根据勒贝格控制收敛定理，可得$(\Phi\varphi)_{ij}^*(t):=\lim\limits_{n\to\infty}(\Phi\varphi)_{ij}(t+s_n')$对任意$t\in\mathbb{T}$成立，$ij\in T$. 类似可证$\lim\limits_{n\to\infty}(\Phi\varphi)_{ij}^*(t-s_n')=(\Phi\varphi)_{ij}(t)$对任意$t\in\mathbb{T}$成立，$ij\in T$. 因此$(\Phi\varphi)_{ij}\in AA(\mathbb{T},\mathcal{A})$. 故算子$\Phi$是从$\mathbb{X}$到$\mathbb{X}$的一个自映射.

第二步，我们将验证Φ是从$\mathbb{E}$到$\mathbb{E}$的一个自映射. 事实上，对任意给定的$\varphi\in\mathbb{E}$，有

$$\sup_{t\in\mathbb{T}} \|\Phi\varphi\|_{\mathcal{A}^{mn}}$$

$$= \max_{ij\in T}\left\{ \sup_{t\in\mathbb{T}} \left\| \int_{-\infty}^{t} \hat{e}_{-a_{ij}}(t,\rho(s))\Big(a_{ij}(s)\int_{s-\sigma_{ij}(s)}^{s} \varphi_i^{\nabla}(u)\nabla u - \right.\right.$$

$$\sum_{C_{kl}\in N_r(i,j)} C_{ij}^{kl}(s) f(\varphi_{kl}(s-\tau_{kl}(s)))\varphi_{ij}(s) -$$

$$\sum_{C_{kl}\in N_{\tilde{r}}(i,j)} H_{ij}^{kl}(s)\tilde{f}(x_{kl}^{\nabla}(s-\eta_{kl}(s)))x_{ij}(s) -$$

$$\left.\left. \sum_{C_{kl}\in N_q(i,j)} B_{ij}^{kl}(s)\int_{s-\delta_{kl}(s)}^{s} g(\varphi_{kl}(u))\nabla u \varphi_{ij}(s) + L_{ij}(s)\Big)\nabla s \right\| \right\}$$

$$\leqslant \max_{ij\in T}\left\{ \sup_{t\in\mathbb{T}} \left[\int_{-\infty}^{t} \hat{e}_{-a_{ij}}(t,\rho(s))\Big(\bar{a}_{ij}\bar{\sigma}_{ij}\|\varphi_{ij}^{\nabla}(s)\| + \sum_{C_{kl}\in N_r(i,j)} \bar{C}_{ij}^{kl} M_f \|\varphi_{ij}(s)\| \right.\right.$$

$$\sum_{C_{kl}\in N_{\widetilde{r}}(i,j)}\bar{H}_{ij}^{kl}M_{\widetilde{f}}\|\varphi_{ij}(s)\|+\sum_{C_{kl}\in N_q(i,j)}\bar{B}_{ij}^{kl}\bar{\delta}_{kl}M_g\|\varphi_{ij}(s)\|+\bar{L}_{ij})\nabla s\Big]\Big\}$$

$$\leqslant\max_{ij\in T}\Big\{\frac{1}{\underline{a}_{ij}}\Big(\bar{a}_{ij}\bar{\sigma}_{ij}\|\varphi_{ij}\|_{\mathbb{X}}+\sum_{C_{kl}\in N_r(i,j)}\bar{C}_{ij}^{kl}M_f\|\varphi_{ij}\|_{\mathbb{X}}+$$

$$\sum_{C_{kl}\in N_{\widetilde{r}}(i,j)}\bar{H}_{ij}^{kl}M_{\widetilde{f}}\|\varphi_{ij}\|_{\mathbb{X}}+\sum_{C_{kl}\in N_q(i,j)}\bar{B}_{ij}^{kl}\bar{\delta}_{kl}M_g\|\varphi_{ij}\|_{\mathbb{X}}+\bar{L}_{ij}\Big)\Big\}$$

$$\leqslant\max_{ij\in T}\Big\{\frac{\Xi_{ij}}{\underline{a}_{ij}}\Big\},$$

$$\sup_{t\in\mathbb{T}}\|(\Phi\varphi)^{\nabla}(t)\|_{\mathcal{A}^{mn}}=\max_{ij\in T}\Big\{\sup_{t\in\mathbb{T}}\Big\|\Gamma_{ij}(t)-a_{ij}(t)\int_{-\infty}^{t}\hat{e}_{-a_{ij}}(t,\rho(s))\Gamma_{ij}(s)\nabla s\Big\|\Big\}$$

$$\leqslant\max_{ij\in T}\Big\{\Xi_{ij}+\frac{\bar{a}_{ij}}{\underline{a}_{ij}}\Xi_{ij}\Big\}.$$

因此，由条件(S_3)，有 $\|\Phi\varphi\|_X\leqslant\bar{R}$，即，$\Phi(\mathbb{E})\subset\mathbb{E}$.

第三步，我们将证明 Φ 是压缩映射. 事实上，对任意的 $\varphi=(\varphi_{11},\varphi_{12},\cdots,\varphi_{mn})^{\mathrm{T}},\psi=(\psi_{11},\psi_{12},\cdots,\psi_{mn})^{\mathrm{T}}\in\mathbb{E}$，有

$$\sup_{t\in\mathbb{T}}\|\Phi\varphi-\Phi\psi\|_{\mathcal{A}^{mn}}$$

$$=\max_{ij\in T}\Big\{\sup_{t\in\mathbb{T}}\Big\|\int_{-\infty}^{t}\hat{e}_{-a_{ij}}(t,\rho(s))(a_{ij}(s)\int_{s-\sigma_{ij}(s)}^{s}(\varphi_{ij}^{\nabla}(u)-\psi_{ij}^{\nabla}(u))\nabla u-$$

$$\sum_{C_{kl}\in N_r(i,j)}C_{ij}^{kl}(s)[f(\varphi_{kl}(s-\tau_{kl}(s)))\varphi_{ij}(s)-f(\psi_{kl}(s-\tau_{kl}(s)))\psi_{ij}(s)]-$$

$$\sum_{C_{kl}\in N_{\widetilde{r}}(i,j)}H_{ij}^{kl}(s)[\widetilde{f}(\varphi_{kl}^{\nabla}(s-\eta_{kl}(s)))\varphi_{ij}(s)-\widetilde{f}(\psi_{kl}^{\nabla}(s-\eta_{kl}(s)))\psi_{ij}(s)]-$$

$$\sum_{C_{kl}\in N_q(i,j)}B_{ij}^{kl}(s)\Big[\int_{s-\delta_{kl}(s)}^{s}g(\varphi_{kl}(u))\nabla u\varphi_{ij}(s)-\int_{s-\delta_{kl}(s)}^{s}g(\psi_{kl}(u))\nabla u\psi_{ij}(s)\Big]\nabla s\Big\|\Big\}$$

$$\leqslant\max_{ij\in T}\Big\{\frac{1}{\underline{a}_{ij}}(\bar{a}_{ij}\bar{\sigma}_{ij}+\sum_{C_{kl}\in N_r(i,j)}\bar{C}_{ij}^{kl}(M_f+L_f\bar{R})+\sum_{C_{kl}\in N_{\widetilde{r}}(i,j)}\bar{H}_{ij}^{kl}(M_{\widetilde{f}}+L_{\widetilde{f}}\bar{R})+$$

$$\sum_{C_{kl}\in N_q(i,j)}\bar{B}_{ij}^{kl}\bar{\delta}_{kl}(M_g+L_g\bar{R}))\Big\}\|\varphi-\psi\|_{\mathbb{X}}$$

$$=\max_{ij\in T}\Big\{\frac{\vartheta_{ij}}{\underline{a}_{ij}}\Big\}\|\varphi-\psi\|_{\mathbb{X}},$$

$$\sup_{t\in\mathbb{T}}\|(\Phi\varphi)^{\nabla}(t)-(\Phi\psi)^{\nabla}(t)\|_{\mathcal{A}^{mn}}\leqslant\max_{ij\in T}\Big\{\vartheta_{ij}+\frac{\bar{a}_{ij}\vartheta_{ij}}{\underline{a}_{ij}}\Big\}\|\varphi-\psi\|_{\mathbb{X}}.$$

由条件(S_3)，可得

$$\| \Phi\varphi - \Phi\psi \|_{\mathbb{X}} \leqslant k \| \varphi - \psi \|_{\mathbb{X}}.$$

从而可得Φ是一个压缩映射. 因此，由Banach不动点定理，Φ在$\mathbb{E}=\{\varphi \in \mathbb{X}: \| \varphi \|_{\mathbb{X}} \leqslant \bar{R}\}$中有唯一不动点，即系统(8.2.3)在$\mathbb{E}$中有唯一紧几乎自守解. 证毕.

8.4 几乎自守同步

在本节中，研究具有连接项时滞的中立型Clifford值分流抑制细胞神经网络指数同步问题.

定义 8.1 若存在正常数ξ满足$\ominus\xi \in \mathbb{R}^+_{\nu}$和$M_0 > 1$使得

$$\| z(t) \|_1 \leqslant M_0 \| \psi - \varphi \|_0 \hat{e}_{\ominus_\nu \xi}(t, t_0), t_0 \in [-\zeta, 0]_T, t \in [0, +\infty)_{\mathbb{T}},$$

其中

$$\| z(t) \|_1 = \max\{ \| y(t) - x(t) \|_{\mathcal{A}^{mn}}, \| y^{\nabla}(t) - x^{\nabla}(t) \|_{\mathcal{A}^{mn}} \},$$

$$\| \psi - \varphi \|_0 = \max\left\{ \sup_{s \in [-\zeta, 0]_T} \| \psi(s) - \varphi(s) \|_{\mathcal{A}^{mn}}, \sup_{s \in [-\zeta, 0]_T} \| \psi^{\nabla}(s) - \varphi^{\nabla}(s) \|_{\mathcal{A}^{mn}} \right\}.$$

定理 8.2 设$(S_1)-(S_3)$成立. 并假设

$$(S_4)\ \max_{ij \in T}\left\{ \frac{\tilde{\vartheta}_{ij}}{\underline{a}_{ij} + \underline{d}_{ij}}, \tilde{\vartheta}_{ij}\left(1 + \frac{\bar{a}_{ij} + \bar{d}_{ij}}{\underline{a}_{ij} + \underline{d}_{ij}}\right) \right\} < 1,$$

其中$\tilde{\vartheta}_{ij} = \vartheta_{ij} + \bar{d}_{ij}\bar{\sigma}_{ij} + \sum\limits_{C_{kl} \in N_p(i,j)} \bar{D}^{kl}_{ij}(M_h + L_h\bar{R}) + \sum\limits_{C_{kl} \in N_{\tilde{p}}(i,j)} \bar{E}^{kl}_{ij}(M_{\tilde{h}} + L_{\tilde{h}}\bar{R})$成立. 则响应系统(8.2.4)和驱动器系统(8.2.3)在控制器(8.2.6)下实现全局几乎自守同步.

证明 用$\hat{e}_{-(a_{ij}+d_{ij})}(t_0, \rho(t))$同时乘以等式(8.2.5)的两边，并在$[t_0, t]_{\mathbb{T}}$上积分，其中$t_0 \in [-\zeta, 0]_{\mathbb{T}}$，对$ij \in T$可得

$$z_{ij}(t) = z_{ij}(t_0)\hat{e}_{-(a_{ij}+d_{ij})}(t, t_0) + \int_{t_0}^{t} \hat{e}_{-(a_{ij}+d_{ij})}(t, \rho(s)) \times$$

$$((a_{ij}(s)+d_{ij}(s))\int_{s-\sigma_{ij}(s)}^{s}(\varphi_{ij}^{\nabla}(u)-\psi_{ij}^{\nabla}(u))\nabla u-$$

$$\sum_{C_{kl}\in N_r(i,j)}C_{ij}^{kl}(s)[f(x_{kl}(s-\tau_{kl}(s)))x_{ij}(s)-f(y_{kl}(s-\tau_{kl}(s)))y_{ij}(s)]-$$

$$\sum_{C_{kl}\in N_{\tilde{r}}(i,j)}H_{ij}^{kl}(s)[\tilde{f}(x_{kl}^{\nabla}(s-\eta_{kl}(s)))x_{ij}(s)-\tilde{f}(y_{kl}^{\nabla}(s-\eta_{kl}(s)))y_{ij}(s)]-$$

$$\sum_{C_{kl}\in N_q(i,j)}B_{ij}^{kl}(s)\left[\int_{s-\delta_{kl}(s)}^{s}g(x_{kl}(u))\nabla u x_{ij}(s)-\int_{s-\delta_{kl}(s)}^{s}g(y_{kl}(u))\nabla u y_{ij}(s)\right]-$$

$$\sum_{C_{kl}\in N_p(i,j)}D_{ij}^{kl}(s)[h(x_{kl}(s-\tau_{kl}(s)))x_{ij}(s)-h(y_{kl}(s-\tau_{kl}(s)))y_{ij}(s)]-$$

$$\sum_{C_{kl}\in N_{\tilde{p}}(i,j)}E_{ij}^{kl}(s)[\tilde{h}(x_{kl}^{\nabla}(s-\eta_{kl}(s)))x_{ij}(s)-\tilde{h}(y_{kl}^{\nabla}(s-\eta_{kl}(s)))y_{ij}(s)])\nabla s. \tag{8.4.1}$$

记

$$\Omega_{ij}(\omega)=\underline{a}_{ij}+\underline{d}_{ij}-\omega-\exp\Big(\omega\sup_{s\in\mathbb{T}}\nu(s)\Big)((\bar{a}_{ij}+\bar{d}_{ij})\bar{\sigma}_{ij}\exp(\omega\bar{\sigma}_{ij})+$$

$$\sum_{C_{kl}\in N_r(i,j)}\bar{C}_{ij}^{kl}(M_f+L_f\bar{R}\exp(\omega\bar{\tau}_{kl}))+\sum_{C_{kl}\in N_{\tilde{r}}(i,j)}\bar{H}_{ij}^{kl}(M_{\tilde{f}}+L_{\tilde{f}}\bar{R}\exp(\omega\bar{\eta}_{kl}))+$$

$$\sum_{C_{kl}\in N_q(i,j)}\bar{B}_{ij}^{kl}\bar{\delta}_{kl}(M_g+L_g\bar{R}\exp(\omega\bar{\delta}_{kl}))+\sum_{C_{kl}\in N_p(i,j)}\bar{D}_{ij}^{kl}(M_h+L_h\bar{R}\exp(\omega\bar{\tau}_{kl}))+$$

$$\sum_{C_{kl}\in N_{\tilde{p}}(i,j)}\bar{E}_{ij}^{kl}(M_{\tilde{h}}+L_{\tilde{h}}\bar{R}\exp(\omega\bar{\eta}_{kl}))),$$

$$\Omega_{ij}^{*}(\omega)=\underline{a}_{ij}+\underline{d}_{ij}-\omega-((\bar{a}_{ij}+\bar{d}_{ij})\exp\Big(\omega\sup_{s\in\mathbb{T}}\nu(s)\Big)+\underline{a}_{ij}+\underline{d}_{ij})\times$$

$$((\bar{a}_{ij}+\bar{d}_{ij})\bar{\sigma}_{ij}\exp(\omega\bar{\sigma}_{ij})+\sum_{C_{kl}\in N_r(i,j)}\bar{C}_{ij}^{kl}(M_f+L_f\bar{R}\exp(\omega\bar{\tau}_{kl}))+$$

$$\sum_{C_{kl}\in N_{\tilde{r}}(i,j)}\bar{H}_{ij}^{kl}(M_{\tilde{f}}+L_{\tilde{f}}\bar{R}\exp(\omega\bar{\eta}_{kl}))+\sum_{C_{kl}\in N_q(i,j)}\bar{B}_{ij}^{kl}\bar{\delta}_{kl}(M_g+$$

$$L_g\bar{R}\exp(\omega\bar{\delta}_{kl}))+\sum_{C_{kl}\in N_p(i,j)}\bar{D}_{ij}^{kl}(M_h+L_h\bar{R}\exp(\omega\bar{\tau}_{kl}))+$$

$$\sum_{C_{kl}\in N_{\tilde{p}}(i,j)}\bar{E}_{ij}^{kl}(M_{\tilde{h}}+L_{\tilde{h}}\bar{R}\exp(\omega\bar{\eta}_{kl}))),ij\in T.$$

由条件(S_4)对 $ij\in T$，有

$$\Omega_{ij}(0)=\underline{a}_{ij}+\underline{d}_{ij}-\vartheta_{ij}>0,$$

$$\Omega_{ij}^{*}(0)=\underline{a}_{ij}+\underline{d}_{ij}-(\underline{a}_{ij}+\underline{d}_{ij}+\bar{a}_{ij}+\bar{d}_{ij})\vartheta_{ij}>0.$$

因为 Ω_{ij} 和 Ω_{ij}^{*} 在$[0,+\infty)$ 上连续，当 $\omega\to+\infty$时，有 $\Omega_{ij}(\omega),\Omega_{ij}^{*}(\omega)\to-\infty$成立，所以存在常数$\tilde{\omega}_{ij}$ 和$\tilde{\omega}_{ij}^{*}$ 使得$\Omega_{ij}(\tilde{\omega}_{ij})=\Omega_{ij}^{*}(\tilde{\omega}_{ij}^{*})=0$. 当$\omega\in(0,\tilde{\omega}_{ij})$，$ij\in T$时，有$\Omega_{ij}(\omega)>0$成立. 当$\omega\in(0,\tilde{\omega}_{ij}^{*})$，$ij\in T$时，有$\Omega_{ij}^{*}(\omega)>0$成立. 设$c=\min\limits_{ij\in T}\{\tilde{\omega}_{ij},\tilde{\omega}_{ij}^{*}\}$，有$\Omega_{ij}(c)\geqslant 0$，$\Omega_{ij}^{*}(c)\geqslant 0,ij\in T$. 因此，可以选择一个正数$0<\xi<\min\left\{c,\min\limits_{ij\in T}\{\underline{a}_{ij}+\underline{d}_{ij}\}\right\}$满足$\ominus_{\nu}\xi\in R_{\nu}^{+}$使得

$$\Omega_{ij}(\xi)>0,\Omega_{ij}^{*}(\xi)>0,ij\in T,$$

由此可知

$$\frac{\exp\left(\xi\sup\limits_{s\in\mathbb{T}}\nu(s)\right)}{\underline{a}_{ij}+\underline{d}_{ij}-\xi}((\bar{a}_{ij}+\bar{d}_{ij})\bar{\sigma}_{ij}\exp(\xi\bar{\sigma}_{ij})+$$
$$\sum_{C_{kl}\in N_{r}(i,j)}\bar{C}_{ij}^{kl}(M_{f}+L_{f}\bar{R}\exp(\xi\bar{\tau}_{kl}))+\sum_{C_{kl}\in N_{\tilde{r}}(i,j)}\bar{H}_{ij}^{kl}(M_{\tilde{f}}+L_{\tilde{f}}\bar{R}\exp(\xi\bar{\eta}_{kl}))+$$
$$\sum_{C_{kl}\in N_{q}(i,j)}\bar{B}_{ij}^{kl}\bar{\delta}_{kl}(M_{g}+L_{g}\bar{R}\exp(\xi\bar{\delta}_{kl}))+\sum_{C_{kl}\in N_{p}(i,j)}\bar{D}_{ij}^{kl}(M_{h}+L_{h}\bar{R}\exp(\xi\bar{\tau}_{kl}))+$$
$$\sum_{C_{kl}\in N_{\tilde{p}}(i,j)}\bar{E}_{ij}^{kl}(M_{\tilde{h}}+L_{\tilde{h}}\bar{R}\exp(\xi\bar{\eta}_{kl})))<1$$

和

$$\left(1+\frac{(\underline{a}_{ij}+\underline{d}_{ij})\exp\left(\xi\sup\limits_{s\in\mathbb{T}}\nu(s)\right)}{\underline{a}_{ij}+\underline{d}_{ij}-\xi}\right)((\bar{a}_{ij}+\bar{d}_{ij})\bar{\sigma}_{ij}\exp(\xi\bar{\sigma}_{ij})+$$
$$\sum_{C_{kl}\in N_{r}(i,j)}\bar{C}_{ij}^{kl}(M_{f}+L_{f}\bar{R}\exp(\xi\bar{\tau}_{kl}))+\sum_{C_{kl}\in N_{\tilde{r}}(i,j)}\bar{H}_{ij}^{kl}(M_{\tilde{f}}+L_{\tilde{f}}\bar{R}\exp(\xi\bar{\eta}_{kl}))+$$
$$\sum_{C_{kl}\in N_{q}(i,j)}\bar{B}_{ij}^{kl}\bar{\delta}_{kl}(M_{g}+L_{g}\bar{R}\exp(\xi\bar{\delta}_{kl}))+\sum_{C_{kl}\in N_{p}(i,j)}\bar{D}_{ij}^{kl}(M_{h}+L_{h}\bar{R}\exp(\xi\bar{\tau}_{kl}))+$$
$$\sum_{C_{kl}\in N_{\tilde{p}}(i,j)}\bar{E}_{ij}^{kl}(M_{\tilde{h}}+L_{\tilde{h}}\bar{R}\exp(\xi\bar{\eta}_{kl})))<1,ij\in T.$$

记

$$M_0 = \max_{ij \in T}\left\{\frac{\underline{a}_{ij} + \underline{d}_{ij}}{\widetilde{\vartheta}_{ij}}\right\},$$

则由条件(S_4) 可知 $M_0 > 1$. 因此，有

$$\frac{1}{M_0} < \frac{\exp\left(\xi \sup_{s \in \mathbb{T}} \nu(s)\right)}{\underline{a}_{ij} + \underline{d}_{ij} - \xi}((\bar{a}_{ij} + \bar{d}_{ij})\bar{\sigma}_{ij}\exp(\xi\bar{\sigma}_{ij}) +$$

$$\sum_{C_{kl} \in N_r(i,j)} \bar{C}_{ij}^{kl}(M_f + L_f\bar{R}\exp(\xi\bar{\tau}_{kl})) + \sum_{C_{kl} \in N_{\tilde{r}}(i,j)} \bar{H}_{ij}^{kl}(M_{\tilde{f}} + L_{\tilde{f}}\bar{R}\exp(\xi\bar{\eta}_{kl})) +$$

$$\sum_{C_{kl} \in N_q(i,j)} \bar{B}_{ij}^{kl}\bar{\delta}_{kl}(M_g + L_g\bar{R}\exp(\xi\bar{\delta}_{kl})) + \sum_{C_{kl} \in N_p(i,j)} \bar{D}_{ij}^{kl}(M_h + L_h\bar{R}\exp(\xi\bar{\tau}_{kl})) +$$

$$\sum_{C_{kl} \in N_{\tilde{p}}(i,j)} \bar{E}_{ij}^{kl}(M_{\tilde{h}} + L_{\tilde{h}}\bar{R}\exp(\xi\bar{\eta}_{kl}))).$$

另外，因为 $\hat{e}_{\ominus_\nu \xi}(t,t_0) > 1$，其中 $t \leqslant t_0$. 我们断言下式成立：

$$\| z(t) \|_1 \leqslant M_0 \hat{e}_{\ominus_\nu \xi}(t,t_0) \| \psi - \varphi \|_0, \forall t \in [-\zeta, t_0]_{\mathbb{T}}.$$

声称

$$\| z(t) \|_1 \leqslant M_0 \hat{e}_{\ominus_\nu \xi}(t,t_0) \| \psi - \varphi \|_0, \forall t \in (t_0, +\infty)_{\mathbb{T}}. \tag{8.4.2}$$

为了证明不等式(8.4.2)，首先证明对任意 $P_0 > 1$，以下不等式成立：

$$\| z(t) \|_1 < P_0 M_0 \hat{e}_{\ominus_\nu \xi}(t,t_0) \| \psi - \varphi \|_0, \forall t \in (t_0, +\infty)_{\mathbb{T}}. \tag{8.4.3}$$

用反证法证明上式不等式，若不等式(8.4.3) 不成立，则必存在某个 $t_1 \in (t_0, +\infty)_{\mathbb{T}}$ 使得

$$\| z(t_1) \|_1 \geqslant P_0 M_0 \| \psi - \varphi \|_0 \hat{e}_{\ominus_\nu \xi}(t_1, t_0),$$

$$\| z(t) \|_1 < P_0 M_0 \| \psi - \varphi \|_0 \hat{e}_{\ominus_\nu \xi}(t, t_0), t \in (t_0, t_1)_T, t_0 \in [-\zeta, 0]_{\mathbb{T}}$$

因此，必存在常数 $C \geqslant 1$ 使得

$$\| z(t_1) \|_1 = CP_0 M_0 \| \psi - \varphi \|_0 \hat{e}_{\ominus_\nu \xi}(t_1, t_0), \tag{8.4.4}$$

$$\| z(t) \|_1 < CP_0 M_0 \| \psi - \varphi \|_0 \hat{e}_{\ominus_\nu \xi}(t, t_0), t \in (t_0, t_1)_T, t_0 \in [-\zeta, 0]_{\mathbb{T}}. \tag{8.4.5}$$

由式(8.4.4)、不等式(8.4.5)、式(8.4.1) 和 $M_0 > 1$，有

$\| z_{ij}(t_1) \|_{\mathcal{A}^{mn}}$

$$
\begin{aligned}
&=\max_{ij\in T}\Big\{\Big\|z_{ij}(t_0)\hat{e}_{-(a_{ij}+d_{ij})}(t_1,t_0)+\int_{t_0}^{t_1}\hat{e}_{-(a_{ij}+d_{ij})}(t_1,\rho(s))\times\\
&((a_{ij}(s)+d_{ij}(s))\int_{s-\sigma_{ij}(s)}^{s}(x_{ij}^{\nabla}(u)-y_{ij}^{\nabla}(u))\nabla u-\\
&\sum_{C_{kl}\in N_r(i,j)}C_{ij}^{kl}(s)(f(x_{kl}(s-\tau_{kl}(s)))x_{ij}(s)-f(y_{kl}(s-\tau_{kl}(s)))y_{ij}(s))-\\
&\sum_{C_{kl}\in N_{\tilde{r}}(i,j)}H_{ij}^{kl}(s)(\tilde{f}(x_{kl}^{\nabla}(s-\eta_{kl}(s)))x_{ij}(s)-\tilde{f}(y_{kl}^{\nabla}(s-\eta_{kl}(s)))y_{ij}(s))-\\
&\sum_{C_{kl}\in N_q(i,j)}B_{ij}^{kl}(s)\Big(\int_{s-\delta_{kl}(s)}^{s}g(x_{kl}(u))\nabla u x_{ij}(s)-\int_{s-\delta_{kl}(s)}^{s}g(y_{kl}(u))\nabla u y_{ij}(s)\Big)-\\
&\sum_{C_{kl}\in N_p(i,j)}D_{ij}^{kl}(s)(h(x_{kl}(s-\tau_{kl}(s)))x_{ij}(s)-h(y_{kl}(s-\tau_{kl}(s)))y_{ij}(s))-\\
&\sum_{C_{kl}\in N_{\tilde{p}}(i,j)}E_{ij}^{kl}(s)(\tilde{h}(x_{kl}^{\nabla}(s-\eta_{kl}(s)))x_{ij}(s)-\tilde{h}(y_{kl}^{\nabla}(s-\eta_{kl}(s)))y_{ij}(s)))\nabla s\Big\|\Big\}\\
&<\max_{ij\in T}\Big\{\|z_{ij}(t_0)\|\hat{e}_{-a_{ij}}(t_1,t_0)+\\
&CP_0M_0\|\psi-\varphi\|_0\hat{e}_{\ominus_\nu\xi}(t_1,t_0)\int_{t_0}^{t_1}\hat{e}_{-(a_{ij}+d_{ij})}(t_1,\rho(s))\times\\
&\hat{e}_{\xi}(t_1,\rho(s))\Big[(\bar{a}_{ij}+\bar{d}_{ij})\int_{s-\sigma_{ij}(s)}^{s}\hat{e}_{\xi}(\rho(s),u)\nabla u+\\
&\sum_{C_{kl}\in N_r(i,j)}\bar{C}_{ij}^{kl}(M_f\hat{e}_{\xi}(\rho(s),s)+L_f\bar{R}\hat{e}_{\xi}(\rho(s),s-\tau_{kl}(s)))+\\
&\sum_{C_{kl}\in N_{\tilde{r}}(i,j)}\bar{H}_{ij}^{kl}(M_{\tilde{f}}\hat{e}_{\xi}(\rho(s),s)+L_{\tilde{f}}\bar{R}\hat{e}_{\xi}(\rho(s),s-\eta_{kl}(s)))+\\
&\sum_{C_{kl}\in N_q(i,j)}\bar{B}_{ij}^{kl}\Big(\bar{R}L_g\int_{s-\delta_{kl}(s)}^{s}\hat{e}_{\xi}(\rho(u),u)\nabla u+M_g\bar{\delta}_{kl}\hat{e}_{\xi}(\rho(s),s)\Big)+\\
&\sum_{C_{kl}\in N_p(i,j)}\bar{D}_{ij}^{kl}(M_h\hat{e}_{\xi}(\rho(s),s)+L_h\bar{R}\hat{e}_{\xi}(\rho(s),s-\tau_{kl}(s)))+\\
&\sum_{C_{kl}\in N_{\tilde{p}}(i,j)}\bar{E}_{ij}^{kl}(M_{\tilde{h}}\hat{e}_{\xi}(\rho(s),s)+L_{\tilde{h}}\bar{R}\hat{e}_{\xi}(\rho(s),s-\eta_{kl}(s)))\Big]\nabla s\Big\}\\
&\leqslant\max_{ij\in T}\Big\{\|z_{ij}(t_0)\|\hat{e}_{-(a_{ij}+d_{ij})}(t_1,t_0)+CP_0M_0\|\bar{\omega}\|_0\hat{e}_{\ominus_\nu\xi}(t_1,t_0)\times\\
&\int_{t_0}^{t_1}\hat{e}_{-(a_{ij}+d_{ij})\oplus_\nu\xi}(t_1,\rho(s))((\bar{a}_{ij}+\bar{d}_{ij})\bar{\sigma}_{ij}\exp\Big(\xi\Big(\bar{\sigma}_{ij}+\sup_{s\in\mathbb{T}}\nu(s)\Big)\Big)+
\end{aligned}
$$

$$\sum_{C_{kl}\in N_r(i,j)}\bar{C}_{ij}^{kl}\Big(M_f\exp\Big(\xi\sup_{s\in\mathbb{T}}\nu(s)\Big)+L_f\bar{R}\exp\Big(\xi\Big(\bar{\tau}_{kl}+\sup_{s\in\mathbb{T}}\nu(s)\Big)\Big)\Big)+$$

$$\sum_{C_{kl}\in N_{\tilde{r}}(i,j)}\bar{H}_{ij}^{kl}\Big(M_{\tilde{f}}\exp\Big(\xi\sup_{s\in\mathbb{T}}\nu(s)\Big)+L_{\tilde{f}}\bar{R}\exp\Big(\xi\Big(\bar{\eta}_{kl}+\sup_{s\in\mathbb{T}}\nu(s)\Big)\Big)\Big)+$$

$$\sum_{C_{kl}\in N_q(i,j)}\bar{B}_{ij}^{kl}\bar{\delta}_{kl}\Big(\bar{R}L_g\exp\Big(\xi\Big(\bar{\delta}_{kl}+\sup_{s\in\mathbb{T}}\nu(s)\Big)\Big)+M_g\exp\Big(\xi\sup_{s\in\mathbb{T}}\nu(s)\Big)\Big)+$$

$$\sum_{C_{kl}\in N_p(i,j)}\bar{D}_{ij}^{kl}\Big(M_h\exp\Big(\xi\sup_{s\in\mathbb{T}}\nu(s)\Big)+L_h\bar{R}\exp\Big(\xi\Big(\bar{\tau}_{kl}+\sup_{s\in\mathbb{T}}\nu(s)\Big)\Big)\Big)+$$

$$\sum_{C_{kl}\in N_{\tilde{p}}(i,j)}\bar{E}_{ij}^{kl}\Big(M_{\tilde{h}}\exp\Big(\xi\sup_{s\in\mathbb{T}}\nu(s)\Big)+L_{\tilde{h}}\bar{R}\exp\Big(\xi\Big(\bar{\eta}_{kl}+\sup_{s\in\mathbb{T}}\nu(s)\Big)\Big)\Big)\nabla s\Big\}$$

$$\leqslant\max_{ij\in T}\Big\{\frac{\hat{e}_{-(a_{ij}+d_{ij})\oplus_\nu\xi}(t_1,t_0)}{CP_0M_0}+\exp\Big(\xi\sup_{s\in\mathbb{T}}\nu(s)\Big)((\bar{a}_{ij}+\bar{d}_{ij})\bar{\sigma}_{ij}\exp(\xi\bar{\sigma}_{ij})+$$

$$\sum_{C_{kl}\in N_r(i,j)}\bar{C}_{ij}^{kl}(M_f+L_f\bar{R}\exp(\xi\bar{\tau}_{kl}))+\sum_{C_{kl}\in N_{\tilde{r}}(i,j)}\bar{H}_{ij}^{kl}(M_{\tilde{f}}+L_{\tilde{f}}\bar{R}\exp(\xi\bar{\eta}_{kl}))+$$

$$\sum_{C_{kl}\in N_q(i,j)}\bar{B}_{ij}^{kl}\bar{\delta}_{kl}(M_g+L_g\bar{R}\exp(\xi\bar{\delta}_{kl}))+\sum_{C_{kl}\in N_p(i,j)}\bar{D}_{ij}^{kl}(M_h+L_h\bar{R}\exp(\xi\bar{\tau}_{kl}))+$$

$$\sum_{C_{kl}\in N_{\tilde{p}}(i,j)}\bar{E}_{ij}^{kl}(M_{\tilde{h}}+L_{\tilde{h}}\bar{R}\exp(\xi\bar{\eta}_{kl})))\int_{t_0}^{t_1}\hat{e}_{-(a_{ij}+d_{ij})\oplus_\nu\xi}(t_1,\rho(s))\nabla s\Big\}\times$$

$$CP_0M_0\|\psi-\varphi\|_0\hat{e}_{\ominus_\nu\xi}(t_1,t_0)$$

$$\leqslant\max_{ij\in T}\Big\{\frac{\hat{e}_{-(a_{ij}+d_{ij})\oplus_\nu\xi}(t_1,t_0)}{CP_0M_0}+\exp\Big(\xi\sup_{s\in\mathbb{T}}\nu(s)\Big)((\bar{a}_{ij}+\bar{d}_{ij})\bar{\sigma}_{ij}\exp(\xi\bar{\sigma}_{ij})+$$

$$\sum_{C_{kl}\in N_r(i,j)}\bar{C}_{ij}^{kl}(M_f+L_f\bar{R}\exp(\xi\bar{\tau}_{kl}))+\sum_{C_{kl}\in N_{\tilde{r}}(i,j)}\bar{H}_{ij}^{kl}(M_{\tilde{f}}+L_{\tilde{f}}\bar{R}\exp(\xi\bar{\eta}_{kl}))+$$

$$\sum_{C_{kl}\in N_q(i,j)}\bar{B}_{ij}^{kl}\bar{\delta}_{kl}(M_g+L_g\bar{R}\exp(\xi\bar{\delta}_{kl}))+\sum_{C_{kl}\in N_p(i,j)}\bar{D}_{ij}^{kl}(M_h+L_h\bar{R}\exp(\xi\bar{\tau}_{kl}))+$$

$$\sum_{C_{kl}\in N_{\tilde{p}}(i,j)}\bar{E}_{ij}^{kl}(M_{\tilde{h}}+L_{\tilde{h}}\bar{R}\exp(\xi\bar{\eta}_{kl})))\frac{1-\hat{e}_{-(a_{ij}+d_{ij})\oplus_\nu\xi}(t_1,t_0)}{\underline{a}_{ij}+\underline{d}_{ij}-\xi}\Big\}\times$$

$$CP_0M_0\|\psi-\varphi\|_0\hat{e}_{\ominus_\nu\xi}(t_1,t_0)$$

$$<\max_{ij\in T}\Big\{\Big[\frac{1}{M_0}-\frac{\exp\Big(\xi\sup_{s\in\mathbb{T}}\nu(s)\Big)}{\underline{a}_{ij}+\underline{d}_{ij}-\xi}((\bar{a}_{ij}+\bar{d}_{ij})\bar{\sigma}_{ij}\exp(\xi\bar{\sigma}_{ij})+$$

$$\sum_{C_{kl}\in N_r(i,j)}\bar{C}_{ij}^{kl}(M_f+L_f\bar{R}\exp(\xi\bar{\tau}_{kl}))+\sum_{C_{kl}\in N_{\tilde{r}}(i,j)}\bar{H}_{ij}^{kl}(M_{\tilde{f}}+L_{\tilde{f}}\bar{R}\exp(\xi\bar{\eta}_{kl}))+$$

$$\sum_{C_{kl}\in N_q(i,j)}\bar{B}_{ij}^{kl}\bar{\delta}_{kl}(M_g+L_g\bar{R}\exp(\xi\bar{\delta}_{kl}))+\sum_{C_{kl}\in N_p(i,j)}\bar{D}_{ij}^{kl}(M_h+L_h\bar{R}\exp(\xi\bar{\tau}_{kl}))+$$

$$\sum_{C_{kl}\in N_{\tilde{p}}(i,j)}\bar{E}_{ij}^{kl}(M_{\tilde{h}}+L_{\tilde{h}}\bar{R}\exp(\xi\bar{\eta}_{kl})))\Big]\hat{e}_{-(a_{ij}+d_{ij})\oplus_\nu\xi}(t_1,t_0)+$$

$$\frac{\exp\left(\xi\sup\limits_{s\in\mathbb{T}}\nu(s)\right)}{\underline{a}_{ij}+\underline{d}_{ij}-\xi}\Big[(\bar{a}_{ij}+\bar{d}_{ij})\bar{\sigma}_{ij}\exp(\xi\bar{\sigma}_{ij})\Big]+$$

$$\sum_{C_{kl}\in N_r(i,j)}\bar{C}_{ij}^{kl}(M_f+L_f\bar{R}\exp(\xi\bar{\tau}_{kl}))+\sum_{C_{kl}\in N_{\tilde{r}}(i,j)}\bar{H}_{ij}^{kl}(M_{\tilde{f}}+L_{\tilde{f}}\bar{R}\exp(\xi\bar{\eta}_{kl}))+$$

$$\sum_{C_{kl}\in N_q(i,j)}\bar{B}_{ij}^{kl}\bar{\delta}_{kl}(M_g+L_g\bar{R}\exp(\xi\bar{\delta}_{kl}))+\sum_{C_{kl}\in N_p(i,j)}\bar{D}_{ij}^{kl}(M_h+L_h\bar{R}\exp(\xi\bar{\tau}_{kl}))+$$

$$\sum_{C_{kl}\in N_{\tilde{p}}(i,j)}\bar{E}_{ij}^{kl}(M_{\tilde{h}}+L_{\tilde{h}}\bar{R}\exp(\xi\bar{\eta}_{kl}))\Big]\Big\}CP_0M_0\|\psi-\varphi\|_0\hat{e}_{\ominus_\nu\xi}(t_1,t_0)$$

$$<CP_0M_0\|\psi-\varphi\|_0\hat{e}_{\ominus_\nu\xi}(t_1,t_0).$$

类似地，由(8.4.1)，有

$$\|z_{ij}^{\nabla}(t_1)\|_{\mathcal{A}^{mn}}$$

$$\leqslant\max_{ij\in T}\Big\{(\bar{a}_{ij}+\bar{d}_{ij})\|\psi-\varphi\|_0\hat{e}_{-(a_{ij}+d_{ij})}(t_1,t_0)+CP_0M_0\|\psi-\varphi\|_0\hat{e}_{\ominus_\nu\xi}(t_1,t_0)\times$$

$$\Big[(\bar{a}_{ij}+\bar{d}_{ij})\bar{\sigma}_{ij}\exp(\xi\bar{\sigma}_{ij})+\sum_{C_{kl}\in N_r(i,j)}\bar{C}_{ij}^{kl}(M_f+L_f\bar{R}\exp(\xi\bar{\tau}_{kl}))+$$

$$\sum_{C_{kl}\in N_{\tilde{r}}(i,j)}\bar{H}_{ij}^{kl}(M_{\tilde{f}}+L_{\tilde{f}}\bar{R}\exp(\xi\bar{\eta}_{kl}))+\sum_{C_{kl}\in N_q(i,j)}\bar{B}_{ij}^{kl}\bar{\delta}_{kl}(M_g+L_g\bar{R}\exp(\xi\bar{\delta}_{kl}))+$$

$$\sum_{C_{kl}\in N_p(i,j)}\bar{D}_{ij}^{kl}(M_h+L_h\bar{R}\exp(\xi\bar{\tau}_{kl}))+\sum_{C_{kl}\in N_{\tilde{p}}(i,j)}\bar{E}_{ij}^{kl}(M_{\tilde{h}}+L_{\tilde{h}}\bar{R}\exp(\xi\bar{\eta}_{kl}))\Big]\times$$

$$\Big[1+(\bar{a}_{ij}+\bar{d}_{ij})\exp\left(\xi\sup_{s\in\mathbb{T}}\nu(s)\right)\int_{t_0}^{t_1}\hat{e}_{-(a_{ij}+d_{ij})\oplus_\nu\xi}(t_1,\rho(s))\nabla s\Big]\Big\}$$

$$<\max_{ij\in T}\Big\{\Big[\frac{1}{M_0}-\frac{\exp\left(\xi\sup\limits_{s\in\mathbb{T}}\nu(s)\right)}{\underline{a}_{ij}+\underline{d}_{ij}-\xi}((\bar{a}_{ij}+\bar{d}_{ij})\bar{\sigma}_{ij}\exp(\xi\bar{\sigma}_{ij})+$$

$$\sum_{C_{kl}\in N_r(i,j)}\bar{C}_{ij}^{kl}(M_f+L_f\bar{R}\exp(\xi\bar{\tau}_{kl}))+\sum_{C_{kl}\in N_{\tilde{r}}(i,j)}\bar{H}_{ij}^{kl}(M_{\tilde{f}}+L_{\tilde{f}}\bar{R}\exp(\xi\bar{\eta}_{kl}))+$$

$$\sum_{C_{kl}\in N_q(i,j)}\bar{B}_{ij}^{kl}\bar{\delta}_{kl}(M_g+L_g\bar{R}\exp(\xi\bar{\delta}_{kl}))+\sum_{C_{kl}\in N_p(i,j)}\bar{D}_{ij}^{kl}(M_h+L_h\bar{R}\exp(\xi\bar{\tau}_{kl}))+$$

$$\sum_{C_{kl}\in N_{\widetilde{p}}(i,j)} \bar{E}_{ij}^{kl}(M_{\widetilde{h}}+L_{\widetilde{h}}\bar{R}\exp(\xi\bar{\eta}_{kl})))]\hat{e}_{-(a_{ij}+d_{ij})\oplus_{\nu}\xi}(t_1,t_0)+$$

$$\left(1+\frac{(\bar{a}_{ij}+\bar{d}_{ij})\exp(\xi\sup\limits_{s\in\mathbb{T}}\nu(s))}{\underline{a}_{ij}+\underline{d}_{ij}-\xi}\right)[(\bar{a}_{ij}+\bar{d}_{ij})\bar{\sigma}_{ij}\exp(\xi\bar{\sigma}_{ij})+$$

$$\sum_{C_{kl}\in N_r(i,j)} \bar{C}_{ij}^{kl}(M_f+L_f\bar{R}\exp(\xi\bar{\tau}_{kl}))+\sum_{C_{kl}\in N_{\widetilde{r}}(i,j)} \bar{H}_{ij}^{kl}(M_{\widetilde{f}}+L_{\widetilde{f}}\bar{R}\exp(\xi\bar{\eta}_{kl}))+$$

$$\sum_{C_{kl}\in N_q(i,j)} \bar{B}_{ij}^{kl}\bar{\delta}_{kl}(M_g+L_g\bar{R}\exp(\xi\bar{\delta}_{kl}))+\sum_{C_{kl}\in N_p(i,j)} \bar{D}_{ij}^{kl}(M_h+L_h\bar{R}\exp(\xi\bar{\tau}_{kl}))+$$

$$\left.\sum_{C_{kl}\in N_{\widetilde{p}}(i,j)} \bar{E}_{ij}^{kl}(M_{\widetilde{h}}+L_{\widetilde{h}}\bar{R}\exp(\xi\bar{\eta}_{kl}))\right]\Bigg\}CP_0M_0\|\psi-\varphi\|_0\hat{e}_{\ominus_\nu\xi}(t_1,t_0)$$

$$<CP_0M_0\|\psi-\varphi\|_0\hat{e}_{\ominus_\nu\xi}(t_1,t_0).$$

因此

$$\|z(t_1)\|_1<CP_0M_0\|\psi-\varphi\|_0\hat{e}_{\ominus_\nu\xi}(t_1,t_0),$$

这与式(8.4.4)矛盾，因此式(8.4.3)成立. 令 $P_0\to 1$，则有式(8.4.2)成立. 因此根据定义 8.1，响应系统(8.2.4)和驱动系统(8.2.3)存在唯一的全局指数同步的几乎自守解. 证毕.

8.5　数值例子

本节我们给出一个数值例子说明定理 8.1 和定理 8.2 的有效性和合理性.

例 8.1　在系统(8.2.3)和系统(8.2.4)中，令 $r=\widetilde{r}=q=p=\widetilde{p}=1$，$m=n=2$，$\widetilde{m}=2$. 取系数如下：

$$f(x)=\widetilde{f}(x)=\frac{1}{32}e_0\sin x^0+\frac{1}{50}e_1|x^0+x^{12}|+\frac{1}{30}e_2\tanh x^2+\frac{1}{25}e_{12}\sin x^{12},$$

$$g(x)=\frac{1}{50}e_0|x^0+x^1|+\frac{1}{45}e_1\sin(x^1+x^{12})+\frac{1}{40}e_2\sin x^2+\frac{1}{50}e_{12}\tanh x^{12},$$

$$h(x)=\widetilde{h}(x)=\frac{1}{20}e_0\tanh x^0+\frac{1}{80}e_1\sin x^2+\frac{1}{60}e_2\tanh x^1+\frac{1}{50}e_{12}\sin(x^{12}+x^2),$$

$$a_{11}(t)=0.4-0.02\cos\sqrt{2}t,a_{12}(t)=0.5+0.01\sin t,a_{21}(t)=0.5+0.03\cos\sqrt{5}t,$$

$$a_{22}(t)=0.4-0.04\cos t,C_{11}(t)=0.02|\sin 2t|,C_{12}(t)=0.015|\cos\sqrt{3}t|,$$

$C_{21}(t)=0.025|\sin t|, C_{22}(t)=0.04|\cos\sqrt{2}t|, H_{11}(t)=0.03|\cos 2t|,$

$H_{12}(t)=0.04|\sin 3t|, H_{21}(t)=0.02|\sin\sqrt{5}t|, H_{22}(t)=0.06|\cos t|,$

$B_{11}(t)=0.07|\sin\sqrt{2}t|, B_{12}(t)=0.09|\cos\sqrt{2}t|, B_{21}(t)=0.05|\cos 2t|,$

$B_{22}(t)=0.04|\sin\sqrt{3}t|, D_{11}(t)=0.05|\sin t|, D_{12}(t)=0.08|\cos\sqrt{3}t|,$

$D_{21}(t)=0.04|\cos\sqrt{2}t|, D_{22}(t)=0.03|\sin 3t|, E_{11}(t)=0.01|\cos 2t|,$

$E_{12}(t)=0.02|\sin 3t|, E_{21}(t)=0.06|\sin\sqrt{3}t|, E_{22}(t)=0.01|\cos 3t|,$

$d_{11}(t)=d_{12}(t)=0.3-0.05\cos t, d_{21}(t)=d_{22}(t)=0.4-0.05\cos t,$

$L_{11}=0.2e_0\sin 2t+0.25e_1\cos t+0.15e_2\cos\sqrt{3}t+0.3e_{12}\sin 2t,$

$L_{12}=0.15e_0\cos 2t+0.4e_1\sin\sqrt{2}t+0.3e_2\sin 2t+0.2e_{12}\cos\sqrt{2}t,$

$L_{21}=0.2e_0\cos 3t+0.3e_1\cos 2t+0.2e_2\sin\sqrt{2}t+0.3e_{12}\cos 2t,$

$L_{22}=0.25e_0\sin 2t+0.35e_1\cos t+0.3e_2\sin 2t+0.2e_{12}\cos\sqrt{3}t,$

$\sigma_{ij}(t)=0.3\left|\cos\left(\pi t+\frac{\pi}{2}\right)\right|, \tau_{kl}(t)=2|\cos\pi t|, \eta_{kl}(t)=3e^{-|\sin\pi t|}, \delta_{kl}(t)=$
$0.2\left|\sin\left(2\pi t+\frac{\pi}{2}\right)\right|$，通过计算，有

$M_f=M_{\tilde{f}}=L_f=L_{\tilde{f}}=\frac{1}{25}, M_g=L_g=\frac{1}{40}, M_h=M_{\tilde{h}}=L_h=L_{\tilde{h}}=\frac{1}{20},$

$\bar{a}_{11}=0.42, \bar{a}_{12}=0.51, \bar{a}_{21}=0.53, \bar{a}_{22}=0.44,$

$\underline{a}_{11}=0.38, \underline{a}_{12}=0.49, \underline{a}_{21}=0.47, \underline{a}_{22}=0.36,$

$\bar{d}_{11}=\bar{d}_{12}=0.35, \bar{d}_{21}=\bar{d}_{22}=0.45, \underline{d}_{11}=\underline{d}_{12}=0.25, \underline{d}_{21}=\underline{d}_{22}=0.35,$

$$\sum_{C_{kl}\in N_1(1,1)}\bar{C}_{11}^{kl}=\sum_{C_{kl}\in N_1(1,2)}\bar{C}_{12}^{kl}=\sum_{C_{kl}\in N_1(2,1)}\bar{C}_{21}^{kl}=\sum_{C_{kl}\in N_1(2,2)}\bar{C}_{22}^{kl}=0.1,$$

$$\sum_{C_{kl}\in N_1(1,1)}\bar{H}_{11}^{kl}=\sum_{C_{kl}\in N_1(1,2)}\bar{H}_{12}^{kl}=\sum_{C_{kl}\in N_1(2,1)}\bar{H}_{21}^{kl}=\sum_{C_{kl}\in N_1(2,2)}\bar{H}_{22}^{kl}=0.15,$$

$$\sum_{C_{kl}\in N_1(1,1)}\bar{B}_{11}^{kl}=\sum_{C_{kl}\in N_1(1,2)}\bar{B}_{12}^{kl}=\sum_{C_{kl}\in N_1(2,1)}\bar{B}_{21}^{kl}=\sum_{C_{kl}\in N_1(2,2)}\bar{B}_{22}^{kl}=0.25,$$

$$\sum_{C_{kl}\in N_1(1,1)}\bar{D}_{11}^{kl}=\sum_{C_{kl}\in N_1(1,2)}\bar{D}_{12}^{kl}=\sum_{C_{kl}\in N_1(2,1)}\bar{D}_{21}^{kl}=\sum_{C_{kl}\in N_1(2,2)}\bar{D}_{22}^{kl}=0.2,$$

$$\sum_{C_{kl}\in N_1(1,1)}\bar{E}_{11}^{kl}=\sum_{C_{kl}\in N_1(1,2)}\bar{E}_{12}^{kl}=\sum_{C_{kl}\in N_1(2,1)}\bar{E}_{21}^{kl}=\sum_{C_{kl}\in N_1(2,2)}\bar{E}_{22}^{kl}=0.1,$$

$$\bar{L}_{11}=0.3,\bar{L}_{12}=0.4,\bar{L}_{21}=0.3,\bar{L}_{22}=0.35.$$

取 $\bar{R}=2$，则当$\mathbb{T}=\mathbb{R}$时，得

$$\bar{\sigma}_{ij}=0.3,\bar{\delta}_{kl}=0.2,\Xi_{11}=0.5745,\Xi_{12}=0.7285,\Xi_{21}=0.6405,$$

$$\Xi_{22}=0.6365,\vartheta_{11}=0.15975,\vartheta_{12}=0.18675,\vartheta_{21}=0.19275,\vartheta_{22}=0.16575,$$

$$\tilde{\vartheta}_{11}=0.30975,\tilde{\vartheta}_{12}=0.33675,\tilde{\vartheta}_{21}=0.37275,\tilde{\vartheta}_{22}=0.34575,$$

$$\max_{i,j=1,2}\left\{\frac{\Xi_{ij}}{\underline{a}_{ij}},\Xi_{ij}\left(1+\frac{\bar{a}_{ij}}{\underline{a}_{ij}}\right)\right\}\approx 1.7681<\bar{R}=2,$$

$$\max_{i,j=1,2}\left\{\frac{\vartheta_{ij}}{\underline{a}_{ij}},\vartheta_{ij}\left(1+\frac{\bar{a}_{ij}}{\underline{a}_{ij}}\right)\right\}\approx 0.4604=\kappa<1,$$

$$\max_{i,j=1,2}\left\{\frac{\tilde{\vartheta}_{ij}}{\underline{a}_{ij}+\underline{d}_{ij}},\tilde{\vartheta}_{ij}\left(1+\frac{\bar{a}_{ij}+\bar{d}_{ij}}{\underline{a}_{ij}+\underline{d}_{ij}}\right)\right\}\approx 0.8182<1,$$

当$\mathbb{T}=\mathbb{Z}$时，得

$$\bar{\sigma}_{ij}=0,\bar{\delta}_{kl}=0.2,\Xi_{11}=0.3225,\Xi_{12}=0.4225,\Xi_{21}=0.3225,$$

$\Xi_{22}=0.3725,\vartheta_{11}=\vartheta_{12}=\vartheta_{21}=\vartheta_{22}=0.03375,\tilde{\vartheta}_{11}=\tilde{\vartheta}_{12}=\tilde{\vartheta}_{21}=\tilde{\vartheta}_{22}=0.07875,$

$$\max_{i,j=1,2}\left\{\frac{\Xi_{ij}}{\underline{a}_{ij}},\Xi_{ij}\left(1+\frac{\bar{a}_{ij}}{\underline{a}_{ij}}\right)\right\}\approx 1.0347<\bar{R}=2,$$

$$\max_{i,j=1,2}\left\{\frac{\vartheta_{ij}}{\underline{a}_{ij}},\vartheta_{ij}\left(1+\frac{\bar{a}_{ij}}{\underline{a}_{ij}}\right)\right\}=0.09375=\kappa<1$$

和

$$\max_{i,j=1,2}\left\{\frac{\tilde{\vartheta}_{ij}}{\underline{a}_{ij}+\underline{d}_{ij}},\tilde{\vartheta}_{ij}\left(1+\frac{\bar{a}_{ij}+\bar{d}_{ij}}{\underline{a}_{ij}+\underline{d}_{ij}}\right)\right\}\approx 0.1775<1.$$

因此，无论$\mathbb{T}=\mathbb{R}$还是$\mathbb{T}=\mathbb{Z}$，都有$-a_{ij},-(a_{ij}+d_{ij})\in R_\nu^+$，$i,j=1,2$且容

易验证定理 8.2 中的所有条件都成立. 因此，驱动系统(8.2.3) 和响应系统(8.2.4) 能够实现全局几乎自守同步. 图 8.1 和图 8.3 具有相同的初始值

$(x_{11}^{0}(0),x_{12}^{0}(0),x_{21}^{0}(0),x_{22}^{0}(0))^{\mathrm{T}}=(y_{11}^{0}(0),y_{12}^{0}(0),y_{21}^{0}(0),y_{22}^{0}(0))^{\mathrm{T}}$

$=(0.2,-0.2,0.15,-0.05)^{\mathrm{T}},(0.1,-0.1,-0.25,0.05)^{\mathrm{T}},$

$(x_{11}^{1}(0),x_{12}^{1}(0),x_{21}^{1}(0),x_{22}^{1}(0))^{\mathrm{T}}=(y_{11}^{1}(0),y_{12}^{1}(0),y_{21}^{1}(0),y_{22}^{1}(0))^{\mathrm{T}}$

$=(-0.4,0.4,0.2,-0.3)^{\mathrm{T}},(-0.2,-0.1,0.3,0.5)^{\mathrm{T}}.$

图 8.2 和图 8.4 具有相同的初始值

$(x_{11}^{2}(0),x_{12}^{2}(0),x_{21}^{2}(0),x_{22}^{2}(0))^{\mathrm{T}}=(y_{11}^{2}(0),y_{12}^{2}(0),y_{21}^{2}(0),y_{22}^{2}(0))^{\mathrm{T}}$

$=(0.15,-0.1,0.1,-0.3)^{\mathrm{T}},(-0.2,-0.25,0.25,0.3)^{\mathrm{T}},$

$(x_{11}^{12}(0),x_{12}^{12}(0),x_{21}^{12}(0),x_{22}^{12}(0))^{\mathrm{T}}=(y_{11}^{12}(0),y_{12}^{12}(0),y_{21}^{12}(0),y_{22}^{12}(0))^{\mathrm{T}}$

$=(0.3,-0.2,-0.3,0.1)^{\mathrm{T}},(-0.1,0.15,0.2,-0.25)^{\mathrm{T}}.$

图 8.7 和图 8.9 具有相同的初始值

$(x_{11}^{0}(0),x_{12}^{0}(0),x_{21}^{0}(0),x_{22}^{0}(0))^{\mathrm{T}}=(y_{11}^{0}(0),y_{12}^{0}(0),y_{21}^{0}(0),y_{22}^{0}(0))^{\mathrm{T}}$

$=(0.1,0.3,-0.2,0.2)^{\mathrm{T}},(0.5,0.4,-0.5,-0.4)^{\mathrm{T}},$

$(x_{11}^{1}(0),x_{12}^{1}(0),x_{21}^{1}(0),x_{22}^{1}(0))^{\mathrm{T}}=(y_{11}^{1}(0),y_{12}^{1}(0),y_{21}^{1}(0),y_{22}^{1}(0))^{\mathrm{T}}$

$=(-0.2,-0.1,0.5,0.2)^{\mathrm{T}},(-0.3,0.3,-0.4,0.1)^{\mathrm{T}}.$

图 8.8 和图 8.10 具有相同的初始值

$(x_{11}^{2}(0),x_{12}^{2}(0),x_{21}^{2}(0),x_{22}^{2}(0))^{\mathrm{T}}=(y_{11}^{2}(0),y_{12}^{2}(0),y_{21}^{2}(0),y_{22}^{2}(0))^{\mathrm{T}}$

$=(0.4,0.5,-0.4,-0.3)^{\mathrm{T}},(-0.5,-0.2,-0.1,0.3)^{\mathrm{T}},$

$(x_{11}^{12}(0),x_{12}^{12}(0),x_{21}^{12}(0),x_{22}^{12}(0))^{\mathrm{T}}=(y_{11}^{12}(0),y_{12}^{12}(0),y_{21}^{12}(0),y_{22}^{12}(0))^{\mathrm{T}}$

$=(-0.1,-0.3,0.2,0.1)^{\mathrm{T}},(-0.4,0.5,0.3,-0.5)^{\mathrm{T}}.$

图 8.5、图 8.6、图 8.11 和图 8.12 描述了驱动系统(8.2.3) 和响应系统(8.2.4) 具有 2 个随机初始条件的仿真结果.

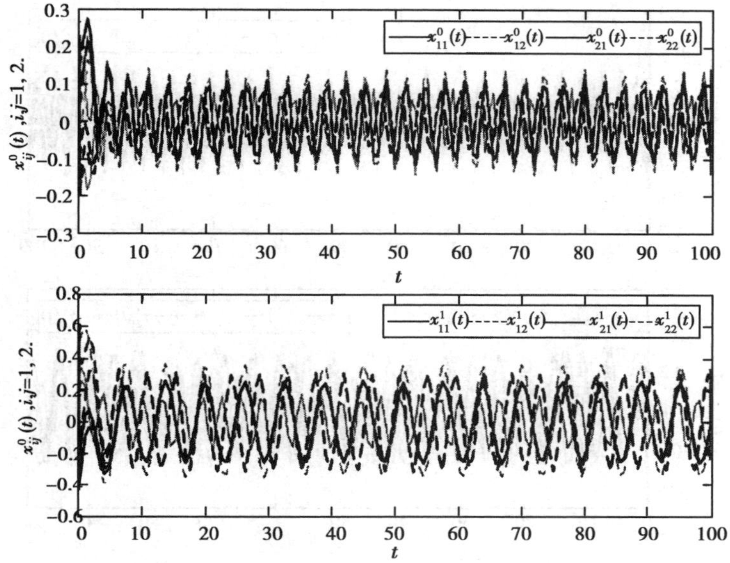

图 8.1　$\mathbb{T}=\mathbb{R}$. 系统(8.2.3)的解 $x_{ij}^0(t)$ 和 $x_{ij}^1(t)$ 的曲线，$(i,j=1,2)$

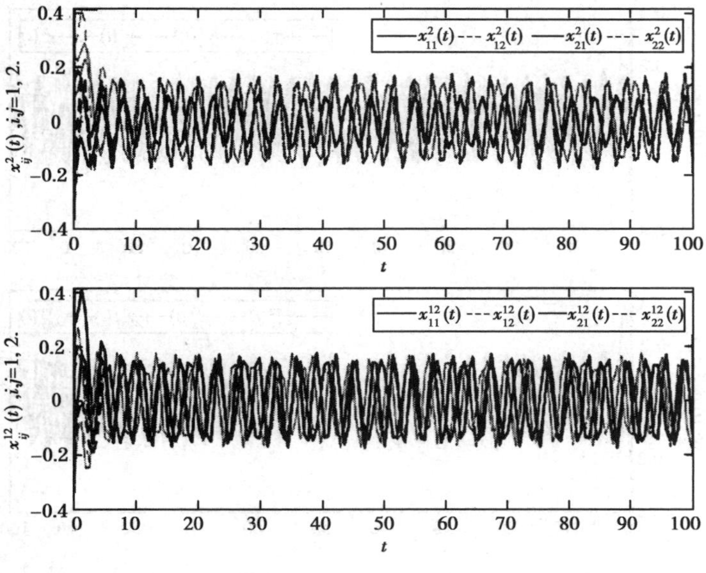

图 8.2　$\mathbb{T}=\mathbb{R}$. 系统(8.2.3)的解 $x_{ij}^2(t)$ 和 $x_{ij}^{12}(t)$ 的曲线，$(i,j=1,2)$

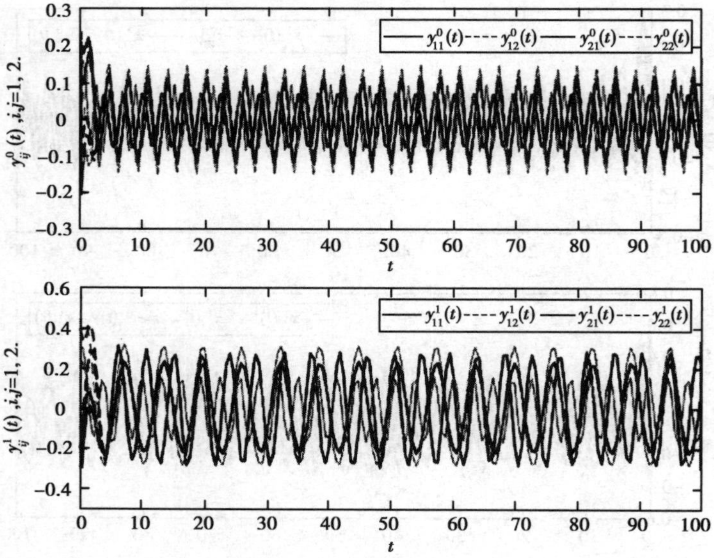

图 8.3 $\mathbb{T}=\mathbb{R}$. 系统(8.2.4)的解 $y^0_{ij}(t)$ 和 $y^1_{ij}(t)$ 的曲线，$(i,j=1,2)$

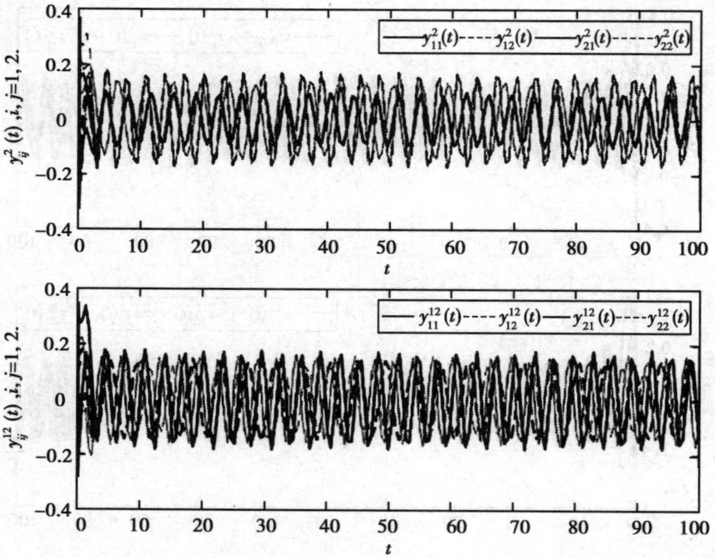

图 8.4 $\mathbb{T}=\mathbb{R}$. 系统(8.2.4)的解 $y^1_{ij}(t)$ 和 $y^{12}_{ij}(t)$ 的曲线，$(i,j=1,2)$

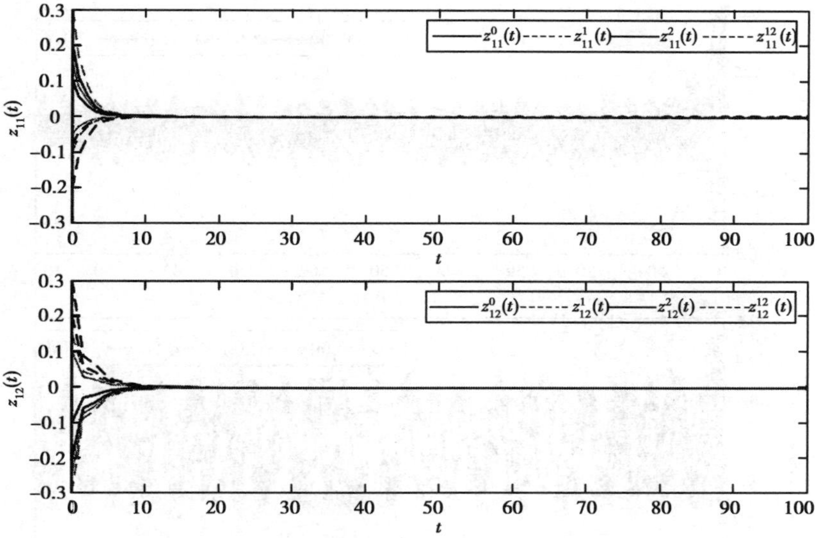

图 8.5　$\mathbb{T}=\mathbb{R}$. 同步误差 $z_{11}(t)$ 和 $z_{12}(t)$

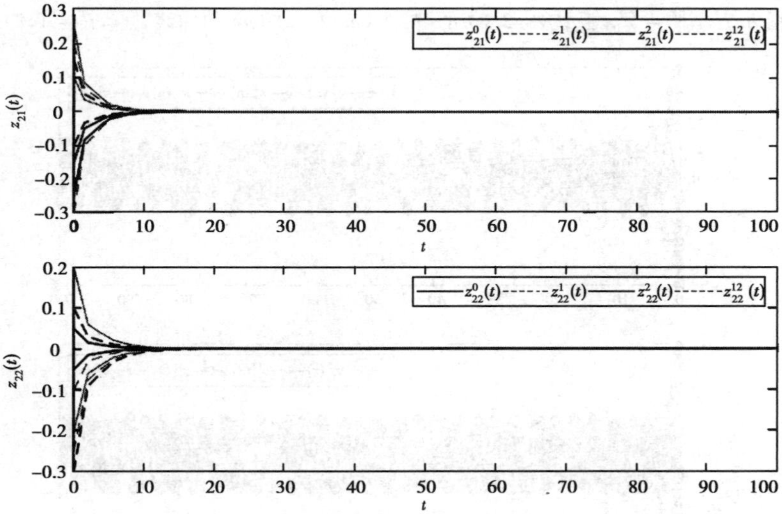

图 8.6　$\mathbb{T}=\mathbb{R}$. 同步误差 $z_{21}(t)$ 和 $z_{22}(t)$

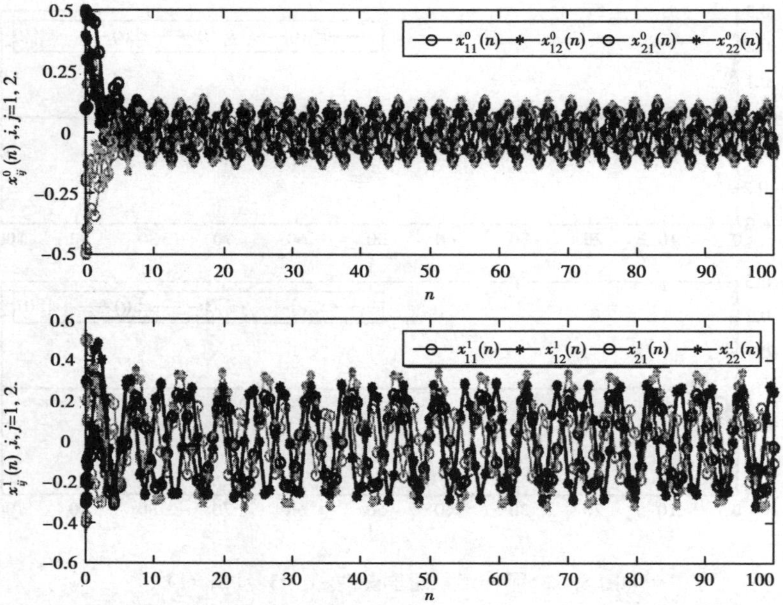

图 8.7 $\mathbb{T}=\mathbb{Z}$. 系统(8.2.3)的解 $x^0_{ij}(n)$ 和 $x^1_{ij}(n)$ 的曲线，$(i,j=1,2)$

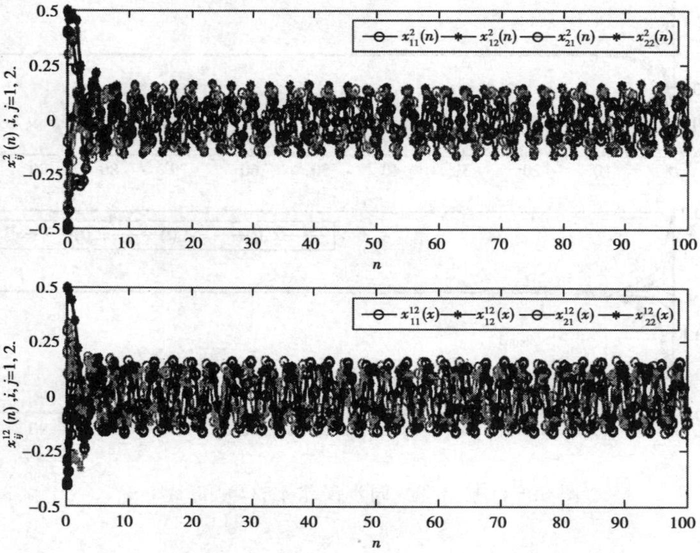

图 8.8 $\mathbb{T}=\mathbb{Z}$. 系统(8.2.3)的解 $x^2_{ij}(n)$ 和 $x^{12}_{ij}(n)$ 的曲线，$(i,j=1,2)$

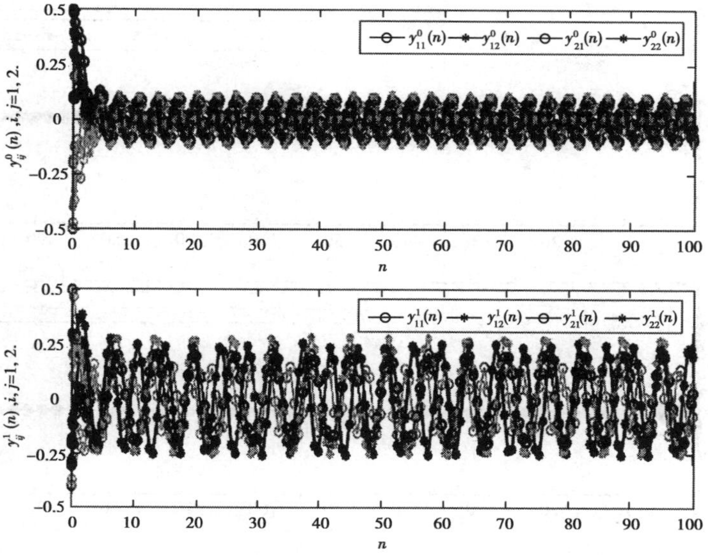

图 8.9　$\mathbb{T}=\mathbb{Z}$. 系统(8.2.4)的解 $y_{ij}^0(n)$ 和 $y_{ij}^1(n)$ 的曲线，$(i,j=1,2)$

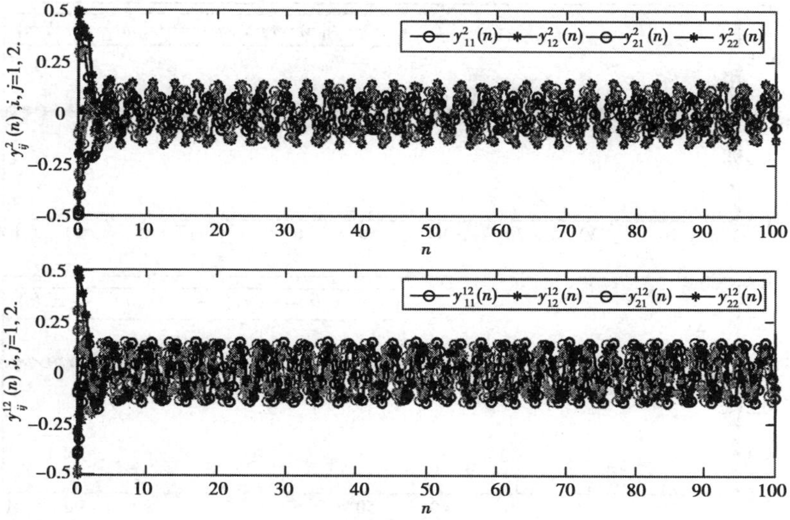

图 8.10　$\mathbb{T}=\mathbb{Z}$. 系统(8.2.4)的解 $y_{ij}^1(n)$ 和 $y_{ij}^{12}(n)$ 的曲线，$(i,j=1,2)$

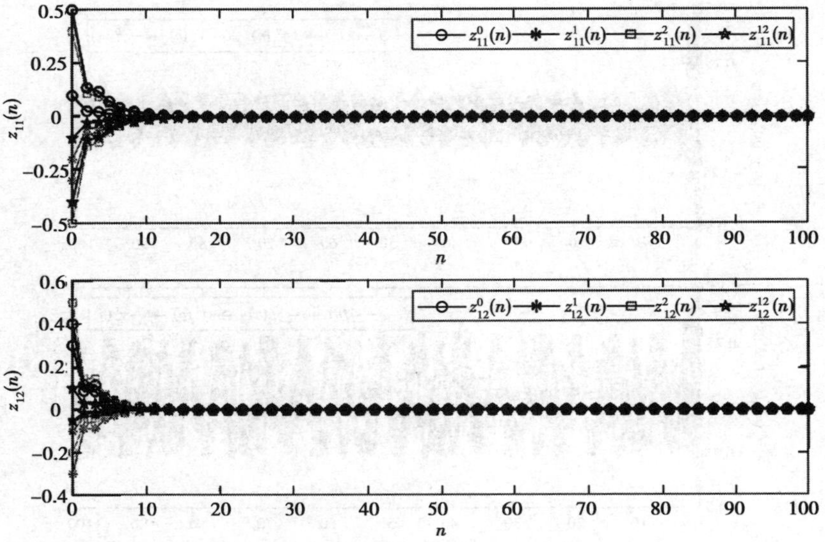

图 8.11 $\mathbb{T}=\mathbb{Z}$. 同步误差 $z_{11}(n)$ 和 $z_{12}(n)$

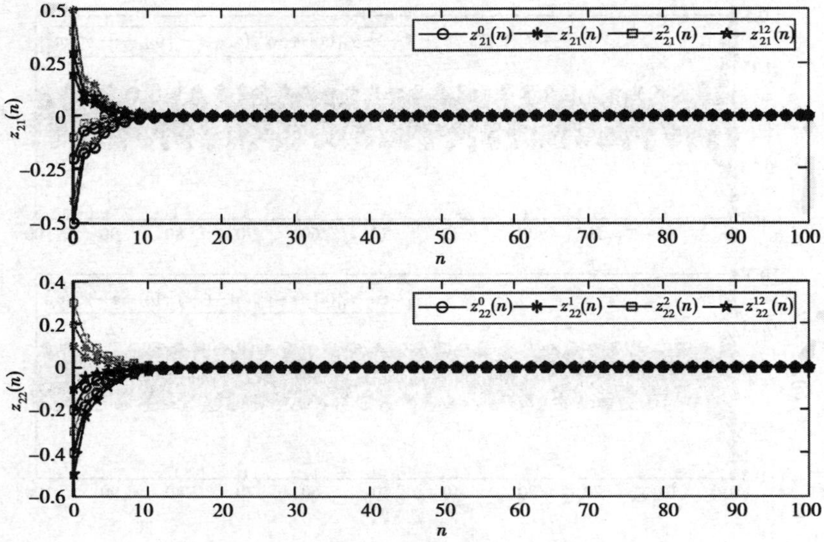

图 8.12 $\mathbb{T}=\mathbb{Z}$. 同步误差 $z_{21}(n)$ 和 $z_{22}(n)$

8.6 小　结

本章考虑了时标上具有连接项时滞的中立型 Clifford 值分流抑制细胞神经网络的几乎自守同步问题. 首先，介绍了分流抑制细胞神经网络的发展历程和研究现状，时标上 Clifford 值几乎自守函数基本理论，包括定义、运算和性质等以及研究模型；其次，通过 Banach 压缩映射原理和时标上的微积分理论，结合不分解的方法直接得到了时标上该类 Clifford 值神经网络的几乎自守解的存在性；再次，在不对 Clifford 值神经网络进行实分解的情况下，通过反证法得到了该 Clifford 值神经网络误差系统的几乎自守同步；最后，为了证明本章结果的有效性，给出了一个数值例子.

第 9 章　时标上紧几乎自守函数及应用

9.1 引　言

几乎自守函数是有界连续函数，但不一定是一致连续函数. 因此，具有时变时滞的几乎自守函数不一定是几乎自守函数，这使得研究泛函微分方程几乎自守解的存在性变得十分困难. 紧几乎自守函数是概周期函数的自然推广. 实际上，紧几乎自守函数是一致连续函数，这使得研究泛函微分方程的几乎自守解的存在性变得比较方便. 泛函微分方程的紧几乎自守解的研究引起了许多学者的关注(见文献[154]—[160]).

本章的结构如下：在第 9.2 节中，介绍了一些标记，定义和证明了后面章节中需要的一些初步结果. 在第 9.3 节中，我们首次提出了时标上紧几乎自守函数的概念，并且研究了时标上紧几乎自守函数的一些基本性质. 在第 9.4 节中，作为时标上紧几乎自守函数理论结果的应用，研究了时标上一类具有时变时滞的 Clifford 值神经网络紧几乎自守解的存在性和全局指数稳定性. 在第 9.5 节中，给出了一个数值例子来说明我们结果的可行性. 最后，在第 9.6 节给出本章的结论.

9.2　预备知识

本章中定义 $\mathrm{x}=\sum\limits_{\mathrm{A}}\mathrm{x}^{\mathrm{A}}\in\mathcal{A}$ 的范数为 $\|x\|_{\mathcal{A}}=\max\limits_{A\in\Lambda}\{|x^{A}|\}$；定义 $x=(x_1,x_2,\cdots,x_n)^{\mathrm{T}}\in\mathcal{A}^n$ 的范数为 $\|x\|_{\mathcal{A}^n}=\max\limits_{p\in I}\{\|x_p\|_{\mathcal{A}}\}$，其中 $I:=\{1,2,\cdots,n\}$.

注 9.1　对于每一个 $\tau\in\Pi$，有 $\mathbb{T}\pm\tau=\{t\pm\tau:t\in\mathbb{T}\}=\mathbb{T}$ 和 $k\tau\in\Pi$，其中 k 是一个整数.

引理 9.1　设 $\mathbb{T}$ 是一个概周期时标且 $\tau\in\Pi$ 满足 $\tau>0$. 则对任意的 $t\in\mathbb{T}$，存在 $\tilde{\tau}\in\Pi$ 和 $s\in[0,\tau]_{\mathbb{T}}$ 使得 $t=s+\tilde{\tau}$.

证明　若 $t\geqslant 0$，则显然存在一个正整数 k 使得

$$k\tau\leqslant t\leqslant(k+1)\tau.$$

因为 $k\tau=:\tilde{\tau}\in\Pi$，所以有 $\mathbb{T}+\tilde{\tau}=\mathbb{T}$. 因此，$t=s+\tilde{\tau}$ 对于 $s\in[0,\tau]_{\mathbb{T}}$.

若 $t<0$，则显然存在一个正整数 l 使得

$-l\tau\leqslant t\leqslant-(l-1)\tau.$

因为 $-l\tau=:\tilde{\tau}\in\Pi$，所以有 $\mathbb{T}+\tilde{\tau}=\mathbb{T}$. 因此，$t=s+\tilde{\tau}$ 对于 $s\in[0,\tau]_{\mathbb{T}}$. 证毕.

根据引理 9.1，易证以下两个推论.

推论 9.1　设 $\mathbb{T}$ 是一个概周期时标且 $\tau\in\Pi$ 满足 $\tau>0$. 则对于 $\mathbb{T}$ 上任意两个序列 $\{t_k\}$，$\{s_k\}$，存在序列 $\{l_k^1\}$，$\{l_k^2\}\subset\mathbb{Z}$ 和 $\{u_k\}$，$\{v_k\}\subset\mathbb{T}$ 满足 $u_k,v_k\in[0,\tau]_{\mathbb{T}}$ 使得

$$t_k=u_k+l_k^1\tau \text{ 和 } s_k=v_k+l_k^2\tau$$

成立.

推论 9.2　设 $\mathbb{T}$ 是一个概周期时标且 $\tau\in\Pi$ 满足 $\tau>0$. 则对于 $\mathbb{T}$ 上任意两个序列 $\{t_k\}$，$\{s_k\}$ 满足 $t_k-s_k\to 0$ 关于 $k\to+\infty$ 成立，存在序列 $\{l_k\tau\}\subset\Pi$ 和 $\{u_k\}$，$\{v_k\}\subset\mathbb{T}$ 满足 $u_k,v_k\in[-\tau,\tau]_{\mathbb{T}}$ 使得

$$t_k = u_k + l_k\tau, s_k = v_k + l_k\tau \text{ 和} \lim_{k\to+\infty} |u_k - v_k| = 0$$

成立.

9.3 时标上紧几乎自守函数

定义 9.1 设$\mathbb{T}$为概周期时标，称有界连续函数 $f:\mathbb{T}\to\mathcal{A}^n$ 是几乎自守的，若对任意序列$\{\alpha'_n\}\subset\Pi$，存在子序列$\{\alpha_n\}\subset\{\alpha'_n\}$使得

$$\lim_{n\to\infty} f(t+\alpha_n) =: g(t)$$

对任意 $t\in\mathbb{T}$为良定义，且

$$\lim_{n\to\infty} g(t-\alpha_n) = f(t)$$

对任意 $t\in\mathbb{T}$成立. 若上述极限函数在$\mathbb{T}$的紧子集上是一致收敛的，则称 f 为紧几乎自守的.

记时标$\mathbb{T}$上所有紧几乎自守函数的集合为 $KAA(\mathbb{T},\mathcal{A}^n)$.

类似文献[142] 中定理 2.1.10，可证：

引理 9.2 设序列$\{f_k\}\subset AA(\mathbb{T},\mathcal{A}^n)$使得存在 f 满足当 $k\to\infty$时，有 $\|f_k-f\|_\infty\to 0$ 成立. 则 $f\in AA(\mathbb{T},\mathcal{A}^n)$.

引理 9.3 设 $f\in KAA(\mathbb{T},\mathcal{A}^n)$ 和 g 由定义 9.1 所给出的. 若 f 在$\mathbb{T}$上是一致连续的，则 g 在$\mathbb{T}$上也是一致连续的.

证明 对于任意两个序列$\{t_k\}$，$\{s_k\}\subset\mathbb{T}$满足$|t_k-s_k|\to 0$关于$k\to+\infty$成立，根据推论 9.2，对于一个固定的$\tau\in\Pi$满足$\tau>0$，可得存在序列$\{\tau_k\}\subset\Pi$ 和$\{u_k\}$，$\{v_k\}\subset\mathbb{T}$ 满足 $u_k,v_k\in[-\tau,\tau]_{\mathbb{T}}$使得

$$t_k = u_k + \tau_k, s_k = v_k + \tau_k \text{ 和} \lim_{k\to+\infty} |u_k - v_k| = 0$$

成立.

记 $\beta_k = \|g(t_k)-g(s_k)\|_{\mathcal{A}^n} = \|g(u_k+\tau_k)-g(v_k+\tau_k)\|_{\mathcal{A}^n}$，我们将证明$\lim\limits_{k\to+\infty}\beta_k=0$. 令$\{\beta'_k\}=\{\|g(u'_k+\tau'_k)-f(v'_k+\tau'_k)\|_{\mathcal{A}^n}\}$是$\{\beta_k\}$的一个子序

列. 因为 $f \in KAA(\mathbb{T},\mathcal{A}^n)$，所以存在一个子序列 $\{-\tau''_k\} \subset \{-\tau'_k\}$ 使得 $\lim\limits_{k\to\infty} g(t-(-\tau''_k)) = \lim\limits_{k\to\infty} g(t+\tau''_k) = f(t)$ 在 $\mathbb{T}$ 的紧子集上是一致收敛的. 根据 f 的一致连续性，有

$$\beta''_k = \|g(t''_k) - g(s''_k)\|_{\mathcal{A}^n}$$
$$\leqslant \|g(u''_k+\tau''_k) - f(u''_k)\|_{\mathcal{A}^n} + \|f(u''_k) - f(v''_k)\|_{\mathcal{A}^n} +$$
$$\|f(v''_k) - g(v''_k+\tau''_k)\|_{\mathcal{A}^n} \to 0$$

关于 $k\to\infty$ 成立. 因此，我们证明了每个子序列 $\{\beta'_k\} \subset \{\beta_k\}$ 都有一个子序列 $\{\beta''_k\}$ 收敛到0，由此可得整个序列 $\{\beta_k\}$ 收敛到0. 因此，g 是一致连续的. 证毕.

引理9.4　$f \in KAA(\mathbb{T},\mathcal{A}^n)$ 当且仅当 f 在 $\mathbb{T}$ 上是几乎自守函数且一致连续的.

证明　设 $f \in AA(\mathbb{T},\mathcal{A}^n)$ 且一致连续的. 若对任意序列 $\{\alpha'_k\} \subset \Pi$，存在子序列 $\{\alpha_k\} \subset \{\alpha'_k\}$ 使得

$$\lim_{n\to\infty} f(t+\alpha_k) =: g(t) \tag{9.3.1}$$

对任意 $t\in\mathbb{T}$ 为良定义，且

$$\lim_{n\to\infty} g(t-\alpha_k) = f(t) \tag{9.3.2}$$

对任意 $t\in\mathbb{T}$ 成立. 考虑函数序列 $f_k(t)$，其中 $f_k(t)=f(t+\alpha_k)$，$k\in\mathbb{N}$，$t\in\mathbb{T}$. 因为 f 在 $\mathbb{T}$ 上是一致连续的，所以集族 $\{f_k\}$ 是等度连续的和一致有界的. 因此，由时标上的Arzela－Ascoli定理可知在 $\mathbb{T}$ 的紧子集上式(9.3.1)是一致收敛的.

此外，根据引理9.3，可得 g 在 $\mathbb{T}$ 上是一致连续的. 同理，在 $\mathbb{T}$ 的紧子集上式(9.3.2)是一致收敛的.

另一方面，若 $f \in KAA(\mathbb{T},\mathcal{A}^n)$，则 $f \in AA(\mathbb{T},\mathcal{A}^n)$. 接下来，我们将证明 f 是一致连续的. 为此，对于任意两个序列 $\{t_k\},\{s_k\} \subset \mathbb{T}$ 满足 $|t_k - s_k| \to 0$ 关于 $k\to\infty$ 成立，根据推论9.2，对于一个固定的 $\tau \in \Pi$ 满足 $\tau > 0$，可得存在序列 $\{\tau_k\} \subset \Pi$ 和 $\{u_k\}$，$\{v_k\} \subset \mathbb{T}$ 满足 $u_k, v_k \in [-\tau,\tau]_{\mathbb{T}}$ 使得

$$t_k = u_k + \tau_k, s_k = v_k + \tau_k \text{ 和} \lim_{k \to +\infty} |u_k - v_k| = 0$$

成立.

我们将证明 $\lim_{k \to +\infty} \gamma_k = 0$，其中 $\gamma_k = \| f(t_k) - f(s_k) \|_{\mathcal{A}^n} = \| f(u_k + \tau_k) - f(v_k + \tau_k) \|_{\mathcal{A}^n}$. 令 $\{\gamma'_k\} = \| f(u'_k + \tau'_k) - f(v'_k + \tau'_k) \|_{\mathcal{A}^n}$ 是$\{\gamma_k\}$的一个子序列. 因为 $f \in KAA(\mathbb{T}, \mathcal{A}^n)$，所以对于序列$\{\tau'_k\} \subset \Pi$，存在子序列$\{\tau''_k\} \subset \{\tau'_k\}$ 使得$\lim_{k \to \infty} f(t + \tau''_k) = g(t)$ 在$\mathbb{T}$的每一个紧子集上是一致收敛. 那么，由 f 的紧几乎自守性和 g 的连续性，可得

$$\begin{aligned}
\gamma''_k &= \| f(t''_k) - f(s''_k) \|_{\mathcal{A}^n} \\
&= \| f(u''_k + \tau''_k) - f(v''_k + \tau''_k) \|_{\mathcal{A}^n} \\
&\leqslant \| f(u''_k + \tau''_k) - g(u''_k) \|_{\mathcal{A}^n} + \| g(u''_k) - g(v''_k) \|_{\mathcal{A}^n} + \\
&\quad \| g(v''_k) - f(v''_k + \tau''_k) \|_{\mathcal{A}^n} \to 0
\end{aligned}$$

关于$k \to +\infty$成立. 因此，我们证明了每个子序列$\{\gamma'_k\} \subset \{\gamma_k\}$都有一个子序列$\{\gamma''_k\}$收敛到 0，由此可得整个序列$\{\gamma_k\}$收敛到 0. 因此，$f$ 是一致连续的. 证毕.

由定义 9.1，易证

引理 9.5　若 $\alpha \in \mathbb{R}$，$f, h \in KAA(\mathbb{T}, \mathcal{A}^n)$，则 $\alpha f, f + h, f \cdot h \in KAA(\mathbb{T}, \mathcal{A}^n)$.

引理 9.6　若 $\varphi \in KAA(\mathbb{T}, \mathcal{A}^n)$，$\zeta \in KAA(\mathbb{T}, \Pi)$，则 $\varphi(\cdot - \zeta(\cdot)) \in KAA(\mathbb{T}, \mathcal{A}^n)$.

证明　因为 $\varphi \in KAA(\mathbb{T}, \mathcal{A}^n)$，所以由引理 9.4，$\varphi$ 在$\mathbb{T}$上是一致连续的. 因此，对任意的$\varepsilon > 0$，存在 $\delta = \frac{\varepsilon}{2}$ 使得任意的$t_1, t_2 \in \mathbb{T}$满足$|t_1 - t_2| < \delta$，由此可得

$$\| \varphi(t_1) - \varphi(t_2) \|_{\mathcal{A}^n} < \varepsilon.$$

因为 $\varphi \in AA(\mathbb{T}, \mathcal{A}^n)$ 和 $\zeta \in AA(\mathbb{T}, \mathbb{R})$，所以对任意的$\{s'_k\} \subset \Pi$，存在子序列$\{s_k\}$ 使得

$$\lim_{k\to\infty}\varphi(t+s_k):=\bar{\varphi}(t),\lim_{k\to\infty}\bar{\varphi}(t-s_k)=\bar{\varphi}(t),$$

$$\lim_{k\to\infty}\zeta(t+s_k)=\bar{\zeta}(t),\lim_{k\to\infty}\bar{\zeta}(t-s_k)=\bar{\zeta}(t)$$

对任意 $t\in\mathbb{T}$成立．因此，存在自然数 N 使得

$$\|\varphi(t+s_k)-\bar{\varphi}(t)\|_{\mathcal{A}^n}<\frac{\varepsilon}{2},$$

$$|\zeta(t+s_k)-\bar{\zeta}(t)|<\frac{\varepsilon}{2}$$

对于 $k>N$ 和 $t\in\mathbb{T}$成立．因此，有

$$\begin{aligned}&\|\varphi(t+s_k-\zeta(t+s_k))-\bar{\varphi}(t-\bar{\zeta}(t))\|_{\mathcal{A}^n}\\ \leqslant&\|\varphi(t+s_k-\zeta(t+s_k))-\varphi(t+s_k-\bar{\zeta}(t))\|_{\mathcal{A}^n}+\\ &\|\varphi(t+s_k-\bar{\zeta}(t))-\bar{\varphi}(t-\bar{\zeta}(t))\|_{\mathcal{A}^n}\\ <&\frac{\varepsilon}{2}+\frac{\varepsilon}{2}=\varepsilon\end{aligned}$$

对于 $k>N$ 和 $t\in\mathbb{T}$成立．由此可得$\{\varphi(t+s_k-\zeta(t+s_k))\}$收敛于$\bar{\varphi}(t-\bar{\zeta}(t))$对任意 $t\in\mathbb{T}$成立．同理可证$\{\bar{\varphi}(t-s_k-\bar{\zeta}(t-s_k))\}$收敛于$\varphi(t-\zeta(t))$对任意 $t\in\mathbb{T}$成立．因此，$\varphi(\cdot-\zeta(\cdot))\in AA(\mathbb{T},\mathcal{A}^n)$.

接下来将证明$\varphi(\cdot-\zeta(\cdot))$在$\mathbb{T}$上是一致连续的．事实上，由引理 9.4，可得 ζ 在$\mathbb{T}$上是一致连续的．若令$\{t_k\},\{s_k\}\subset\mathbb{T}$为两个序列满足$|t_k-s_k|\to 0$关于 $k\to\infty$成立，则有

$$|(t_k-\zeta(t_k))-(s_k-\zeta(s_k))|\leqslant|t_k-s_k|+|\zeta(t_k)-\zeta(s_k)|\to 0$$

关于 $k\to\infty$成立．根据 φ 一致连续性，有

$$\|\varphi(t_k-\zeta(t_k))-\varphi(s_k-\zeta(s_k))\|_{\mathcal{A}^n}\to 0$$

关于 $k\to\infty$成立．因此，$\varphi(\cdot-\zeta(\cdot))$在$\mathbb{T}$上是一致连续的．故由引理 9.4，可得$\varphi(\cdot-\zeta(\cdot))\in KAA(\mathbb{T},\mathcal{A}^n)$．证毕．

引理 9.7 若 $f \in C(\mathcal{A}^n, \mathcal{A}^n)$，$\varphi \in KAA(\mathbb{T}, \mathcal{A}^n)$. 则 $f(\varphi(\cdot)) \in KAA(\mathbb{T},\mathcal{A}^n)$.

证明 因为$\varphi \in KAA(\mathbb{T},\mathcal{A}^n)$，所以对每个序列$\{s'_k\} \subset \Pi$ 和$\mathbb{T}$的紧子集$\mathbb{K}$，存在子序列$\{s_k\} \subset \{s'_k\}$ 使得

$$\lim_{n\to\infty} \varphi(t+s_k) =: \psi(t), \varphi(t) = \lim_{n\to\infty} \psi(t-s_k)$$

在$\mathbb{K}$上是一致收敛的.

由函数 f 的连续性，可得

$$\lim_{n\to\infty} f(\varphi(t+s_k)) = f(\lim_{n\to\infty} \varphi(t+s_k)) = f(\psi(t))$$

在$\mathbb{K}$上是一致收敛的. 类似有

$$\lim_{n\to\infty} f(\psi(t-s_k)) = f(\lim_{n\to\infty} \psi(t-s_k)) = f(\varphi(t))$$

在$\mathbb{K}$上是一致收敛的. 因此，根据定义 9.1，可得 $f(\varphi(\cdot)) \in KAA(\mathbb{T},\mathcal{A}^n)$. 证毕.

引理 9.8 设序列$\{f_k\} \subset KAA(\mathbb{T},\mathcal{A}^n)$ 使得存在 f 满足当$k \to \infty$时，有 $\| f_k - f \|_\infty \to 0$ 成立. 则 $f \in KAA(\mathbb{T},\mathcal{A}^n)$.

证明 由引理 3，可得 $f \in AA(\mathbb{T},\mathcal{A}^n)$. 根据引理 9.4，可得对于任意的 $k \in N$，f_k 是一致连续的. 因此，f 也是一致连续的. 再根据引理 9.4 可知 $f \in KAA(\mathbb{T},\mathcal{A}^n)$.

引理 9.9 $(KAA(\mathbb{T},\mathcal{A}^n), \| \cdot \|_\infty)$ 为 Banach 空间.

证明 因为 $KAA(\mathbb{T},\mathcal{A}^n) \subset BC(\mathbb{T},\mathcal{A}^n)$ 且由引理 9.8，可知 $KAA(\mathbb{T},\mathcal{A}^n)$ 是 $BC(\mathbb{T},\mathcal{A}^n)$ 的一个闭子空间，所以空间$(KAA(\mathbb{T},\mathcal{A}^n), \| \cdot \|_\infty)$ 也是一个 Banach 空间.

9.4 应　用

本章主要考虑了以下时标$\mathbb{T}$上具有时变时滞的 Clifford 值神经网络：

$$x_i^{\Delta}(t) = -d_i(t)x_i(t) + \sum_{j=1}^{n} a_{ij}(t)f_j(x_j(t)) + \sum_{j=1}^{n} b_{ij}(t)f_j(x_j(t-\tau_{ij}(t))) +$$
$$u_i(t), \tag{9.4.1}$$

其中 $i \in I$；n 表示神经网络中神经元的个数；$x_i(t) \in \mathcal{A}$表示第 i 条神经元在t时刻的状态；$d_i > 0$ 表示在 t 时刻自反馈连接权重；$a_{ij}(t)$，$b_{ij}(t) \in \mathcal{A}$分别表示在 t 时刻第 i 条神经元和第 j 条神经元之间的连接权重和延迟反馈突触权重；$\tau_{ij}(t)$ 为 $t \in \mathbb{T}$满足 $t-\tau_{ij}(t) \in \mathbb{T}$ 的传输时滞；$u_i(t) \in \mathcal{A}$表示在 t 时刻的第 i 条神经元外部输入；$f_j:\mathcal{A} \to \mathcal{A}$表示激活函数.

为读者方便，给出以下记号：

$$d_i^- = \inf_{t\in\mathbb{T}} d_i(t), a_{ij}^+ = \sup_{t\in\mathbb{T}} \| a_{ij}(t) \|_{\mathcal{A}}, b_{ij}^+ = \sup_{t\in\mathbb{T}} \| b_{ij}(t) \|_{\mathcal{A}},$$

$$u_i^+ = \sup_{t\in\mathbb{T}} \| u_i(t) \|_{\mathcal{A}}, \tau_{ij}^+ = \sup_{t\in\mathbb{T}} \tau_{ij}(t), \tau = \max_{i,j\in I}\{\tau_{ij}^+\}.$$

系统(9.4.1) 具有以下形式的初始条件：

$x_i(s) = \varphi_i(s), \varphi_i(s) \in C([-\tau, 0]_{\mathbb{T}}, \mathcal{A})$.

在本章中，假设以下条件成立：

(H_1) 对于 $i,j \in I$，$d_i \in KAA(\mathbb{T},\mathbb{R}^+)$ 满足 $-d_i \in R^+, u_i, a_{ij}, b_{ij} \in KAA(\mathbb{T},\mathcal{A})$ 且 $\tau_{ij} \in KAA(\mathbb{T},\Pi)$.

(H_2) 对于 $j \in I$，函数 $f_j \in C(\mathcal{A},\mathcal{A})$ 且存在正常数 L_j 对所有的 $x, y \in \mathcal{A}$，满足 $\| f_j(x) - f_j(y) \|_{\mathcal{A}} \leqslant L_j \| x - y \|_{\mathcal{A}}$，$f_j(0) = 0$.

(H_3) 存在一个正常数 r 使得

$$\max_{i\in I}\left\{\frac{P_i r + u_i^+}{d_i^-}\right\} \leqslant r, \max_{i\in I}\left\{\frac{P_i}{d_i^-}\right\} =: k < 1,$$

其中

$$P_i = \sum_{j=1}^{n} a_{ij}^+ L_j + \sum_{j=1}^{n} b_{ij}^+ L_j.$$

若空间$\mathbb{X} = \{f \mid f \in KAA(\mathbb{T},\mathcal{A}^n)\}$赋予范数 $\| f \|_{\mathbb{X}} = \sup_{t\in\mathbb{T}} \| f(t) \|_{\mathcal{A}^n}$. 则由引理 9.9，它为 Banach 空间.

定理 9.1　假设条件$(H_1)-(H_3)$ 成立. 则系统(9.4.1) 在$\mathbb{E} = \{\varphi \in \mathbb{X} \mid$

$\|\varphi\|_{\mathbb{X}} \leqslant r\}$ 中存在唯一的紧几乎自守解.

证明　首先，易证若 $x=(x_1,x_2,\cdots,x_n)^{\mathrm{T}} \in \mathbb{X}$是下列积分方程的一个解

$$x_i(t)=\int_{-\infty}^{t} e_{-d_i}(t,\sigma(s))\Big(\sum_{j=1}^{n} a_{ij}(s)f_j(x_j(s))+$$

$$\sum_{j=1}^{n} b_{ij}(s)f_j(x_j(s-\tau_{ij}(s)))+u_i(s)\Big)\Delta s, i \in I,$$

则 x 也是系统(9.4.1)的一个解.

其次，我们定义映射 $\Phi:\mathbb{X} \to BC(\mathbb{T},\mathcal{A}^n)$ 如下：

$$\Phi\varphi=(\Phi_1\varphi,\Phi_2\varphi,\cdots,\Phi_n\varphi)^{\mathrm{T}},$$

其中 $\varphi \in \mathbb{X}$,

$$(\Phi_i\varphi)(t)=\int_{-\infty}^{t} e_{-d_i}(t,\sigma(s))\Gamma_i^{\varphi}(s)\Delta s, i \in I,$$

$$\Gamma_i^{\varphi}(s)=\sum_{j=1}^{n} a_{ij}(s)f_j(\varphi_j(s))+\sum_{j=1}^{n} b_{ij}(s)f_j(\varphi_j(s-\tau_{ij}(s)))+u_i(s).$$

我们将证明映射 Φ 是从$\mathbb{X}$到$\mathbb{X}$的一个自映射. 为此，设

$$\Gamma_i^{\varphi}(s)=\sum_{j=1}^{n} a_{ij}(s)f_j(\varphi_j(s))+\sum_{j=1}^{n} b_{ij}(s)f_j(\varphi_j(s-\tau_{ij}(s)))+u_i(s),$$

$i \in I$.

然后根据引理 9.5－9.7，易得 $\Gamma_i^{\varphi} \in KAA(\mathbb{T},\mathcal{A})$. 接下来将证明 $\Phi_i\varphi \in KAA(\mathbb{T},\mathcal{A})$, $i \in I$.

设$\{s_k\} \subset \Pi$ 是$\mathbb{T}$的一个序列. 因为 $d_i \in KAA(\mathbb{T},\mathbb{R}^+)$ 和 $\Gamma_i^{\varphi} \in KAA(\mathbb{T},\mathcal{A})$，所以存在子序列$\{s'_k\} \subset \{s_k\}$ 使得

$$\lim_{k\to\infty} d_i(t+s'_k)=:\bar{d}_i(t), \lim_{k\to\infty} \bar{d}_i(t-s'_k)=d_i(t),$$

$$\lim_{k\to\infty} \Gamma_i^{\varphi}(t+s'_k)=:\overline{\Gamma}_i^{\varphi}(t), \lim_{k\to\infty} \overline{\Gamma}_i^{\varphi}(t-s'_k)=\Gamma_i^{\varphi}(t)$$

成立，其中 $i \in I$ 并且在$\mathbb{T}$的紧子集上所有上述函数是一致收敛的. 记

$$(\overline{\Phi_i\varphi})(t)=\int_{-\infty}^{t} e_{-\bar{d}_i}(t,\sigma(s))\overline{\Gamma}_i^{\varphi}(s)\Delta s, i \in I.$$

然后对任意 $t \in \mathbb{T}$ 有

$$
\begin{aligned}
&\|(\Phi_i\varphi)(t+s'_k)-(\overline{\Phi_i\varphi})(t)\|_{\mathcal{A}}\\
=&\left\|\int_{-\infty}^{t+s'_k} e_{-d_i}(t+s'_k,\sigma(s))\Gamma_i^{\varphi}(s)\Delta s-\int_{-\infty}^{t} e_{-\bar{d}_i}(t,\sigma(s))\,\overline{\Gamma}_i^{\varphi}(s)\Delta s\right\|_{\mathcal{A}}\\
=&\left\|\int_{-\infty}^{t} e_{-d_i}(t+s'_k,\sigma(s+s'_k))\Gamma_i^{\varphi}(s+s'_k)\Delta s-\int_{-\infty}^{t} e_{-\bar{d}_i}(t,\sigma(s))\,\overline{\Gamma}_i^{\varphi}(s)\Delta s\right\|_{\mathcal{A}}\\
\leqslant&\left\|\int_{-\infty}^{t} e_{-d_i}(t+s'_k,\sigma(s+s'_k))\Gamma_i^{\varphi}(s+s'_k)\Delta s-\int_{-\infty}^{t} e_{-d_i}(t+s'_k,\sigma(s+s'_k))\,\overline{\Gamma}_i^{\varphi}(s)\Delta s\right\|_{\mathcal{A}}+\\
&\left\|\int_{-\infty}^{t} e_{-d_i}(t+s'_k,\sigma(s+s'_k))\,\overline{\Gamma}_i^{\varphi}(s)\Delta s-\int_{-\infty}^{t} e_{-\bar{d}_i}(t,\sigma(s))\,\overline{\Gamma}_i^{\varphi}(s)\Delta s\right\|_{\mathcal{A}}\\
\leqslant&\int_{-\infty}^{t}|e_{-d_i}(t+s'_k,\sigma(s+s'_k))|\,\|\Gamma_i^{\varphi}(s+s'_k)-\overline{\Gamma}_i^{\varphi}(s)\|_{\mathcal{A}}\Delta s+\\
&\int_{-\infty}^{t}|e_{-d_i}(t+s'_k,\sigma(s+s'_k))-e_{-\bar{d}_i}(t,\sigma(s))|\,\|\overline{\Gamma}_i^{\varphi}(s)\|_{\mathcal{A}}\Delta s\\
\leqslant&\int_{-\infty}^{t}|e_{-d_i}(t+s'_k,\sigma(s+s'_k))|\,\|\Gamma_i^{\varphi}(s+s'_k)-\overline{\Gamma}_i^{\varphi}(s)\|_{\mathcal{A}}\Delta s+\\
&\int_{-\infty}^{t}\left|\int_{t}^{\sigma(s)} e_{-\bar{d}_i}(t,\sigma(\theta))(d_i(\theta+s'_k)-\bar{d}_i(\theta))\Delta\theta\right|\,\|\overline{\Gamma}_i^{\varphi}(s)\|_{\mathcal{A}}\Delta s,\ i\in I,
\end{aligned}
$$

由引理 7.6 可得最后一个不等式. 根据勒贝格控制收敛定理，对任意 $t \in \mathbb{T}$，$i \in I$ 可得 $\lim\limits_{k\to\infty}(\Phi_i\varphi)(t+s'_k)=(\overline{\Phi_i\varphi})(t)$. 类似可证对任意 $t \in \mathbb{T}$，$i \in I$ 有 $\lim\limits_{k\to\infty}(\overline{\Phi_i\varphi})(t-s'_k)=(\Phi_i\varphi)(t)$. 因此 $\Phi_i\varphi \in AA(\mathbb{T},\mathcal{A})$.

此外，易得

$$\|\Phi_i\varphi^{\Delta}(t)\|_{\mathcal{A}} \leqslant \left(d_i^+ + \sum_{j=1}^{n} a_{ij}^+ L_j^f + \sum_{j=1}^{n} b_{ij}^+ L_j^f\right)\|\varphi\|_{\mathbb{X}} + u_i^+,\ t\in\mathbb{T},\ i\in I.$$

由文献[39] 中的推论 1.68，可得 $\Phi_i\varphi$ 是一致连续的，并且根据引理 9.4 可得 $\Phi_i\varphi \in KAA(\mathbb{T},\mathcal{A})$. 故算子 Φ 是从$\mathbb{X}$到$\mathbb{X}$的一个自映射.

进一步，我们将验证 Φ 是从$\mathbb{E}$到$\mathbb{E}$的一个自映射. 为此只需证明：对任意给定的 $\varphi \in \mathbb{E}$，有

$$
\begin{aligned}
&\|\Phi\varphi\|_{\mathbb{X}} = \max_{i\in I}\sup_{t\in\mathbb{T}}\Big\{\Big\|\int_{-\infty}^{t} e_{-d_i}(t,\sigma(s))\Big(\sum_{j=1}^{n} a_{ij}(s)f_j(\varphi_j(s)) + \\
&\sum_{j=1}^{n} b_{ij}(s)f_j(\varphi_j(s-\tau_{ij}(s))) + u_i(s))\Delta s\Big\|_{\mathcal{A}}\Big\} \\
&\leqslant \max_{i\in I}\sup_{t\in\mathbb{T}}\Big\{\int_{-\infty}^{t} e_{-d_i}(t,\sigma(s))\Big(\sum_{j=1}^{n} a_{ij}^{+}L_j\|\varphi_j(s)\|_{\mathcal{A}} + \\
&\sum_{j=1}^{n} b_{ij}^{+}L_j\|\varphi_j(s-\tau_{ij}(s))\Big)\|_{\mathcal{A}} + u_i^{+})\Delta s\Big\} \\
&\leqslant \max_{i\in I}\Big\{\frac{1}{d_i^{-}}\Big(\sum_{j=1}^{n} a_{ij}^{+}L_j\|\varphi\|_{X} + \sum_{j=1}^{n} b_{ij}^{+}L_j\|\varphi\|_{\mathbb{X}} + u_i^{+}\Big)\Big\} \\
&\leqslant \max_{i\in I}\Big\{\frac{P_i r + u_i^{+}}{d_i^{-}}\Big\}.
\end{aligned}
$$

因此，由条件(H_3)，有

$$\|\Phi\varphi\|_{\mathbb{X}} \leqslant r.$$

最后，我们将证明 Φ 是压缩映射. 对任给的

$$\varphi = (\varphi_1,\varphi_2,\cdots,\varphi_n)^{\mathrm{T}}, \psi = (\psi_1,\psi_2,\cdots,\psi_n)^{\mathrm{T}} \in \mathbb{E},$$

有

$$
\begin{aligned}
&\|\Phi\varphi - \Phi\psi\|_{\mathbb{X}} \\
&= \max_{i\in I}\sup_{t\in\mathbb{T}}\Big\{\Big\|\int_{-\infty}^{t} e_{-d_i}\Big(t,\sigma(s)\Big(\sum_{j=1}^{n} a_{ij}(s)(f_j(\varphi_j(s)) - f_j(\psi_j(s))\Big) + \\
&\sum_{j=1}^{n} b_{lh}(s)(f_j(\varphi_j(s-\tau_{ij}(s))) - f_j(\psi_j(s-\tau_{ij}(s))))\Big)\Delta s\Big\|_{\mathcal{A}}\Big\} \\
&\leqslant \max_{i\in I}\Big\{\frac{1}{d_i^{-}}\Big(\sum_{j=1}^{n} a_{ij}^{+}L_j + \sum_{j=1}^{n} b_{ij}^{+}L_j\Big)\Big\}\|\varphi - \psi\|_{\mathbb{X}} \\
&= \max_{i\in I}\Big\{\frac{P_i}{d_i^{-}}\Big\}\|\varphi - \psi\|_{\mathbb{X}},
\end{aligned}
$$

由条件(H_3)，可得

$$\|\Phi\varphi - \Phi\psi\|_{\mathbb{X}} \leqslant k\|\varphi - \psi\|_{\mathbb{X}}.$$

从而得出 Φ 是一个压缩映射. 因此，由 Banach 不动点定理知：Φ 在$\mathbb{E}$中有唯一不动点，即系统(9.4.1) 在$\mathbb{E}$中有唯一紧几乎自守解. 证毕.

定理 9.2 假设(H_1)－(H_3)成立，则系统(9.4.1)的紧几乎自守解是全局指数稳定的.

证明　由**定理** 4，可得系统(9.4.1)有一个满足初始条件 $\varphi(s)$ 的紧几乎自守解 $x(t)$. 令 $y(t)$ 为系统(9.4.1)满足初始条件 $\psi(s)$ 的任意解. 由系统(9.4.1)，有

$$(x_i(t)-y_i(t))^\Delta=-d_i(t)(x_i(t)-y_i(t))+\sum_{j=1}^{n}a_{ij}(t)(f_j(x_j(t))-f_j(y_j(t)))+$$

$$\sum_{j=1}^{n}b_{ij}(t)(f_j(x_j(t-\tau_{ij}(t)))-f_j(y_j(t-\tau_{ij}(t)))),i\in I. \tag{9.4.2}$$

用 $e_{-d_i}(t_0,\sigma(t))$ 乘以等式(9.4.2)的两边，并在 $[t_0,t]_{\mathbb{T}}$ 上积分，其中 $t_0\in[-\tau,0]_{\mathbb{T}}$，可得

$$x_i(t)-y_i(t)=(x_i(t_0)-y_i(t_0))e_{-d_i}(t,t_0)+$$

$$\int_{t_0}^{t}e_{-d_i}(t,\sigma(s))\Big(\sum_{j=1}^{n}a_{ij}(s)(f_j(x_j(s))-f_j(y_j(s)))+$$

$$\sum_{j=1}^{n}b_{ij}(s)(f_j(x_j(s-\tau_{ij}(s)))-f_j(y_j(s-\tau_{ij}(s))))\Big)\Delta s,i\in I. \tag{9.4.3}$$

考虑如下函数：

$$\Theta_i(\theta)=d_i^- -\theta-\exp\Big(\theta\sup_{s\in\mathbb{T}}\mu(s)\Big)\Big(\sum_{j=1}^{n}a_{ij}^+L_j+\sum_{j=1}^{n}\exp(\theta\tau_{ij}^+)L_jb_{ij}^+\Big),i\in I.$$

由条件(H_3)，有

$$\Theta_i(0)=d_i^- -P_i>0,i\in I.$$

因为 Θ_i 在 $[0,+\infty)$ 上连续且 $\lim\limits_{\theta\to+\infty}\Theta_i(\theta)=-\infty$，所以存在 θ_i 使得 $\Theta_i(\theta_i)=0$ 且当 $\theta\in(0,\theta_i)$ 时，对于 $i\in I$ 有 $\Theta_i(\theta)>0$. 令 $c=\min\limits_{i\in I}\{\theta_i\}$，有 $\Theta_i(c)\geqslant 0$，$i\in I$. 因此，可选取一个正常数 $0<\lambda<\min\Big\{c,\min\limits_{i\in I}\{d_i^-\}\Big\}$ 满足 $\Theta\lambda\in\mathcal{R}^+$ 使得

$$\Theta_i(\lambda)>0,i\in I,$$

由此可得

$$\frac{\exp\left(\lambda \sup_{s\in\mathbb{T}}\mu(s)\right)}{d_i^- - \lambda}\left(\sum_{j=1}^n a_{ij}^+ L_j + \sum_{j=1}^n \exp(\lambda\tau_{ij}^+)L_j b_{ij}^+\right) < 1, i \in I.$$

记 $M = \max_{i\in I}\left\{\frac{d_i^-}{P_i}\right\}$，由条件($H_3$)可知 $M > 1$. 因此

$$\frac{\exp\left(\lambda \sup_{s\in\mathbb{T}}\mu(s)\right)}{d_i^- - \lambda}\left(\sum_{j=1}^n a_{ij}^+ L_j + \sum_{j=1}^n \exp(\lambda\tau_{ij}^+)L_j b_{ij}^+\right) > \frac{1}{M}.$$

令 $\| x(t) - y(t) \|_1 = \| x(t) - y(t) \|_{\mathcal{A}^n}$，$\| \varphi \|_\tau = \| \varphi - \psi \|_\tau = \sup_{s\in[-\tau,0]_{\mathbb{T}}} \| \varphi(s) - \psi(s) \|_{\mathcal{A}^n}$.

显然，

$$\| x(t) - y(t) \|_{\mathcal{A}^n} \leqslant M e_{\ominus\lambda}(t,t_0) \| \varphi \|_\tau, \forall t \in [-\tau, t_0]_{\mathbb{T}}$$

接下来，用反证法证明以下不等式成立.

$$\| x(t) - y(t) \|_{\mathcal{A}^n} \leqslant M e_{\ominus\lambda}(t,t_0) \| \varphi \|_\tau, \forall t \in (t_0, +\infty)_{\mathbb{T}}. \tag{9.4.4}$$

为此，首先证明对任意 $P > 1$，以下不等式成立：

$$\| x(t) - y(t) \|_{\mathcal{A}^n} < PM e_{\ominus\lambda}(t,t_0) \| \varphi \|_\tau, \forall t \in (t_0, +\infty)_{\mathbb{T}}, \tag{9.4.5}$$

由此可得

$$\| x_i(t) - y_i(t) \|_{\mathcal{A}} < PM e_{\ominus\lambda}(t,t_0) \| \varphi \|_\tau, \forall t \in (t_0, +\infty)_{\mathbb{T}}, i \in I. \tag{9.4.6}$$

若不等式(9.4.6)不成立，则必存在某个 $t^* \in (t_0, +\infty)_{\mathbb{T}}$和 $i \in I$ 使得

$$\| x_i(t^*) - y_i(t^*) \|_{\mathcal{A}} \geqslant PM \| \varphi \|_\tau e_{\ominus\lambda}(t^*, t_0),$$

$$\| x_i(t) - y_i(t) \|_{\mathcal{A}} \leqslant PM \| \varphi \|_\tau e_{\ominus\lambda}(t, t_0), t \in (t_0, t^*)_{\mathbb{T}}.$$

因此，必存在常数 $c \geqslant 1$ 使得

$$\| x_i(t^*) - y_i(t^*) \|_{\mathcal{A}} = cPM \| \varphi \|_\tau e_{\ominus\lambda}(t^*, t_0), \tag{9.4.7}$$

$$\| x_i(t) - y_i(t) \|_{\mathcal{A}} \leqslant cPM \| \varphi \|_\tau e_{\ominus\lambda}(t, t_0), t \in (t_0, t^*)_{\mathbb{T}}. \tag{9.4.8}$$

由式(9.4.7)，不等式(9.4.8)、式(9.4.3) 和 $M>1$，有

$$
\begin{aligned}
&\| x_i(t^*) - y_i(t^*) \|_{\mathcal{A}} \\
&= \| (x_i(t_0) - y_i(t_0))e_{-d_i}(t^*,t_0) + \\
&\int_{t_0}^{t^*} e_{-d_i}(t^*,\sigma(s))\Big(\sum_{j=1}^{n} a_{ij}(s)(f_j(x_j(s)\Big) - f_j(y_j(s))) + \\
&\sum_{j=1}^{n} b_{ij}(s)(f_j(x_j(s-\tau_{ij}(s))) - f_j(y_j(s-\tau_{ij}(s)))))\Delta s \|_{\mathcal{A}} \\
&\leqslant \| x_i(t_0) - y_i(t_0) \|_{\mathcal{A}}\, e_{-d_i}(t^*,t_0) + \\
&\int_{t_0}^{t^*} e_{-d_i}(t^*,\sigma(s))\Big(\| \sum_{j=1}^{n} a_{ij}(s)(f_j(x_j(s)\Big) - f_j(y_j(s))) \|_{\mathcal{A}} + \\
&\| \sum_{j=1}^{n} b_{ij}(s)(f_j(x_j(s-\tau_{ij}(s))) - f_j(y_j(s-\tau_{ij}(s)))) \|_{\mathcal{A}})\Delta s
\end{aligned}
$$

$$
\begin{aligned}
&\leqslant \Big\{ \frac{e_{-d_i\oplus\lambda}(t^*,t_0)}{cPM} + \int_{t_0}^{t^*} e_{-d_i\oplus\lambda}(t^*,\sigma(s))\Big[\sum_{j=1}^{n} e_\lambda(\sigma(s),s)a_{ij}^{+}L_j + \\
&\sum_{j=1}^{n} e_\lambda(\sigma(s),s-\tau_{ij}(s))b_{ij}^{+}L_j\Big]\Delta s\Big\} cPM \|\varphi\|_{\tau} e_{\ominus\lambda}(t^*,t_0) \\
&\leqslant \Big\{\Big[\frac{1}{M} - \frac{\exp\Big(\lambda \sup\limits_{s\in\mathbb{T}}\mu(s)\Big)}{d_i^{-}-\lambda}\Big(\sum_{j=1}^{n} a_{ij}^{+}L_j + \sum_{j=1}^{n}\exp(\lambda\tau_{ij}^{+})b_{ij}^{+}L_j\Big)\Big] e_{-d_i\oplus\lambda}(t^*,t_0) + \\
&\frac{\exp\Big(\lambda \sup\limits_{s\in\mathbb{T}}\mu(s)\Big)}{d_i^{-}-\lambda}\Big(\sum_{j=1}^{n} a_{ij}^{+}L_j + \sum_{j=1}^{n}\exp(\lambda\tau_{ij}^{+})b_{ij}^{+}L_j\Big)\Big\} cPM \|\varphi\|_{\tau} e_{\ominus\lambda}(t^*,t_0) \\
&< cPM \|\varphi\|_{\tau} e_{\ominus\lambda}(t^*,t_0),
\end{aligned}
$$

这与式(9.4.7) 矛盾，因此式(9.4.6) 成立. 令 $P\to 1$，则有式(9.4.4) 成立. 证毕.

9.5　数值例子

本节我们给出一个数值例子说明定理 9.1 和定理 9.2 的有效性和合理性.

例 9.1 在系统(9.4.1)，令 $n=2$，$\mathcal{A}=\left\{\sum_{A\in\Lambda}a^Ae_A\right\}$，其中 $\Lambda=\{\varnothing,1,2,12\}$ 且取系数如下：

$$d_1(t)=0.35+0.05\sin\frac{1}{2+\cos\sqrt{2}t+\cos t},\quad d_2(t)=0.45+0.05\cos\frac{1}{3+\sin t+\cos\sqrt{5}t},$$

$$a_{ij}(t)=(0.3+0.1i\,|\sin\sqrt{2}t\,|)e_0+\left(0.4+0.1j\,\left|\cos\frac{1}{7+\sin t+\cos\sqrt{3}t}\right|\right)e_1+$$

$$(0.1j+0.1\,|\cos\pi t\,|)e_2+(0.2i+0.1\,|\sin\sqrt{3}t\,|)e_{12},$$

$$b_{ij}(t)=(0.03+0.01i\,|\cos\sqrt{2}t\,|)e_0+(0.04+0.02\,|\cos t\,|)e_1+$$

$$(0.04i+0.02\,|\sin\pi t\,|)e_2+\left(0.05+0.01j\,\left|\sin\frac{1}{3+\sin\sqrt{5}t-\cos t}\right|\right)e_{12},$$

$$f_j(x)=0.03e_0\sin^2(x^1+x^{12})+(0.01j\,|\cos x^2-1\,|)e_1+$$

$$\left(0.05\sin\frac{x^0+x^1}{2}\right)e_2+\left(0.02j\sin\frac{x^2}{2}\right)e_{12},$$

$$u_1(t)=0.3e_0\sin\frac{1}{4+\sin t-\cos\sqrt{7}t}+(0.2\cos\sqrt{3}t)e_1+(0.3\cos\sqrt{3}t)e_2+$$

$$\left(0.45\sin\frac{1}{5-\sin\sqrt{2}t+\cos t}\right)e_{12},$$

$$u_2(t)=0.3e_0\cos\sqrt{5}t+\left(0.5\sin\frac{1}{3+\sin\sqrt{2}t+\cos t}\right)e_1+$$

$$\left(0.2\sin\frac{1}{4-\sin t-\cos\sqrt{3}t}\right)e_2+(0.4\cos\sqrt{2}t)e_{12},$$

$$\tau_{11}(t)=\tau_{12}(t)=\left|\sin\left(\pi t+\frac{\pi}{2}\right)\right|,\quad \tau_{21}(t)=\tau_{22}(t)=\cos^2\pi t,$$

通过计算，有

$$d_1^-=0.3,d_2^-=0.4,L_1=L_2=0.06,a_{11}^+=a_{21}^+=0.5,a_{12}^+=a_{22}^+=0.6,$$

$$b_{11}^+=0.06,b_{12}^+=0.07,b_{21}^+=b_{22}^+=0.1,u_1^+=0.45,u_2^+=0.5,P_1=0.0738,P_2=0.078.$$

取 $r=2$，可得

$$\max\left\{\frac{P_1 r + u_1^+}{d_1^-}, \frac{P_2 r + u_2^+}{d_2^-}\right\} = \max\{1.992, 1.64\} = 1.992 < r = 2$$

和

$$\max\left\{\frac{P_1}{d_1^-}, \frac{P_2}{d_2^-}\right\} = \max\{0.246, 0.195\} = 0.246 = k < 1.$$

因此，无论$\mathbb{T}=\mathbb{R}$还是$\mathbb{T}=\mathbb{Z}$，都有$-a_i \in R^+$，$i=1,2$ 且易验证定理 9.2 中的所有条件都成立. 因此，系统(9.4.1)($n=2$) 在区域$\mathbb{E}$中存在唯一紧几乎自守解，该解是指数稳定的. 通过 MATLAB 进行仿真，图 9.1、图 9.2、图 9.4 和图 9.5 显示了系统(9.4.1) 的状态轨迹变量 $x_1(t), x_2(t), x_1(n)$ 和 $x_2(n)$ 的时间响应.

图 9.1 具有初始值

$(x_1^0(0), x_2^0(0))^{\mathrm{T}} = (0.1, -0.1)^{\mathrm{T}}, (-0.15, 0.2)^{\mathrm{T}}, (0.35, -0.5)^{\mathrm{T}},$

$(x_1^1(0), x_2^1(0))^{\mathrm{T}} = (0.1, 0.2)^{\mathrm{T}}, (-0.3, 0.5)^{\mathrm{T}}, (-0.5, 0.3)^{\mathrm{T}}.$

图 9.2 具有初始值

$(x_1^2(0), x_2^2(0))^{\mathrm{T}} = (-0.1, 0.3)^{\mathrm{T}}, (0.5, -0.4)^{\mathrm{T}}, (0.8, -1)^{\mathrm{T}},$

$(x_1^{12}(0), x_2^{12}(0))^{\mathrm{T}} = (-0.3, 0.2)^{\mathrm{T}}, (0.6, -0.5)^{\mathrm{T}}, (-0.7, 0.9)^{\mathrm{T}}.$

图 9.4 具有初始值

$(x_1^0(0), x_2^0(0))^{\mathrm{T}} = (0.2, -0.1)^{\mathrm{T}}, (-0.3, 0.5)^{\mathrm{T}}, (0.7, -0.8)^{\mathrm{T}},$

$(x_1^1(0), x_2^1(0))^{\mathrm{T}} = (-0.3, 0.4)^{\mathrm{T}}, (0.6, -0.5)^{\mathrm{T}}, (-1, 0.9)^{\mathrm{T}}.$

图 9.5 具有初始值

$(x_1^2(0), x_2^2(0))^{\mathrm{T}} = (-0.2, 0.3)^{\mathrm{T}}, (-0.6, 0.7)^{\mathrm{T}}, (-0.9, 1)^{\mathrm{T}},$

$(x_1^{12}(0), x_2^{12}(0))^{\mathrm{T}} = (0.1, -0.2)^{\mathrm{T}}, (0.6, -0.4)^{\mathrm{T}}, (0.8, -1)^{\mathrm{T}}.$

图 9.3 和图 9.6 描述了系统(9.4.1) 在三维空间中具有 2 个随机初始条件的仿真结果.

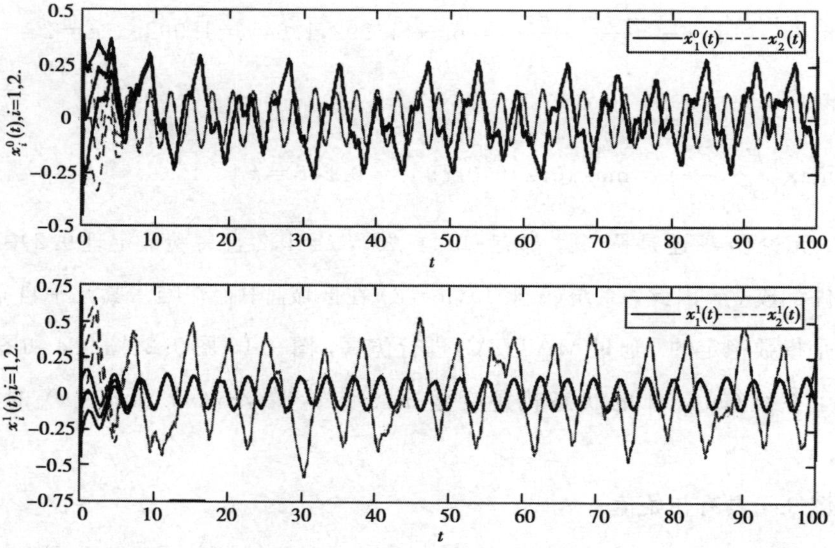

图 9.1　$\mathbb{T}=\mathbb{R}$. 系统(9.4.1)的解 $x_i^0(t)$ 和 $x_i^1(t)$ 的状态轨线的时间响应,$(i=1,2)$

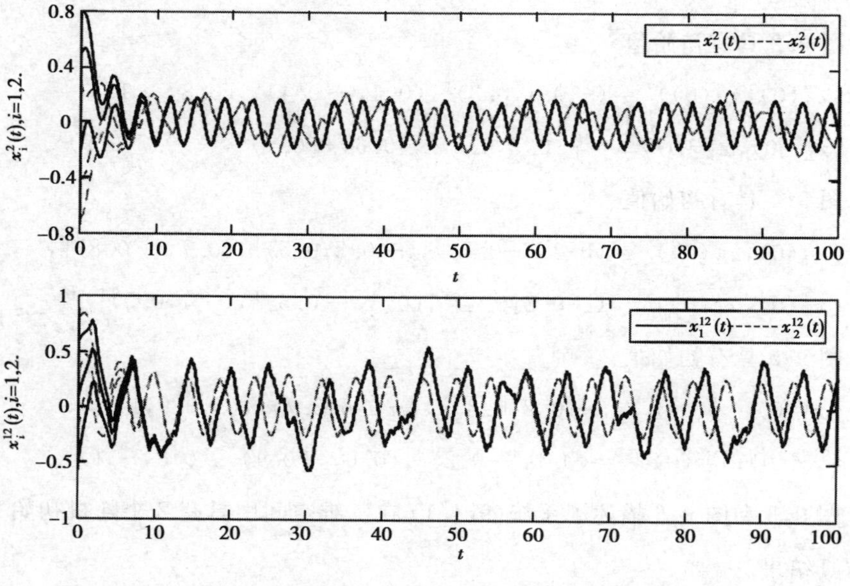

图 9.2　$\mathbb{T}=\mathbb{R}$. 系统(9.4.1)的解 $x_i^2(t)$ 和 $x_i^{12}(t)$ 的状态轨线的时间响应,$(i=1,2)$

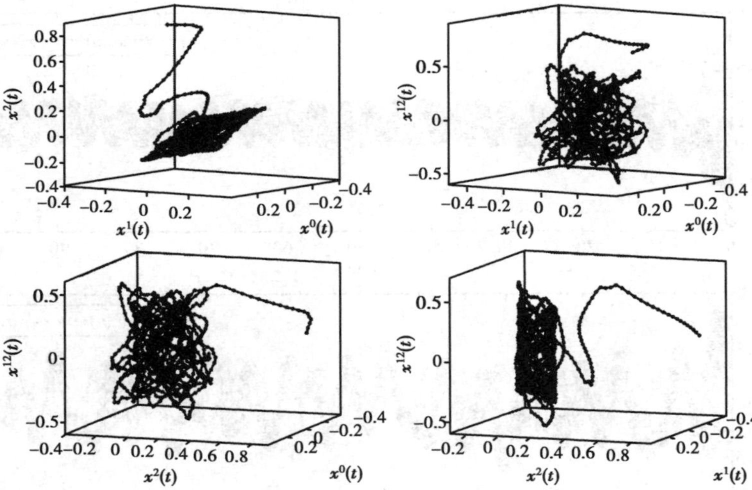

图 9.3　$\mathbb{T}=\mathbb{R}$. $x^0(t)$，$x^1(t)$，$x^2(t)$ 和 $x^{12}(t)$ 在三维空间中稳定情形下的状态响应曲线

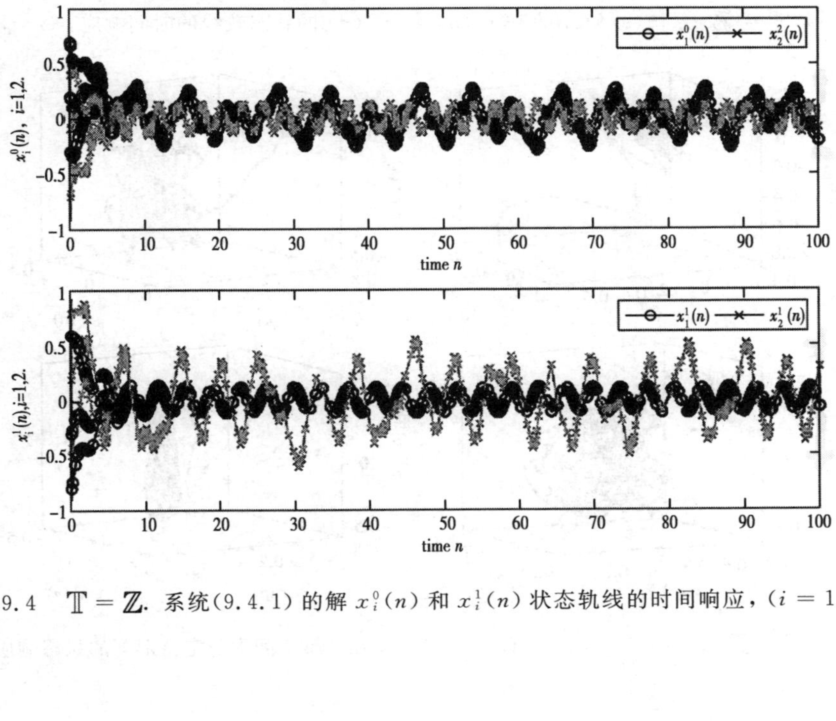

图 9.4　$\mathbb{T}=\mathbb{Z}$. 系统(9.4.1)的解 $x_i^0(n)$ 和 $x_i^1(n)$ 状态轨线的时间响应，$(i=1,2)$

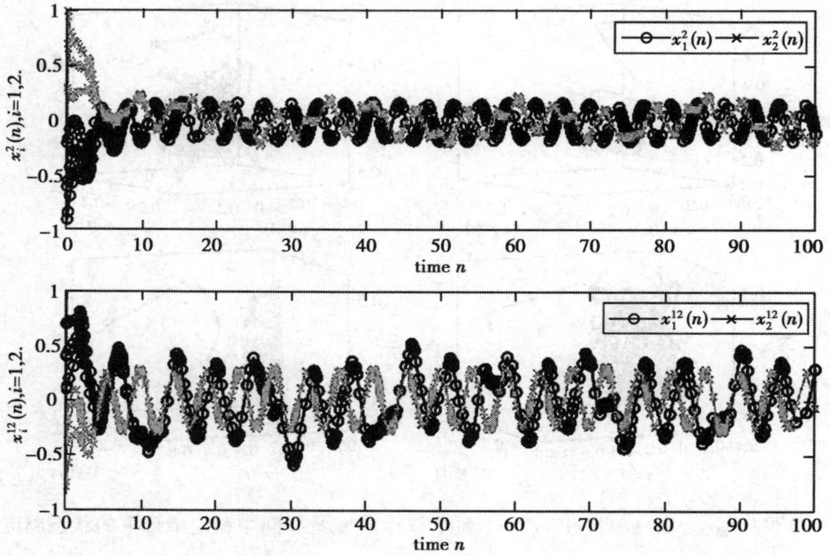

图 9.5 $\mathbb{T}=\mathbb{Z}$. 系统(9.4.1)的解 $x_i^2(n)$ 和 $x_i^{12}(n)$ 的状态轨线的时间响应，$(i=1,2)$

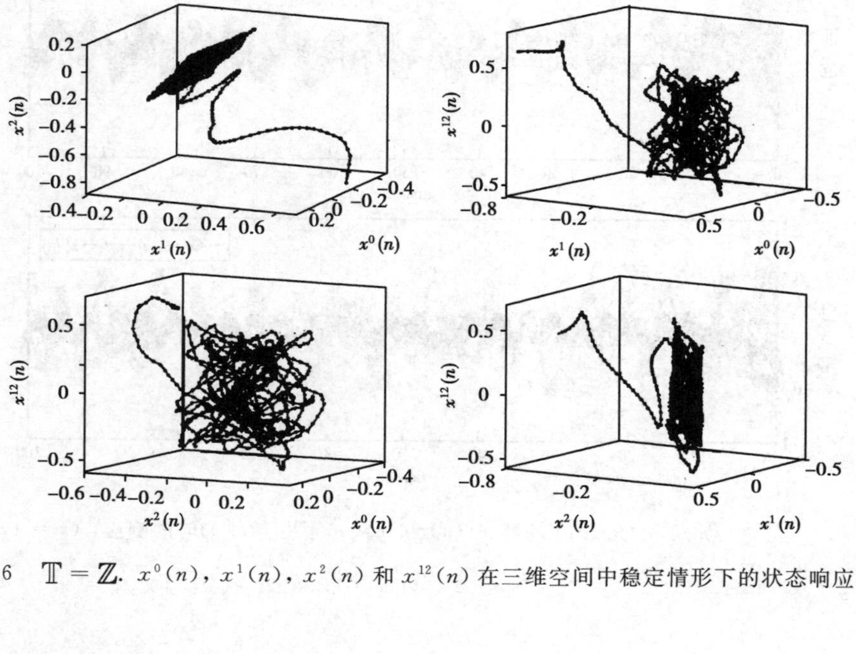

图 9.6 $\mathbb{T}=\mathbb{Z}$. $x^0(n)$，$x^1(n)$，$x^2(n)$ 和 $x^{12}(n)$ 在三维空间中稳定情形下的状态响应曲线

9.6　小　结

本章提出了时标上紧几乎自守函数定义并且证明了它的一些相关性质. 作为结果的一个应用，我们利用 Banach 不动点定理和时标上的微积分理论，得到了 Clifford 值神经网络的紧几乎自守解的存在性和指数稳定性的充分条件. 本章的结果为研究时标上的动力学方程的紧几乎自守解的存在性奠定了理论基础.

参考文献

[1] MCCULLOCH W S, PITTS W. A logical calculus of the ideas immanent in nervous activity[J]. The Bulletin of Mathematical Biophysics, 1943, 5(4): 115-133.

[2] HEBB D O. The organization of behavior: a neuropsychological theory[M]. New York: Psychology Press, 2002.

[3] ROSENBLATT F. The perceptron: a probabilistic model for information storage and organization in the brain[J]. Psychological Review, 1958, 65(6): 386-408.

[4] WIDROW B, HOFF M E. Associative storage and retrieval of digital information in networks of adaptive "neurons"[M]//BERNARD E E, KARE M R. Biological Prototypes and Synthetic Systems. Boston, MA: Springer, 1962.

[5] KOHONEN T. Correlation matrix memories[J]. IEEE Transactions on Computers, 1972, C-21(4): 353-359.

[6] HOPFIELD J J. Neural networks and physical systems with emergent collective computational abilities[J]. Proceedings of the National Academy of Sciences of the United States of America, 1982, 79(8): 2554-2558.

[7] MCCLELLAND J L, RUMELHART D E, HINTON G E. Parallel distributed processing[M]. Cambridge: MIT Press, 1986.

[8] CHUA L O, YANG L. Cellular neural networks: theory[J]. IEEE Transactions on Circuits and Systems, 1988, 35(10): 1257-1272.

[9] MICHEL A N, FARRELL J A. Associative memories via artificial neural networks[J]. IEEE Control Systems Magazine, 1990, 10(3): 6-17.

[10] LEWIS F L, YESILDIREK A, JAGANNATHAN S. Neural network control of robot manipulators and nonlinear systems[M]. London: Taylor & Francis, 1999.

[11] CICHOCKI A, AMARI S. Adaptive blind signal and image processing: learning algorithms and applications[M]. New York: John Wiley & Sons, 2002.

[12] CHEN M S, WANG H C. A decision-enhanced pattern classifier based on neural network approach[J]. Pattern Recognition Letters, 1992, 13(5): 315-323.

[13] RIPLEY B D. Pattern recognition and neural networks[M]. Cambridge: Cambridge University Press, 2007.

[14] HONAVAR V, UHR L M. Artificial intelligence and neural networks: steps toward principled integration[M]. Boston: Academic Press, 1994.

[15] CAO J D, ZHOU D M. Stability analysis of delayed cellular neural networks[J]. Neural Networks, 1998, 11(9): 1601-1605.

[16] LI Y K, XING W Y, LU L H. Existence and global exponential stability of periodic solution of a class of neural networks with impulses[J]. Chaos, Solitons & Fractals, 2006, 27(2): 437-445.

[17] YANG X S. Existence and global exponential stability of periodic solutions for general neural networks with time-varying delays[J]. International Journal of Mathematics and Mathematical Sciences, 2008, 2008: 843695.

[18] SLAVOVA A. Cellular neural networks: dynamics and modelling[M]. Dordrecht: Springer, 2003.

[19] CLIFFORD W K. Applications of Grassmann's extensive algebra[J]. American Journal of Mathematics, 1878, 1(4): 350-358.

[20] HESTENES D. Space-time algebra[M]. New York: Gordon and Breach, 1966.

[21] HESTENES D, SOBCZYKK G. Clifford algebra to geometric calculus: a Unified Language for Mathematics and Physics [M]//Fundamental Theories of Physics. Dordrecht: Springer, 1984.

[22] HESTENES D. New foundations for classical mechanics[M]. Dordrecht: Springer, 2012.

[23] PEARSON J K, BISSET D L. Back propagation in a Clifford algebra[J]. Artificial Neural Networks, 1992, 2: 413-416.

[24] PEARSON J K, BISSET D L. Neural networks in the Clifford domain[C]//Proceedings of 1994 IEEE International Conference on Neural Networks (ICNN'94). Orlando, FL, USA: IEEE, 2002: 1465-1469.

[25] DELANGHE R, SOMMEN F, SOUČEK V. Clifford algebra and spinor-valued functions[M]//Mathematics and its Applications. Dordrecht: Springer, 1992.

[26] BUCHHOLZ S, SOMMER G. On Clifford neurons and Clifford multi-layer perceptrons[J]. Neural Networks, 2008, 21(7): 925-935.

[27] ZHU J W, SUN J T. Global exponential stability of Clifford-valued recurrent neural networks[J]. Neurocomputing, 2016, 173: 685-689.

[28] LIU Y, XU P, LU J Q, et al. Global stability of Clifford-valued recurrent neural networks with time delays[J]. Nonlinear Dynamics, 2016, 84(2): 767-777.

[29] LI Y K, XIANG J L. Existence and global exponential stability of anti-periodic solution for Clifford-valued inertial Cohen-Grossberg neural

networks with delays[J]. Neurocomputing, 2019, 332: 259-269.

[30] LI Y K, XIANG J L. Global asymptotic almost periodic synchronization of Clifford-valued CNNs with discrete delays[J]. Complexity, 2019, 2019:1-13.

[31] LI Y K, XIANG J L, LI B. Globally asymptotic almost automorphic synchronization of Clifford-valued RNNs with delays[J]. IEEE Access, 2019, 7: 54946-54957.

[32] SHEN S P, LI Y K. S^p-almost periodic solutions of Clifford-valued fuzzy cellular neural networks with time-varying delays[J]. Neural Processing Letters, 2020, 51(2): 1749-1769.

[33] LI B, LI Y K. Existence and global exponential stability of almost automorphic solution for Clifford-valued high-order Hopfield neural networks with leakage delays[J]. Complexity, 2019, 2019: 1-13.

[34] LI B, LI Y K. Existence and global exponential stability of pseudo almost periodic solution for Clifford-valued neutral high-order Hopfield neural networks with leakage delays[J]. IEEE Access, 2019, 7: 150213-150225.

[35] LI Y K, WANG Y L, LI B. The existence and global exponential stability of μ-pseudo almost periodic solutions of Clifford-valued semi-linear delay differential equations and an application[J]. Advances in Applied Clifford Algebras, 2019, 29(5): 1-18.

[36] RAJCHAKIT G, SRIRAMAN R, BOONSATIT N, et al. Global exponential stability of Clifford-valued neural networks with time-varying delays and impulsive effects[J]. Advances in Difference Equations, 2021, 2021: 208.

[37] RAJCHAKIT G, SRIRAMAN R, VIGNESH P, et al. Impulsive effects on Clifford-valued neural networks with time-varying delays: An asymptotic

stability analysis[J]. Applied Mathematics and Computation, 2021, 407: 126309.

[38] HILGER S. Analysis on measure chains: a unified approach to continuous and discrete calculus[J]. Results in Mathematics, 1990, 18: 18-56.

[39] BOHNER M, PETERSON A C. Dynamic equations on time scales: an introduction with applications[M]. Boston: Birkhäuser, 2001.

[40] BOHNER M, GEORGIEV S G. Multivariable Dynamic Calculus on Time Scales[M]. Springer International Publishing, 2016.

[41] GEORGIEV S G. Integral equations on time scales[M]//Atlantis Studies in Dynamical Systems. Atlantis Press, 2016.

[42] AL-SALIH R, BOHNER M. Linear programming problems on time scales[J]. Applicable Analysis and Discrete Mathematics, 2018, 12(1): 192-204.

[43] BOHNER M, FAN M, ZHANG J M. Periodicity of scalar dynamic equations and applications to population models[J]. Journal of Mathematical Analysis and Applications, 2007, 330(1): 1-9.

[44] ATICI F M, BILES D C, LEBEDINSKY A. An application of time scales to economics[J]. Mathematical and Computer Modelling, 2006, 43(7-8): 718-726.

[45] TISDELL C C, ZAIDI A. Basic qualitative and quantitative results for solutions to nonlinear, dynamic equations on time scales with an application to economic modelling[J]. Nonlinear Analysis: Theory, Methods & Applications, 2008, 68(11): 3504-3524.

[46] HASSAN T S. Oscillation of third order nonlinear delay dynamic equations on time scales[J]. Mathematical and Computer Modelling, 2009, 49(7-8): 1573-1586.

[47] SAKER S H, GRACE S R. Oscillation criteria for quasi-linear functional dynamic equations on time scales[J]. Mathematica Slovaca, 2012, 62(3): 501-524.

[48] AGWA H A, KHODIER A M M, HASSAN H A. Oscillation of second-order nonlinear delay dynamic equations with damping on time scales[J]. International Journal of Differential Equations, 2014, 2014: 594376.

[49] ERBE L, PETERSON A, SAKER S H. Asymptotic behavior of solutions of a third-order nonlinear dynamic equation on time scales[J]. Journal of Computational and Applied Mathematics, 2005, 181(1): 92-102.

[50] YU Z H, WANG Q R. Asymptotic behavior of solutions of third-order nonlinear dynamic equations on time scales[J]. Journal of Computational and Applied Mathematics, 2009, 225(2): 531-540.

[51] FAZLY M, HESAARAKI M. Periodic solutions for predator-prey systems with Beddington—DeAngelis functional response on time scales[J]. Nonlinear Analysis: Real World Applications, 2008, 9(3): 1224-1235.

[52] TONG Y, LIU Z J, GAO Z Y, et al. Existence of periodic solutions for a predator—prey system with sparse effect and functional response on time scales[J]. Communications in Nonlinear Science and Numerical Simulation, 2012, 17(8): 3360-3366.

[53] LI Y K, HAN X F. Almost periodic solution for a n-species competition model with feedback controls on time scales[J]. Journal of Applied Mathematics & Informatics, 2013, 31(1-2): 247-262.

[54] LIAO Y Z, XU L J. Almost periodic solution for a delayed Lotka-Volterra

system on time scales[J]. Advances in Difference Equations, 2014, 2014: 96.

[55] HU M. Almost periodic solution for a population dynamic system on time scales with an application[J]. International Journal of Dynamical Systems and Differential Equations, 2016, 6(4): 318.

[56] ARBI A. Dynamics of BAM neural networks with mixed delays and leakage time-varying delays in the weighted pseudo-almost periodic on time-space scales[J]. Mathematical Methods in the Applied Sciences, 2018, 41(3): 1230-1255.

[57] ATICI F M, GUSEINOV G S. On Green's functions and positive solutions for boundary value problems on time scales[J]. Journal of Computational and Applied Mathematics, 2002, 141(1-2):75-99.

[58] GENG F J, XU Y C, ZHU D M. Periodic boundary value problems for first-order impulsive dynamic equations on time scales[J]. Nonlinear Analysis: Theory, Methods & Applications, 2008, 69(11): 4074-4087.

[59] CABADA A, OTERO-ESPINAR V. Boundary value problems on time scales[J]. Advances in Difference Equations, 2009,2009:1.

[60] DAHAL R. Multiple positive solutions of a semipositone singular boundary value problem on time scales[J]. Advances in Difference Equations, 2013, 2013: 335.

[61] BOHR H. Zur theorie der fastperiodischen funktionen: ii. zusammenhang der fastperiodischen funktionen mit funktionen von unendlich vielen variabeln; gleichmässige approximation durch trigonometrische summen[J]. Acta Mathematica, 1925, 46(1-2): 101-214.

[62] NEUMANN J V. Almost periodic functions in a group. I[J]. Transactions of the American Mathematical Society, 1934, 36(3):

445-492.

[63] BOCHNER S. Beiträge zur theorie der fastperiodischen funktionen[J]. Mathematische Annalen, 1927, 96: 119-147.

[64] BOCHNER S, VON NEUMANN J. Almost periodic functions in groups. II[J]. Transactions of the American Mathematical Society, 1935, 37(1):21-50.

[65] FINK A M. Almost Periodic Differential Equations[M]. Berlin, Heidelberg: Springer, 1974.

[66] BOCHNER S. A new approach to almost periodicity[J]. Proceedings of the National Academy of Sciences of the United States of America, 1962, 48(12): 2039-2043.

[67] VEECH W A. Almost automorphic functions on groups[J]. American Journal of Mathematics, 1965, 87(3): 719-751.

[68] ZHANG C Y. Pseudo almost periodic functions and their applications[D]. Western Ontario: University of Western Ontario, 1992.

[69] DIAGANA T. Weighted pseudo almost periodic functions and applications[J]. Comptes Rendus Mathematique, 2006, 343(10): 643-646.

[70] 乔玉英，黄沙，赵红芳，等. Clifford分析中一类非线性边值问题[J]. 数学物理学报，1996，16(3)：284-290.

[71] HOPFIELD J J. Neurons with graded response have collective computational properties like those of two-state neurons[J]. Proceedings of the National Academy of Sciences, 1984,81(10): 3088-3092.

[72] TANK D, HOPFIELD J J. Simple "neural" optimization networks: an A/D converter, signal decision circuit, and a linear programming circuit[J]. IEEE Transactions on Circuits and Systems, 1986, 33(5): 533-541.

[73] TAI H M, JONG T L. Information storage in high-order neural

networks with unequal neural activity[J]. Journal of the Franklin Institute, 1990, 327(1): 129-141.

[74] PSALTIS D, PARK C H, HONG J. Higher order associative memories and their optical implementations[J]. Neural Networks, 1988, 1(2): 149-163.

[75] SHEN Y, ZONG X J, JIANG M H. High-order Hopfield neural networks[C]//Advances in Neural Networks: ISNN 2005. Berlin, Heidelberg: Springer, 2005, 3496: 235-240.

[76] DEMBO A, FAROTIMI O, KAILATH T. High-order absolutely stable neural networks[J]. IEEE Transactions on Circuits and Systems, 1991, 38(1): 57-65.

[77] XU B J, LIU X Z, LIAO X X. Global asymptotic stability of high-order Hopfield type neural networks with time delays[J]. Computers & Mathematics with Applications, 2003, 45(10-11):1729-1737.

[78] LIU X Z, WANG Q. Impulsive stabilization of high-order Hopfield-type neural networks with time-varying delays[J]. IEEE Transactions on Neural Networks, 2008, 19(1): 71-79.

[79] XIAO B, MENG H. Existence and exponential stability of positive almost periodic solutions for high-order Hopfield neural networks[J]. Applied Mathematical Modelling, 2009, 33(1): 532-542.

[80] ZHANG J, GUI Z J. Existence and stability of periodic solutions of high-order Hopfield neural networks with impulses and delays[J]. Journal of Computational and Applied Mathematics,2009, 224(2): 602-613.

[81] LI Y K, YANG L, LI B. Existence and stability of pseudo almost periodic solution for neutral type high-order Hopfield neural networks with delays in leakage terms on time scales[J]. Neural Processing Letters, 2016,

44(3): 603-623.

[82] LI Y K, MENG X F, XIONG L L. Pseudo almost periodic solutions for neutral type high-order Hopfield neural networks with mixed time-varying delays and leakage delays on time scales[J]. International Journal of Machine Learning and Cybernetics, 2017, 8(6): 1915-1927.

[83] LI Y K, QIN J L, LI B. Anti-periodic solutions for quaternion-valued high-order Hopfield neural networks with time-varying delays[J]. Neural Processing Letters, 2019, 49(3): 1217-1237.

[84] LEVITAN B M, ZHIKOV V V. Almost periodic functions and differential equations[M]. Cambridge: Cambridge University Press, 1982.

[85] KILBAS A A, SRIVASTAVA H M, TRUJILLO J J. Theory and applications of fractional differential equations[M]. Amsterdam: Elsevier, 2006.

[86] LI Y K, WANG C. Almost periodic functions on time scales and applications[J]. Discrete Dynamics in Nature and Society, 2011, 2011: 727068.

[87] LI Y K, WANG C. Uniformly almost periodic functions and almost periodic solutions to dynamic equations on time scales[J]. Abstract and Applied Analysis, 2011, 2011: 341520.

[88] LIZAMA C, MESQUITA J G, PONCE R. A connection between almost periodic functions defined on timescales and $\mathbb{R}$[J]. Applicable Analysis, 2014, 93(12): 2547-2558.

[89] LI Y K, YANG L, WU W Q. Square-mean almost periodic solution for stochastic Hopfield neural networks with time-varying delays on timescales[J]. Neural Computing and Applications, 2015, 26(5): 1073-1084.

[90] AMMAR B, CHÉRIF F, ALIMI A M. Existence and uniqueness of

pseudo almost-periodic solutions of recurrent neural networks with time-varying coefficients and mixed delays[J]. IEEE Transactions on Neural Networks and Learning Systems, 2012, 23(1): 109-118.

[91] LIU B W. Pseudo almost periodic solutions for neutral type CNNs with continuously distributed leakage delays[J]. Neurocomputing, 2015, 148: 445-454.

[92] LIU B W. Pseudo almost periodic solutions for CNNs with continuously distributed leakage delays[J]. Neural Processing Letters, 2015, 42(1): 233-256.

[93] ZHANG A P. Pseudo almost periodic solutions for SICNNs with oscillating leakage coefficients and complex deviating arguments[J]. Neural Processing Letters, 2017, 45(1): 183-196.

[94] TANG Y. Pseudo almost periodic shunting inhibitory cellular neural networks with multi-proportional delays[J]. Neural Processing Letters, 2018, 48(1): 167-177.

[95] KONG F C, FANG X W. Pseudo almost periodic solutions of discrete-time neutral-type neural networks with delays[J]. Applied Intelligence, 2018, 48(10): 3332-3345.

[96] KONG F C, LUO Z G, WANG X P. Piecewise pseudo almost periodic solutions of generalized neutral-type neural networks with impulses and delays[J]. Neural Processing Letters, 2018, 48(3): 1611-1631.

[97] TANG Y. Exponential stability of pseudo almost periodic solutions for fuzzy cellular neural networks with time-varying delays[J]. Neural Processing Letters, 2019, 49(2): 851-861.

[98] YANG G Y, WAN W. Weighted pseudo almost periodic solutions for cellular neural networks with multi-proportional delays[J]. Neural

Processing Letters, 2019, 49(3): 1125-1138.

[99] ZHANG A P. Pseudo almost periodic high-order cellular neural networks with complex deviating arguments[J]. International Journal of Machine Learning and Cybernetics, 2019, 10(2):301-309.

[100] ZHANG C Y. Pseudo almost periodic solutions of some differential equations[J]. Journal of Mathematical Analysis and Applications, 1994, 181(1): 62-76.

[101] DIAGANA T. Pseudo almost periodic solutions to some differential equations[J]. Nonlinear Analysis: Theory, Methods & Applications, 2005, 60(7): 1277-1286.

[102] ARENAS A, DÍAZ-GUILERA A, KURTHS J, et al. Synchronization in complex networks[J]. Physics Reports, 2008, 469(3):93-153.

[103] WU Z G, SHI P, SU H Y, et al. Exponential synchronization of neural networks with discrete and distributed delays under time-varying sampling[J]. IEEE Transactions on Neural Networks and Learning Systems, 2012, 23(9): 1368-1376.

[104] LIU X Y, CHEN T P, CAO J D, et al. Dissipativity and quasi-synchronization for neural networks with discontinuous activations and parameter mismatches[J]. Neural Networks, 2011, 24(10): 1013-1021.

[105] RAO H X, LIU F, PENG H, et al. Observer-based impulsive synchronization for neural networks with uncertain exchanging information[J]. IEEE Transactions on Neural Networks and Learning Systems, 2020, 31(10): 3777-3787.

[106] WANG L L, CHEN T P. Finite-time and fixed-time anti-synchronization of neural networks with time-varying delays[J]. Neurocomputing, 2019, 329: 165-171.

[107] LI Y K, MENG X F. Existence and global exponential stability of pseudo almost periodic solutions for neutral type quaternion-valued neural networks with delays in the leakage term on time scales[J]. Complexity, 2017, 2017: 9878369.

[108] MASOLLER C, ZANETTE D H. Anticipated synchronization in coupled chaotic maps with delays[J]. Physica A: Statistical Mechanics and its Applications, 2001, 300(3-4): 359-366.

[109] HE W L, CAO J D. Exponential synchronization of chaotic neural networks: a matrix measure approach[J]. Nonlinear Dynamics, 2009, 55: 55-65.

[110] LI Y, LI C D. Matrix measure strategies for stabilization and synchronization of delayed BAM neural networks[J]. Nonlinear Dynamics, 2016, 84(3): 1759-1770.

[111] DUAN L A, HUANG L H, FANG X W. Finite-time synchronization for recurrent neural networks with discontinuous activations and time-varying delays[J]. Chaos: an Interdisciplinary Journal of Nonlinear Science, 2017, 27(1): 013101.

[112] CHEN W H, LUO S X, ZHENG W X. Impulsive synchronization of reaction—diffusion neural networks with mixed delays and its application to image encryption[J]. IEEE Transactions on Neural Networks and Learning Systems, 2016, 27(12): 2696-2710.

[113] BAO H B, PARK J H. Adaptive synchronization of complex-valued neural networks with time delay[C]//2016 Eighth International Conference on Advanced Computational Intelligence (ICACI). Chiang Mai, Thailand. IEEE, 2016: 283-288.

[114] LI Y K, WANG H M, MENG X F. Almost automorphic synchronization of

quaternion-valued high-order Hopfield neural networks with time-varying and distributed delays[J]. IMA Journal of Mathematical Control and Information, 2019, 36(3): 983-1013.

[115] LI Y K, LI B, YAO S S, et al. The global exponential pseudo almost periodic synchronization of quaternion-valued cellular neural networks with time-varying delays[J]. Neurocomputing, 2018, 303: 75-87.

[116] YANG T, YANG L B, WU C W, et al. Fuzzy cellular neural networks: theory[C]//1996 Fourth IEEE International Workshop on Cellular Neural Networks and Their Applications Proceedings (CNNA-96). Seville, Spain. IEEE, 2002: 181-186.

[117] YANG T, YANG L B, WU C W, et al. Fuzzy cellular neural networks: applications[C]//1996 Fourth IEEE International Workshop on Cellular Neural Networks and Their Applications Proceedings (CNNA-96). Seville, Spain. IEEE, 2002: 225-230.

[118] ABDURAHMAN A, JIANG H J, TENG Z D. Finite-time synchronization for fuzzy cellular neural networks with time-varying delays[J]. Fuzzy Sets and Systems, 2016, 297: 96-111.

[119] HUANG Z D. Almost periodic solutions for fuzzy cellular neural networks with multi-proportional delays[J]. International Journal of Machine Learning and Cybernetics, 2017, 8(4): 1323-1331.

[120] HUANG Z D. Almost periodic solutions for fuzzy cellular neural networks with time-varying delays[J]. Neural Computing and Applications, 2017, 28(8): 2313-2320.

[121] PARK J H, PARK C H, KWON O M, et al. A new stability criterion for bidirectional associative memory neural networks of neutral-type[J]. Applied Mathematics and Computation, 2008, 199(2): 716-722.

[122] FENG J E, XU S Y, ZOU Y. Delay-dependent stability of neutral type neural networks with distributed delays[J]. Neurocomputing, 2009, 72(10-12): 2576-2580.

[123] LI Y K, ZHAO L, CHEN X R. Existence of periodic solutions for neutral type cellular neural networks with delays[J]. Applied Mathematical Modelling, 2012, 36(3): 1173-1183.

[124] CHEN Z B. Convergence of neutral type fuzzy cellular neural networks with D operator[J]. Neural Processing Letters, 2019, 49(3): 1189-1199.

[125] TANG Y, WANG Z Y, LONG Z W. Pseudo almost periodic solutions for neutral-type FCNNs with D operator and time-varying delays[J]. Journal of Experimental and Theoretical Artificial Intelligence, 2019, 31(2): 311-323.

[126] POPA C A. Global μ-stability of neutral-type impulsive complex-valued BAM neural networks with leakage delay and unbounded time-varying delays[J]. Neurocomputing, 2020, 376: 73-94.

[127] HALE J K, LUNEL S M V. Introduction to functional differential equations[M]//Applied Mathematical Sciences. Springer Science & Business Media, 2013.

[128] LIANG J X, QIAN H, LIU B W. Pseudo almost periodic solutions for fuzzy cellular neural networks with multi-proportional delays[J]. Neural Processing Letters, 2018, 48(2): 1201-1212.

[129] SHI P, LI F B, WU L G, et al. Neural network-based passive filtering for delayed neutral-type semi-Markovian jump systems[J]. IEEE Transactions on Neural Networks and Learning Systems, 2016, 28(9): 2101-2114.

[130] LIU Y, ZHANG D D, LU J Q. Global exponential stability for

quaternion-valued recurrent neural networks with time-varying delays[J]. Nonlinear Dynamics, 2017, 87(1): 553-565.

[131] ARBI A, CAO J D. Pseudo-almost periodic solution on time-space scales for a novel class of competitive neutral-type neural networks with mixed time-varying delays and leakage delays[J]. Neural Processing Letters, 2017, 46(2): 719-745.

[132] WANG F, LIU M C. Global exponential stability of high-order bidirectional associative memory (BAM) neural networks with time delays in leakage terms[J]. Neurocomputing, 2016, 177: 515-528.

[133] WEERA W, NIAMSUP P. Novel delay-dependent exponential stability criteria for neutral-type neural networks with non-differentiable time-varying discrete and neutral delays[J]. Neurocomputing, 2016, 173: 886-898.

[134] DU B, LIU Y R, ALI BATARFI H, et al. Almost periodic solution for a neutral-type neural networks with distributed leakage delays on time scales[J]. Neurocomputing, 2016, 173: 921-929.

[135] SAMIDURAI R, RAJAVEL S, SRIRAMAN R, et al. Novel results on stability analysis of neutral-type neural networks with additive time-varying delay components and leakage delay[J]. International Journal of Control, Automation and Systems, 2017, 15(4): 1888-1900.

[136] SAMIDURAI R, RAJAVEL S, ZHU Q X, et al. Robust passivity analysis for neutral-type neural networks with mixed and leakage delays[J]. Neurocomputing, 2016, 175: 635-643.

[137] XU Y L. Weighted pseudo-almost periodic delayed cellular neural networks[J]. Neural Computing and Applications, 2018, 30(8): 2453-2458.

[138] XU Y L. Exponential stability of weighted pseudo almost periodic solutions for HCNNs with mixed delays[J]. Neural Processing

Letters, 2017, 46(2): 507-519.

[139] LI Y K, ZHAO L L. Weighted pseudo-almost periodic functions on time scales with applications to cellular neural networks with discrete delays[J]. Mathematical Methods in the Applied Sciences, 2017, 40(6): 1905-1921.

[140] DIAGANA T. Almost automorphic type and almost periodic type functions in abstract spaces[M]. Cham: Springer, 2013.

[141] N'GUÉRÉKATAk G M. Almost automorphic and almost periodic functions in abstract spaces[M]. New York: Springer, 2001.

[142] N'GUÉRÉKATAk G M. Topics in Almost Automorphy[M]. New York: Springer, 2005.

[143] BOUZERDOUM A, PINTER R B. Shunting inhibitory cellular neural networks: derivation and stability analysis[J]. IEEE Transactions on Circuits and Systems I: Fundamental Theory and Applications, 1993, 40(3): 215-221.

[144] CHEUNG H N, BOUZERDOUM A, NEWLAND W. Properties of shunting inhibitory cellular neural networks for colour image enhancement[C]//ICONIP'99. ANZIIS'99 & ANNES'99 & ACNN'99. 6th International Conference on Neural Information Processing. Proceedings. Perth, WA, Australia: IEEE, 2002: 1219-1223.

[145] HAMMADOU T, BOUZERDOUM A. Novel image enhancement technique using shunting inhibitory cellular neural network[C]//ICCE. International Conference on Consumer Electronics. Los Angeles, CA, USA: IEEE, 2002: 284-285.

[146] AKHMET M U, FEN M O. Shunting inhibitory cellular neural networks with chaotic external inputs[J]. Chaos: an Interdisciplinary

Journal of Nonlinear Science, 2013, 23(2): 023112.

[147] LIU B W. Stability of shunting inhibitory cellular neural networks with unbounded time-varying delays[J]. Applied Mathematics Letters, 2009, 22(1): 1-5.

[148] XU C J, LIAO M X, PANG Y C. Existence and p-exponential stability of periodic solution for stochastic shunting inhibitory cellular neural networks with time-varying delays[J]. International Journal of Computational Intelligence Systems, 2016, 9(5): 945-956.

[149] HUANG X, CAO J D. Almost periodic solution of shunting inhibitory cellular neural networks with time-varying delay[J]. Physics Letters A, 2003, 314(3): 222-231.

[150] LI Y K, WANG L, FEI Y. Periodic solutions for shunting inhibitory cellular neural networks of neutral type with time-varying delays in the leakage term on time scales[J]. Journal of Applied Mathematics, 2014, 2014: 496396.

[151] CAI M S, ZHANG H, YUAN Z H. Positive almost periodic solutions for shunting inhibitory cellular neural networks with time-varying delays[J]. Mathematics and Computers in Simulation, 2008, 78(4): 548-558.

[152] LI Y K, SHU J Y. Anti-periodic solutions to impulsive shunting inhibitory cellular neural networks with distributed delays on time scales[J]. Communications in Nonlinear Science and Numerical Simulation, 2011, 16(8): 3326-3336.

[153] M'HAMDI M S, AOUITI C, TOUATI A, et al. Weighted pseudo almost-periodic solutions of shunting inhibitory cellular neural networks with mixed delays[J]. Acta Mathematica Scientia, 2016, 36(6): 1662-1682.

[154] HINO Y, MURAKAMI S. Almost automorphic solutions for abstract

functional differential equations[J]. Journal of Mathematical Analysis and Applications, 2003, 286(2): 741-752.

[155] HENRÍQUEZ H R, LIZAMA C. Compact almost automorphic solutions to integral equations with infinite delay[J]. Nonlinear Analysis: Theory, Methods & Applications, 2009, 71(12):6029-6037.

[156] DE ANDRADE B, CUEVAS C. Compact almost automorphic solutions to semilinear Cauchy problems with non-dense domain[J]. Applied Mathematics and Computation, 2009, 215(8): 2843-2849.

[157] ES-SEBBAR B. Almost automorphic evolution equations with compact almost automorphic solutions[J]. Comptes Rendus Mathematique, 2016, 354(11): 1071-1077.

[158] DRISI N, ES-SEBBAR B, EZZINBI K. Compact almost automorphic solutions for some nonlinear dissipative differential equations in Banach spaces[J]. Numerical Functional Analysis and Optimization, 2018, 39(7): 825-841.

[159] HERNÁNDEZ E, WU J H. Existence, uniqueness and qualitative properties of global solutions of abstract differential equations with state-dependent delay[J]. Proceedings of the Edinburgh Mathematical Society, 2019, 62(3): 771-788.

[160] ES-SEBBAR B, EZZINBI K, FATAJOU S, et al. Compact almost automorphic weak solutions for some monotone differential inclusions: applications to parabolic and hyperbolic equations[J]. Journal of Mathematical Analysis and Applications, 2020, 486(1): 123805.